全国高等院校仪器仪表及自动化类"十二五"规划教材

智能检测与控制技术

主　编　付　华　徐耀松　王雨虹
副主编　王丹丹　卢万杰

电子工业出版社
Publishing House of Electronics Industry
北京·BEIJING

内 容 简 介

本书系统详细地介绍了智能检测与控制技术的基本概念及基础知识。全书共分 9 章，内容包括智能检测与控制技术概述及应用、检测误差与数据处理、非电量检测、微弱信号检测、无损检测技术、信号的调理及处理、抗干扰技术、检测系统的可靠性技术、智能控制技术。本书注重科学性、系统性和实用性，在体现智能检测与控制技术基本体系的同时，充分反映了相关新技术、新器件的发展。

本书可作为高等院校测控技术与仪器、自动化、电气工程与自动化、机械设计制造及其自动化、电子信息工程、机电一体化和计算机应用等专业的本科生教材，可为从事测控技术、传感器与检测技术、电子技术、计算机应用技术等专业的人员提供参考。

图书在版编目（CIP）数据

智能检测与控制技术 / 付华，徐耀松，王雨虹主编. —北京：电子工业出版社，2015. 3

全国高等院校仪器仪表及自动化类"十二五"规划教材

ISBN 978－7－121－25205－1

Ⅰ. ①智… Ⅱ. ①付…②徐…③王… Ⅲ. ①自动检测—高等学校—教材②智能控制—高等学校—教材 Ⅳ. ①TP27

中国版本图书馆 CIP 数据核字（2014）第 299464 号

策划编辑：郭穗娟

责任编辑：韩玉宏

印　　刷：北京七彩京通数码快印有限公司

装　　订：北京七彩京通数码快印有限公司

出版发行：电子工业出版社

　　　　　北京市海淀区万寿路 173 信箱　邮编：100036

开　　本：787×1092　1/16　印张：17.25　字数：442 千字

版　　次：2015 年 3 月第 1 版

印　　次：2024 年 7 月第 12 次印刷

定　　价：49.80 元

凡所购买电子工业出版社图书有缺损问题，请向购买书店调换。若书店售缺，请与本社发行部联系，联系及邮购电话：(010) 88254888。

质量投诉请发邮件至 zlts@phei.com.cn，盗版侵权举报请发邮件至 dbqq@phei.com.cn。

服务热线：(010) 88258888。

前　　言

智能检测与控制技术是计算机技术、传感器与检测技术、控制技术、电子技术、通信技术等多种技术相结合的产物，内容涉及较广泛，涵盖了传感器检测信号、信号的调理及分析处理、信息融合、系统抗干扰及可靠性、智能控制方法等内容，这使得智能检测与控制技术成为现代工业发展的推动力量之一。

本书共分9章。第1章介绍了智能检测与控制技术的基本概念及其应用。第2章介绍了检测误差与数据处理技术，主要包括检测误差的概念、随机误差的分析、系统误差的判别与消除、测量方法的分类、检测系统的基本特性等内容。第3章介绍了非电量检测的原理和方法，主要包括力、力矩和压力的测量，位移、物位和厚度的测量，速度、转速和加速度的测量，振动的测量，温度的测量，噪声的测量等。第4章介绍了微弱信号检测，主要包括微弱信号检测的基本概念及噪声、微弱信号检测方法、微弱信号检测技术。第5章介绍了无损检测技术，主要包括无损检测技术概述、超声波检测、射线检测、磁粉检测、渗透检测、涡流检测、红外检测。第6章介绍了信号的调理及处理技术，包括信号调理电路和多传感器信息融合技术。第7章介绍了抗干扰技术，主要包括常见干扰源分析、常用的抑制干扰措施、电磁兼容技术、软件抗干扰措施。第8章介绍了检测系统的可靠性技术，主要包括可靠性技术的概念及特征、可靠性设计、可靠性管理、可靠性试验、敏感元件及传感器的失效分析。第9章介绍了智能控制技术，主要包括智能控制的基本概念、模糊控制、神经网络控制、专家控制系统、学习控制系统、仿人智能控制。

本书由付华、徐耀松、王雨虹任主编，王丹丹、卢万杰任副主编。其中，第1章由付华执笔；第2章、第4章、第9章由徐耀松执笔；第3章、第5章、第6章由王雨虹执笔，第7章由王丹丹执笔；第8章由卢万杰执笔。全书的写作思路由付华教授提出，全书由付华和徐耀松统稿。此外，参编人员还有李文娟、孙璐、李海霞、李欣欣、刘娜、舒丹丹、马艳娟、赵东红和张胜强。在此，向对本书的完成给予热情帮助的同事一并表示衷心的感谢。

尽管我们为本书的编写付出了十分的心血和努力，但书中仍然存在一些疏漏和不妥之处，敬请读者批评指正。

编　者

2015 年 1 月

目　录

第1章

绪　　论

1.1　智能检测与控制技术概述

检测系统是信息获取的重要手段，是系统感知外界信息的"五官"，是实现自动控制、自动调节的前提和基础，它与信息系统的输入端相连，并将检测到的信号输送到信息处理部分，是感知、获取、处理与传输的关键。检测技术是关于传感器设计制造及应用的综合技术，是一门由测量技术、功能材料、微电子技术、精密与微细加工技术、信息处理技术和计算机技术等相互结合形成的密集型综合技术。它是信息技术（传感与控制技术、通信技术、计算机技术）的三大支柱之一。

检测与控制技术随着科学技术的发展而发展。现代工业经历了从手工作坊到机械化、自动化的历程，并从自动化向自治化、智能化的方向发展。随着生产设备机械化、自动化水平的提高，控制对象日益复杂，针对系统中表征设备工作状态参数多、参数变化快、子系统不确定性大等特点，对检测技术的要求也不断提高，从而促进了检测技术水平的发展。检测技术的发展经历了机械式仪表、普通光学-机械仪表、电动量仪、自动监测和智能监控等几个阶段。在现代化工业生产和管理中，大量的物理量、工艺数据、特征参数需要进行实时的、自动的和智能的检测管理与控制，智能检测与控制技术以其测量速度快、高度灵活、智能化数据处理和多信息融合、自检查和故障诊断，以及检测过程中软件控制等优势，在各种工业系统中得到了广泛的应用。由于智能检测与控制系统充分利用了计算机及相关技术，实现了检测与控制过程的智能化和自动化，因此可以在最少人工参与下获得最佳的结果。

智能检测与控制系统以微机为核心，以检测和智能化处理为目的，用以对被测过程的物理量进行测量并进行智能化的处理和控制，从而获得精确的数据，包括测量、检验、故障诊断、信息处理和决策等多方面内容。随着人工智能原理和技术的发展，人工神经网络技术、专家系统、模式识别技术等在检测中的应用，更进一步促进了检测与控制智能化的进程，成为21世纪检测与控制技术的主要研究方向。

1.1.1　检测技术

检测就是利用各种物理化学效应，选择合适的方法和装置，将生产、科研、生活中的有关信息通过检查与测量的方法赋予定性或定量结果的过程。它以自动化、电子、计算机、控制工程、信息处理为研究对象，以现代控制理论、传感技术与应用、计算机控制等为技术基础，以检测技术、测控系统设计、人工智能、工业计算机集散控制系统等技术为专业基础，同时与自动化、计算机、控制工程、电子与信息、机械等学科相互渗透，主要从事以检测技术与自动化装置研究领域为主体的，与控制、信息科学、机械等领域相关的理论与技术方面的研究。

对现代工业来说，任何生产过程都可以看作物流、能流和信息流的结合。其中信息流是控制和管理物流和能流的依据，而生产过程中的各种信息，如物料的几何与物理性能信息、设备的状态信息、能耗信息等都必须通过各种检测方法，利用在线或离线的各种检测设备拾取。将检测到的状态信息再经过分析、判断和决策，得到相应的控制信息，并驱动执行机构实现过程控制。因此，检测系统也是现代生产过程的重要组成部分。

1.1.2　智能的概念

智能及智能的本质是古今中外许多哲学家、脑科学家一直在努力探索和研究的问题，但至今仍然没有完全了解，以至于智能的发生与物质的本质、宇宙的起源、生命的本质一起被列为自然界四大奥秘。近些年来，随着脑科学、神经心理学等研究的进展，人们对人脑的结构和功能有了初步认识，但对整个神经系统的内部结构和作用机制，特别是脑的功能原理还没有认识清楚，有待进一步的探索。因此，很难对智能给出确切的定义。

一般认为，智能是指个体对客观事物进行合理分析、判断及有目的的行动和有效地处理周围环境事宜的综合能力。有人认为智能是多种才能的总和。Thursteme 认为智能由语言理解、用词流畅、数、空间、联系性记忆、感知速度及一般思维七种因子组成。

1.1.3　智能检测

智能检测包括两个方面的含义：一方面，在传统检测控制基础上，引入人工智能的方法，实现智能检测控制，提高传感检测控制系统的性能；另一方面，利用人工智能的思想，构成新型的检测控制系统。智能检测系统是以微机为核心，以检测和智能化处理为目的的系统，一般用于对被测过程物理量进行测量，并进行智能化处理，获得精确数据，通常包括测量、检验、故障诊断、信息处理和决策等多方面内容。由于智能检测系统充分利用计算机及相关技术，实现了检测过程的智能化和自动化，因此可以在最少人工参与的条件下获得最佳的、最满意的结果。

智能检测系统具有如下特点。

（1）测量速度快。计算机技术的发展为智能检测系统的快速检测提供了有利条件，使其与传统的检测过程相比，具有更快的检测速度。

（2）高度灵活性。以软件为工作核心的智能检测系统可以很容易地进行设计生产、修改和复制，并且很方便地更改功能和性能指标。

（3）智能化数据处理。计算机可以方便快捷地实现各种算法，用软件对测量结果进行在线处理，从而可以提高测量精度；并且可以方便地实现线性化处理、算术平均值处理及相关分析等信息处理。

（4）实现多信息数据融合。系统中配备多个测量通道，由计算机对多个测量通道进行高速扫描采样，依据各种信息的相关特性，实现智能检测系统的多传感器信息融合，从而提高检测系统的准确性、可靠性和容错性。

（5）自检查和故障诊断。系统可以根据检测通道的特性和计算机的本身自诊断功能，检查各单元的故障类型和原因，显示故障部位，并提示对应采取的故障排除方法。

（6）检测过程的软件控制。采用软件控制可方便地实现自动极性判断、自校零与自校准、自动量程切换、自补偿、自动报警、过载保护、信号通道和采样方式的自动选择等。

此外，智能检测系统还具备人机对话、打印、绘图、通信、专家知识查询和控制输出等智能化功能。

1.1.4　智能控制

1. 基本概念

智能控制是为了适应自动控制的发展，将人工智能的理论与技术运用到自动控制中，解决面临的复杂问题而形成的一门新兴学科。同时，它也是人工智能发展的研究内容和新的应用领域。智能控制与传统的控制有着密切关系，它们不是相互排斥的。一般情况下，常规控制往往包含在智能控制中，智能控制利用常规控制的方法来解决"低级"的控制问题。它力图扩充常规控制方法并建立一系列新的理论与方法以解决更具挑战性的复杂控制问题。与常规控制相比较，智能控制系统具有以下几个功能。

（1）学习功能。智能控制系统能对一个过程或未知的环境所提供的信息进行识别、记忆、学习，并能将得到的经验用于估计、分类、决策或控制，从而使系统的性能得到进一步改善，这种功能类似于人的学习过程。

（2）适应功能。从系统角度来看，系统的智能行为是一种从输入到输出的映射关系，是一种不依赖于模型的自适应估计，因此比传统的自适应控制有更好更高层次的适应性能。有些智能控制系统，除了具有对系统输入/输出的自适应估计功能外，还具有系统故障诊断及故障修复功能。

（3）组织功能。系统对复杂的任务和各种传感器信息具有自行组织、自行协调的功能。它可以在任务要求范围内自行决策，出现多目标时可以适当地自行解决。因此，系统具有较好的主动性和灵活性。

2. 研究对象与内容

智能控制的研究对象主要是不确定的模型、高度的非线性模型和复杂的任务。智能控制的对象模型往往是未知或知之甚少的，模型结构和参数可能在很大的范围内变化；智能控制不仅可以解决传统控制理论能解决的问题，而且可以很好地解决非线性系统的控制问题；传统的控制要么是恒值，要么随控制而变化，而智能控制系统的任务的要求比较复杂，往往是多目标、多形式信息表吸纳的综合。

根据智能控制对象所具有的特点，智能控制的基本研究内容大致包括以下几个方面。

（1）对智能控制认识论和方法论的研究，探索人类的感知、判断、推理和决策的活动机理。

（2）对智能控制系统的基本结构模式的分类，多个层次上系统模型的结构表达，学习自适应和自组织等概念的软分析和数学描述。

（3）根据实验数据和激励模型所建立的动态系统，对不确定性系统的辨识、建模和控制。

（4）实施专家控制系统的技术方法。

（5）控制系统的机构性质分析和稳定性分析。

（6）基于模糊逻辑和神经网络及软计算的智能控制方法技术。

（7）集成智能控制的理论和方法。

（8）基于多 Agent 的智能控制方法。

（9）智能控制在工业过程和机器人等领域的应用研究。

1.1.5 智能检测与控制系统的组成

智能检测与控制系统的结构随着控制对象、环境复杂性和不确定性程度的不同而变化。图 1.1 所示为智能检测与控制系统的基本结构。图中的广义对象包括一般的控制对象和外部环境，例如，在智能机器人系统中，机器人的手臂、移动载体、被操作的对象和其所处的工作环境统称为广义对象。而传感器则指将其中所需物理量等转换成计算机能处理的电信号的装置的总称，在机器人系统中，有位置传感器、力传感器、接近传感器、里程计及视觉传感器等。感知信息处理是将传感器器获得的各种信息进行处理，这种处理可以是单个传感器信息处理，也可能包括多种传感器的信息融合处理。随着智能水平的提高，后一种信息融合处理就显得更加重要。认识学习部分主要是接受和储备知识、经验和数据，并对它们进行分析、学习和推理，然后送到规划与控制决策部分。规划与控制决策部分根据给定的任务要求、反馈的信息及经验知识，进行自动搜索、推理决策、动作规划，最后经执行器作用于被控对象。通信接口部分不但要建立人机之间的联系，还要负责各模块之间的通信，以保证必要的信息的传递。

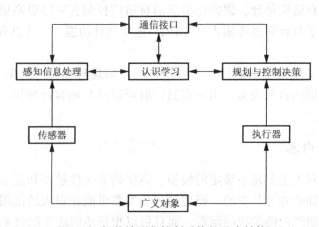

图 1.1 智能检测与控制系统的基本结构

1.2 智能检测与控制技术的应用

1.2.1 用于数据采集与处理

利用计算机可以把生产过程中有关参数的变化经过测量转换元件测出，然后集中保存或记录，或者及时显示出来，或者进行某种处理。例如，使用计算机的巡回检测系统，可以定时轮流对几十、几百甚至几千个参数进行测量、显示（或打印）；使用计算机的数据采集系统，可以把数据成批存储或复制，也可以通过传输线路送到中心计算机；使用计算机的信号处理系统，可以把一些仪器测出的曲线经过计算处理，得到一些特征数据等。

计算机数据采集与处理系统有离线和在线之分。离线数据采集与处理系统框图如图 1.2 所示。首先仪器监视人员必须在规定的时间间隔内反复地读出一个或多个测量仪器的数值，并把这些数据记录到有关的表格内（或再将这些数据存放到某种数据载体上），然后输入计算机进行处理，得出计算结果并获得测量结果的记录。离线数据采集与处理的缺点是，一方面数据收集需要大量的人力，另一方面从读出测量值到算出结果需要较长时间。因此，测量数据收集的速度和范围受到极大的限制。

图 1.2 离线数据采集与处理系统框图

采用在线数据采集与处理，可以把测量仪器所提供的信号直接送入计算机进行处理、识别，并给出检测结果。这样，运行费用可大大减少。图 1.3 所示为在线数据采集与处理系统框图。

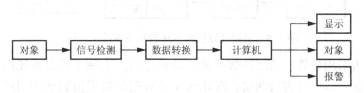

图 1.3 在线数据采集与处理系统框图

在线数据采集与处理中，计算机虽不直接参与过程控制，但其作用是很明显的。首先，在过程参数的测量和记录中，可以用计算机代替大量的常规显示和记录仪表，并对整个生产过程进行在线监视；其次，由于计算机具有运算、推理、逻辑判断能力，可以对大量的输入数据进行简要的集中、加工和处理，并能以有利于指导生产过程控制的方式表示出来，因此对生产过程控制有一定的指导作用；最后，计算机具有存储信息的能力，可预先存入各种工艺参数的极限值，在处理过程中能进行越限报警，以确保生产过程的安全。此外，这种方式可以得到大量的统计数据，有利于模型的建立。

1.2.2 用于生产控制

1. 操作指导系统

操作指导系统的示意图如图 1.4 所示。这种系统每隔一定时间，把测得的生产过程中某些参数值送入计算机，计算机按生产要求计算出应该采用的控制动作，并显示或打印出来，供操作人员参考。操作人员根据这些数据，并结合自己的实践经验，采取相应的动作。在这种系统中，计算机不直接干预生产，只是提供参考数据。

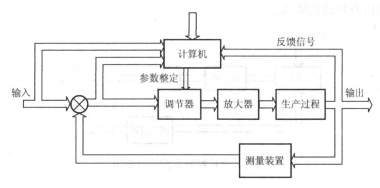

图 1.4 操作指导系统的示意图

2. 顺序控制与数字控制系统

由计算机对一台或多台生产设备或一个生产过程进行比较复杂的顺序控制，当其中某些动作有一定的数值要求时，这种控制就是数字控制。图1.5所示为采用计算机的开环数控系统的示意图。计算机直接放在机床旁边，负责接收工件的几何尺寸数据，并把这些数据转换成机床的控制指令。这些控制指令通过电子耦合线路直接传输到机床的控制部分。

图1.5 采用计算机的开环数控系统的示意图

图1.6所示为采用计算机的闭环数控系统的示意图。它除了具备机床的各种功能外，还应当具备下述功能：对工件进行测量，对几何尺寸数据的给定值和实测值进行比较，并根据比较结果发出控制指令传输给机床的控制部分。闭环数控系统具有加工精度高、刀具磨损小及对干扰不敏感的特点。

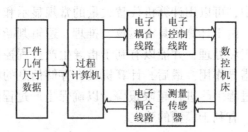

图1.6 采用计算机的闭环数控系统的示意图

3. 直接控制系统

在直接控制系统中，计算机本身被用来代替反馈控制系统的控制部分，直接控制生产过程。直接控制系统的示意图如图1.7所示。用一台计算机控制少数几个参数是不合算的，通常以分时控制方式去控制十几个、几十个甚至上百个参数。计算机直接控制系统的缺点是可靠性较差，如果计算机出现故障，整个系统将不能工作，因此在应用于连续生产过程时，对计算机的可靠性应有较高的要求。

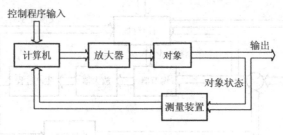

图1.7 直接控制系统的示意图

4. 前馈控制系统

在前馈控制系统中，计算机代替前馈控制系统的控制部分。前馈控制系统的示意图如图1.8所示。计算机不断地观测生产过程变化，并产生相应的控制信号，送到控制器中。当然，一台计算机也可以同时控制若干台控制器。计算机前馈控制系统的优点是可靠性比较高，即使计算机出现故障，系统也可以在常规控制器的控制下工作。

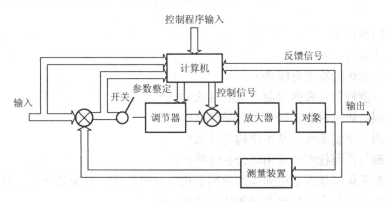

图1.8 前馈控制系统的示意图

5. 监控系统

监控系统与直接控制系统的区别在于：它不直接驱动执行机构，而是根据生产情况计算出某些参数应该保持的值，然后去改变常规控制系统的给定值，由常规控制系统去直接控制生产过程。因此，它多用于程序控制、比值控制、串级控制、最优控制，或者用于越限报警、事故处理。

6. 智能自适应控制系统

智能自适应控制系统的示意图如图1.9所示。由于引入了知识库和推理决策模块，使系统的自适应能力得到了根本的改善。

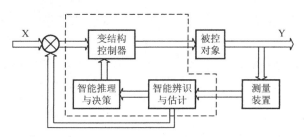

图1.9 智能自适应控制系统的示意图

7. 智能自修复系统

智能自修复控制系统对设备在运行过程中出现的故障，不但能进行检测、诊断，而且具有自补偿、自消除和自修复能力。

1.2.3 用于生产调度管理

通过智能检测与控制技术监测控制系统的变化、事故，通过监测分站和监测线路传到地面监测主机，再通过网络传到调度台，调度员通过联网计算机能清楚地看到系统中各位置情况，再根据具体情况进行生产调度。

思考与练习

1. 什么是检测技术？

2. 什么是智能检测？

3. 智能检测系统的特点有哪些？

4. 什么是智能控制？智能控制系统有什么功能？

5. 智能控制的研究对象和研究内容是什么？

6. 智能检测与控制系统的基本结构是什么？

7. 智能检测与控制技术的应用场合有哪些？

8. 离线数据采集与处理系统和在线数据采集与处理系统的原理是什么？有什么区别？

9. 前馈控制系统与直接控制系统相比有什么优势？

10. 试举一个常见的控制系统的例子，说明它的工作原理与优势。

第2章

检测误差与数据处理

2.1 检测误差的概念

检测误差是指检测结果与被测量的客观真值的差值。在测量过程中，被测对象、检测系统、检测方法和检测人员都会受到各种因素的影响。有时，对被测量的转换也会改变被测对象原有的状态，造成误差。由误差公理可知，任何实验结果都是有误差的，误差自始至终存在于一切科学实验和测量当中，被测量的真值是永远难以得到的。但是，可以通过改进检测装置和检测手段，并通过对检测误差进行分析处理，使误差处于允许的范围之内。

测量的目的是希望通过测量求取被测量的真值。在分析检测误差时，采用的被测量真值是指在确定条件下被测量客观存在的实际值。判断真值的方法有三种：一是理论设计和理论公式表达值，称为理论真值，如三角形内角之和为180°；二是由国际计量学确定的基本的计量单位，称为约定真值，如在标准条件下水的冰点和沸点分别是0℃和100℃；三是精度高一级或几级的仪表与精度低的仪表相比，把高一级仪表的测量值称为相对真值。相对真值在测量中应用最为广泛。

2.1.1 检测误差的表示方法

检测误差的表示方法有多种，含义各异。

1. 绝对误差

绝对误差可定义为

$$\Delta = x - L \tag{2-1}$$

式中，Δ 为绝对误差；x 为测量值；L 为真值。绝对误差是有正、负并有量纲的。在实际检测过程中，有时要用到修正值，修正值是与绝对误差大小相等、符号相反的值，即

$$c = -\Delta \tag{2-2}$$

式中，c 为修正值，通常利用高一等级的测量标准或标准仪器来获得修正值。利用修正值可对测量值进行修正，从而得到准确的实际值，修正后的实际测量值 x' 为

$$x' = x + c \tag{2-3}$$

修正值给出的方式，可以是给出具体的数值，也可以是给出一条曲线或公式。

采用绝对误差表示检测误差，不能很好地说明测量质量的好坏。例如，在进行温度测量时，绝对误差 $\Delta = 1℃$，这对体温测量来说是不允许的，但对钢水温度测量来说却是极好的测量结果，因此用相对误差可以比较客观地反映测量的准确性。

2. 相对误差

相对误差可定义为

$$\delta = \frac{\Delta}{L} \times 100\% \qquad (2-4)$$

式中，δ 为实际相对误差，一般用百分数给出；Δ 为绝对误差；L 为真值。

由于被测量的真值 L 无法知道，所以实际测量时用测量值 x 代替真值 L 进行计算，这个相对误差称为标称相对误差，即

$$\delta = \frac{\Delta}{x} \times 100\% \qquad (2-5)$$

3. 引用误差

引用误差是仪表中通用的一种误差表示方法。它是相对于仪表满量程的一种误差，又称为满量程相对误差，一般也用百分数表示，即

$$\gamma = \frac{\Delta}{测量范围上限 - 测量范围下限} \times 100\% \qquad (2-6)$$

式中，γ 为引用误差；Δ 为绝对误差。

仪表的精度等级是根据最大引用误差来确定的。例如，0.5 级表的引用误差的最大值不超过 ±0.5%；1.0 级表的引用误差的最大值不超过 ±1%。

在使用仪表和传感器时，还经常会遇到基本误差和附加误差这两个概念。

4. 基本误差

基本误差是指传感器或仪表在规定的标准条件下所具有的误差。例如，某传感器是在电源电压（250±5）V、电网频率（50±2）Hz、环境温度（25±5）℃、湿度（65±5）%的条件下标定的。如果传感器在这个条件下工作，则传感器所具有的误差为基本误差。

5. 附加误差

附加误差是指在传感器或仪表的使用条件偏离额定条件的情况下出现的误差，如温度附加误差、频率附加误差、电源电压波动附加误差等。

2.1.2 检测误差的分类

为了便于检测误差的分析和处理，可以按检测误差的规律性将其分为三类，即系统误差、随机误差和粗大误差。

1. 随机误差

在同一测量条件下，多次测量被测量时，其绝对值和符号以不可预定方式变化着的误差称为随机误差。随机误差产生的原因比较复杂，虽然测量是在相同条件下进行的，但测量环境中温度、湿度、压力、振动、电场等总会发生微小变化，因此随机误差是大量对测量值影响微小且又互不相关的因素所引起的综合结果。

随机误差可表示为

$$随机误差 = x_i - \bar{x}_\infty \qquad (2-7)$$

式中，x_i 为被测量的某一测量值；$\bar{x}_\infty$ 为重复性条件下无限多次的测量值的平均值，即

$$\bar{x}_\infty = \frac{x_1 + x_2 + \cdots + x_n}{n} \quad (n \to \infty) \qquad (2-8)$$

由于重复测量实际上只能测量有限次，所以实用中的随机误差只是一个近似估计值。对于随机误差，不能用简单的修正值来修正，当测量次数足够多时，就整体而言，随机误差服从一定的统计规律（如正态分布、均匀分布、泊松分布等），通过对测量数据的统计处理可以计算随机误差出现的可能性大小。

2. 系统误差

在相同条件下，对同一物理量进行多次测量，如果误差按一定规律（如线性、多项式、周期性等函数规律）出现，则把这种误差称为系统误差。系统误差可分为定值系统误差和变值系统误差，数值和符号都保持不变的系统误差称为定值系统误差，数值和符号按照一定规律变化的系统误差称为变值系统误差。

在国家计量技术规范 JJF 1001—2011《通用计量术语及定义》中，对系统误差的定义是，在重复测量中保持不变或按可预见方式变化的测量误差的分量，表示为在重复性条件下对同一被测量进行无限多次测量所得结果的平均值与被测量的真值之差，即

$$系统误差 = \bar{x}_\infty - L \qquad (2-9)$$

式中，L 为被测量的真值。

3. 粗大误差

超出在规定条件下预期的误差称为粗大误差，又称为疏忽误差。这类误差的发生是由于测量者疏忽大意，测错、读错或环境条件的突然变化等引起的。由于含有粗大误差的测量值明显地歪曲了客观现象，所以常将其称为坏值或异常值。

在处理数据时，要采用的测量值不应该包含粗大误差，即所有的坏值都应当剔除。因此，进行误差分析时，要估计的误差只有随机误差和系统误差。

2.2 随机误差

2.2.1 随机误差及处理

随机误差和系统误差的来源和性质不同，所以处理的方法也不同。由于随机误差是由一系列随机因素引起的，因而随机变量可以用来表达随机误差的取值范围及概率。若有一非负函数 $f(x)$，则其对任意实数存在分布函数：

$$F(x) = \int_{-\infty}^{x} f(x) \, dx \qquad (2-10)$$

称 $f(x)$ 为 x 的概率分布密度函数。且有

$$P\{x_1 < x < x_2\} = F(x_2) - F(x_1) = \int_{x_1}^{x_2} f(x) \, dx \qquad (2-11)$$

式（2-11）为误差在 (x_1, x_2) 之间的概率，在检测系统中，只有系统误差已经减小到可以忽略的程度后才可对随机误差进行统计处理。

2.2.2 随机误差的正态分布规律

实践和理论证明，大量的随机误差服从正态分布规律，其正态分布曲线如图 2.1 所示。

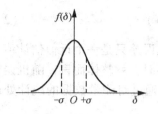

图 2.1 随机误差的正态分布曲线

图 2.1 中横坐标为随机误差 $\Delta x = \delta$，纵坐标为误差的概率密度 $f(\delta)$。应用概率方法论可导出

$$f(\delta) = \frac{1}{\sigma\sqrt{2\pi}}\exp\left(-\frac{1}{2}\frac{\delta^2}{\sigma^2}\right) \qquad (2-12)$$

式中，特征量 σ 为

$$\sigma = \sqrt{\frac{\sum \delta_i^2}{n}} \qquad (n \to \infty) \qquad (2-13)$$

式中，σ 称为标准差；n 为测量次数。

2.2.3 真实值与算术平均值

设对某一物理量进行多次直接测量，测量值分别为 $x_1, x_2, x_i, \cdots, x_n$，各次测量值的随机误差为 $\Delta x_i = x_i - x_0$。将随机误差相加得

$$\sum_{i=1}^{n} \Delta x_i = \sum_{i=1}^{n} (x_i - x_0) = \sum_{i=1}^{n} x_i - nx_0 \qquad (2-14)$$

两边同时除以 n 得

$$\frac{1}{n}\sum_{i=1}^{n} \Delta x_i = \frac{1}{n}\sum_{i=1}^{n} x_i - x_0 \qquad (2-15)$$

用 $\bar{x}$ 代表测量序列的算术平均值，即

$$\bar{x} = \frac{1}{n}(x_1 + x_2 + \cdots + x_n) = \frac{1}{n}\sum_{i=1}^{n} x_i \qquad (2-16)$$

式（2-15）改写为

$$\frac{1}{n}\sum_{i=1}^{n} \Delta x_i = \bar{x} - x_0 \qquad (2-17)$$

根据随机误差的抵偿特征，得出 $\bar{x} \to x_0$。

可见，当测量次数很多时，算术平均值趋于真实值，也就是说，算术平均值受随机误差影响比单次测量小，且测量次数越多，影响越小。因此，可以用多次测量的算术平均值代替真实值，并称为最可信数值。

2.2.4 随机误差的估算

1. 标准差

标准差 σ 定义为

$$\left.\begin{array}{c} \sigma = \sqrt{\sum_{i=1}^{n} (x_i - x_0)^2 / n} \\[2mm] \lim_{n \to \infty} \frac{1}{n}\sum_{i=1}^{n} \Delta x_i = 0 \end{array}\right\} \qquad (2-18)$$

它是在一定测量条件下随机误差最常用的估计值。标准差 σ 刻画了总体的分散程度。图 2.2 给出了 x_0 相同、σ 不同（$\sigma = 0.5$，$\sigma = 1$，$\sigma = 1.5$）的正态分布曲线。由图可知，σ 值越大，曲线越平坦，即随机变量的分散性越大；反之，σ 值越小，曲线越尖锐（集中），随机变量的分散性越小。

在实际测量中不可能得到 σ，因为被测量在重复性条件下进行的是有限次测量，用算术平均值代替真值，此时表征测量值（随机误差）分散性的量用标准差的估计值 σ_s 表示，由贝塞尔公式得

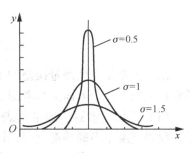

$$\sigma_s = \lim_{x \to \infty} \sqrt{\frac{1}{n-1} \sum_{i=1}^{n} (x_i - \overline{x})^2} = \sqrt{\frac{\sum_{i=1}^{n} v_i^2}{n-1}} \quad (2-19)$$

图 2.2　不同 σ 的概率密度曲线

式中，x_i 为第 i 次测量值；$\overline{x}$ 为 n 次测量值的算术平均值；v_i 为残余误差，即 $v_i = x_i - \overline{x}$。

2. 算术平均值的标准差

在测量中，用算术平均值作为最可信赖值，它比单次测量结果的可靠性高。由于测量次数有限，因此 $\overline{x}$ 也不等于 x_0。也就是说，$\overline{x}$ 是存在随机误差的，算术平均值的可靠性用算术平均值的标准差 $\sigma_{\overline{x}}$ 来评定，它与标准差的估计值 σ_s 的关系为

$$\sigma_{\overline{x}} = \frac{\sigma_s}{\sqrt{n}} \quad (2-20)$$

由上式可见，在 n 较小时，增加测量次数 n，可明显减小测量结果的标准差，提高测量的精密度；但随着 n 的增大，减小的程度越来越小，当 n 大到一定数值时，$\sigma_{\overline{x}}$ 就几乎不变了。

3. 正态分布随机误差的概率计算

如果随机变量符合正态分布，那么它出现的概率就是正态分布曲线下所包围的面积。因为全部随机变量出现的总的概率为 1，所以曲线包围的面积等于 1，即

$$\int_{-\infty}^{+\infty} f(x) \mathrm{d}x = \frac{1}{\sigma \sqrt{2\pi}} \int_{-\infty}^{+\infty} \mathrm{e}^{-\frac{x^2}{2\sigma^2}} \mathrm{d}x = 1 \quad (2-21)$$

随机变量落在任意区间 (a, b) 的概率为

$$P_\alpha = P(a \leq x < b) = \frac{1}{\sigma \sqrt{2\pi}} \int_a^b \mathrm{e}^{-\frac{x^2}{2\sigma^2}} \mathrm{d}x \quad (2-22)$$

式中，P_α 为置信概率；σ 为正态分布的特征参数；区间常表示成 σ 的倍数。由于随机变量分布对称性的特点，常取对称的区间，即在 $\pm k\sigma$ 区间的概率为

$$P_\alpha = P(-k\sigma \leq x < k\sigma) = \frac{1}{\sigma \sqrt{2\pi}} \int_{-k\sigma}^{+k\sigma} \mathrm{e}^{-\frac{x^2}{2\sigma^2}} \mathrm{d}x \quad (2-23)$$

式中，k 为置信系数；$\pm k\sigma$ 为置信区间（误差限）。

随机变量落在 $\pm k\sigma$ 范围内出现的概率为 P_α，超出的概率称为置信度，又称为显著性水平，用 α 表示，有

$$\alpha = 1 - P_\alpha \quad (2-24)$$

P_α 与 α 的关系如图 2.3 所示。

图 2.3　P_α 与 α 的关系

2.3　系　统　误　差

系统误差是产生测量误差的主要原因，消除或减小系统误差是提高测量精度的主要途径。通常可从以下几个方面进行考虑。

（1）所用传感器、测量仪表或组成元件是否准确可靠。例如，传感器或仪表灵敏度不足、仪表刻度不准确等都会引起误差。

（2）测量方法是否完善。例如，用电压表测量电压，电压表的内阻对测量结果有影响。

（3）传感器仪表安装、调整或放置位置是否正确合理。例如，未调好仪表水平位置、安装时仪表指针偏心等都会引起误差。

（4）传感器或仪表工作场所的环境条件是否符合规定条件。例如，环境、温度、湿度、气力的变化都会引起误差。

（5）测量者操作是否正确。例如，读数时，视差、视力疲劳等都会引起系统误差。

2.3.1　系统误差的判别

判别系统误差一般比较困难，下面介绍几种判别系统误差的一般方法。

1. 实验对比法

实验对比法是通过改变产生系统误差的条件，在不同的条件下测量，从而发现系统误差。例如，一台测量仪表本身固有的系统误差，即使进行多次测量也不能发现，只有用更高一级精度的测量仪表测量时，才能发现这台测量仪表的系统误差。

2. 残差观察法

这种方法是根据测量值的残余误差的大小和符号变化规律，直接用误差数据或误差曲线图形来判断有无变化的系统误差。图2.4所示为一组残差曲线。图2.4（a）中的残余误差有规律地递增（或递减），表明存在线性系统误差；图2.4（b）中的残余误差的大小和符号大体呈周期性，可以认为存在周期性系统误差；图2.4（c）中的残余误差的变化规律较复杂，可认为同时存在线性系统误差和周期性系统误差。

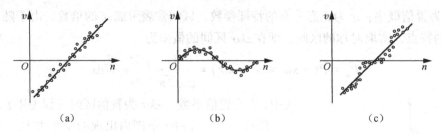

（a）　　　　　　　　　　（b）　　　　　　　　　　（c）

图2.4　残余误差的变化规律

3. 准则检查法

目前已有多种准则供人们检验测量数据中是否含有系统误差。不过，这些准则都有一定的适用范围。例如，马利科夫判据将残余误差前后各半分为两组，若"$\sum v_i$ 前"与"$\sum v_i$

后"之差明显不为零,则可能含有线性系统误差。又如,阿贝检验法是检查残余误差是否偏离正态分布,若偏离,则可能出现变化的系统误差。将测量值的残余误差按测量顺序排列,且设

$$A = v_1^2 + v_2^2 + \cdots + v_n^2 \tag{2-25}$$

$$B = (v_1 - v_2)^2 + (v_2 - v_3)^2 + \cdots + (v_{n-1} - v_n)^2 + (v_n - v_1)^2 \tag{2-26}$$

若 $\left| \dfrac{B}{2A} - 1 \right| > \dfrac{1}{\sqrt{n}}$,则可能含有变化的系统误差,但类型不能判定。

2.3.2 系统误差的消除

(1)对测量结果进行修正:对于已知的定值系统误差,可以用修正值对测量结果进行修正;对于变值系统误差,应设法找出误差的变化规律,用修正公式或修正曲线对测量结果进行修正;对于未知系统误差,则按随机误差进行处理。

(2)消除或修正系统误差的根源:在测量之前,仔细检查仪表,正确调整和安装;防止外界干扰影响;选好观测位置以消除视差;选择环境条件比较稳定时进行读数等。

(3)在测量系统中采用补偿措施:找出系统误差规律,在测量过程中,自动消除系统误差。例如,用热电偶测量温度时,热电偶参考端温度变化会引起系统误差,消除此误差的办法之一是在热电偶回路中加一个冷端补偿器,从而实现自动补偿。

(4)实时反馈修正:在测量过程中,可以用传感器将这些误差影响因素的变化转换成某种物理量形式(一般为电量),及时按照其函数关系,通过计算机算出影响测量结果的误差值,并对测量结果进行实时的自动修正。

2.4 粗 大 误 差

粗大误差是指在一定的条件下测量结果显著地偏离其实际值时所对应的误差。从性质上看,粗大误差不是单独的类别,它本身既可能具有系统误差的性质,也可能具有随机误差的性质,只不过在一定测量条件下其绝对值特别大而已。

2.4.1 粗大误差的判别

在重复测量得到的一系列测量值中,如果混有包含粗大误差的坏值,那么必然会歪曲测量结果。因此,必须在剔除坏值后,才可进行相关的数据处理,从而得到符合客观情况的测量结果。下面介绍三种判别粗大误差的准则。

1. 3σ 准则

如果一组测量数据中某个测量值的残余误差的绝对值 $|v_i| > 3\sigma$,则该测量值为可疑值(坏值),应剔除。3σ 准则简便,易于使用,因此得到广泛应用。

但是,3σ 准则是在重复测量次数 $n \to \infty$ 的前提下建立的,不适合测量次数 $n \le 10$ 的情况。因为当 $n \le 10$ 时,残差小于 3σ 的概率很大。

2. 肖维勒准则

肖维勒准则是以正态分布为前提的,若多次重复测量所得的 n 个测量值中,某个测量值

的残余误差的绝对值$|v_i|>Z_c\sigma$，则剔除此数据。在实际应用中，由于$Z_c<3$，所以肖维勒准则在一定程度上弥补了3σ准则的不足。肖维勒准则中的Z_c值如表2.1所示。

表2.1　肖维勒准则中的Z_c值

n	3	4	5	6	7	8	9	10	11	12	13
Z_c	1.38	1.54	1.65	1.73	1.80	1.86	1.92	1.96	2.00	2.03	2.07
n	14	15	16	18	20	25	30	40	50		
Z_c	2.10	2.13	2.15	2.20	2.21	2.33	2.39	2.49	2.58		

3. 格拉布斯准则

格拉布斯准则也以正态分布为前提，理论上比较严谨，使用也较方便。若某个测量值的残余误差的绝对值$|v_i|>G\sigma$，则判断此值中含有粗大误差，应予剔除，此即格拉布斯准则。G值与重复测量次数n和置信概率P_α有关，如表2.2所示。

表2.2　格拉布斯准则中的G值

测量次数	置信概率P_α	G	测量次数	置信概率P_α	G
n	0.99	0.95	n	0.99	0.95
3	1.16	1.15	11	2.48	2.23
4	1.49	1.46	12	2.55	2.28
5	1.75	1.67	13	2.61	2.33
6	1.94	1.82	14	2.66	2.37
7	2.10	1.94	15	2.70	2.41
8	2.22	2.03	16	2.74	2.44
9	2.32	2.11	18	2.82	2.50
10	2.41	2.18	20	2.88	2.56

以上准则是以数据按正态分布为前提的，当偏离正态分布，特别是测量次数很少时，判断的可靠性就差。因此，对待粗大误差，除了用剔除准则外，更重要的是提高工作人员的技术水平和责任心。另外，要保证测量条件的稳定，以防止因环境条件剧烈变化而产生的突变影响。

2.4.2　坏值的舍弃

粗大误差是由于测量方法不妥当、各种随机因素的影响（如机械冲击、电源瞬时波动等）及测量人员的粗心造成的。含有粗大误差的测量值被称为坏值，在测量及数据处理中，根据上述三种准则对数据进行判断，并将坏值剔除。

2.5　不等精度直接测量的数据处理方法

严格来说，绝对的等精度是很难保证的，但对于条件差别不大的测量，一般都当作等精度对待，某些条件的变化，如测量时温度的波动等，只作为误差来考虑。但是，有时在科学研究或高精度测量中，为了获得足够的信息，有意改变测量条件，如在不同地点用不同精度的仪表，或者用不同的测量方法等进行测量，这样的测量则属于不等精度测量。

对于不等精度测量，测量数据的分析和综合不能套用前面的数据处理计算公式，需要推导新的计算公式。

2.5.1　权的概念

"权"可以理解为各组测量结果相对的可信赖程度。测量次数多，测量方法完善，测量仪表精度高，测量的环境条件好，测量人员的水平高，则测量结果可靠，其权也大。权是相比较而存在的。权用符号 p 表示，有以下两种计算方法。

（1）用各组测量序列的测量次数 n 的比值表示，即

$$p_1 : p_2 : \cdots : p_m = n_1 : n_2 : \cdots : n_m \tag{2-27}$$

（2）用各组测量序列的标准差平方的倒数的比值表示，即

$$p_1 : p_2 : \cdots : p_m = \frac{1}{\sigma_1^2} : \frac{1}{\sigma_2^2} : \cdots : \frac{1}{\sigma_m^2} \tag{2-28}$$

从式（2-28）可看出，每组测量结果的权与其相应的标准差平方成反比。如果已知各组算术平均值的标准差，即可确定相应权的大小。测量结果的权的数值只表示各组间的相对可靠程度，它是一个无量纲的数。通常在计算各组权时，令最小的权数为 1，以便用简单的数值来表示各组的权。

2.5.2　加权算术平均值

在不等精度测量时，测量结果的最佳估计值用加权算术平均值表示。它是各组测量序列的全体平均值，不仅要考虑各测量值，而且还要考虑各组权值。加权算术平均值可表示为

$$\bar{x}_p = \frac{\bar{x}_1 p_1 + \bar{x}_2 p_2 + \cdots + \bar{x}_m p_m}{p_1 + p_2 + \cdots + p_m} = \frac{\sum_{i=1}^{m} \bar{x}_i p_i}{\sum_{i=1}^{m} p_i} \tag{2-29}$$

2.6　间接测量的数据处理方法

在直接测量中，测量误差就是直接测量值的误差。而对于间接测量，通过直接测量值与被测量之间的函数关系，经过计算得到被测量的值，因此间接测量值的误差是各个直接测量值误差的函数。

2.6.1　绝对误差和相对误差的合成

如果被测量为 y，设各直接测量值 x_1，x_2，$\cdots$，x_n 之间相互独立，它们与被测量 y 之间的函数关系为

$$y = f(x_1, x_2, \cdots, x_n) \tag{2-30}$$

则被测量 y 的误差可以表示为

$$dy = \frac{\partial y}{\partial x_1} dx_1 + \frac{\partial y}{\partial x_2} dx_2 + \cdots + \frac{\partial y}{\partial x_n} dx_n \tag{2-31}$$

实际计算误差时，以各环节的绝对误差 Δx_1，Δx_2，$\cdots$，Δx_n 来代替式（2-31）中的 $\mathrm{d}x_1$，$\mathrm{d}x_2$，$\cdots$，$\mathrm{d}x_n$。

如果测量值与被测量的函数关系为 $y = x_1 + x_2 + \cdots + x_n$，则综合后的总绝对误差为

$$\Delta y = \Delta x_1 + \Delta x_2 + \cdots + \Delta x_n \tag{2-32}$$

如果被测量 y 的综合误差用相对误差表示，则

$$\delta_y = \frac{\Delta y}{y} = \frac{1}{y} \sum_{i=1}^{n} \frac{\partial y}{\partial x_i} \Delta x_i \tag{2-33}$$

当误差项比较多时，相对误差的合成一般情况下按方根合成比较符合统计值，即

$$\delta_y = \sqrt{\delta_{x_1}^2 + \delta_{x_2}^2 + \cdots + \delta_{x_n}^2} \tag{2-34}$$

式中，$\delta_{x_i} = \dfrac{\Delta x_i}{x}$。

2.6.2　标准差的合成

被测量 y 与各直接测量值 x_1，x_2，$\cdots$，x_n 之间的函数关系为 $y = f(x_1, x_2, \cdots, x_n)$，各测量值的标准差分别为 σ_1，σ_2，$\cdots$，σ_n，则当各测量值相互独立时，被测量的标准差为

$$\delta^2(y) = \left(\frac{\partial y}{\partial x_1}\right)^2 \sigma_1^2 + \left(\frac{\partial y}{\partial x_2}\right)^2 \sigma_2^2 + \cdots + \left(\frac{\partial y}{\partial x_n}\right)^2 \sigma_n^2 = \sum_{i=1}^{n} \left(\frac{\partial y}{\partial x_i}\right)^2 \sigma_i^2 \tag{2-35}$$

【例1-1】　用手动平衡电桥测量电阻 R_x，如图 2.5 所示。已知 $R_1 = 100\Omega$，$R_2 = 1000\Omega$，$R_N = 100\Omega$，各桥臂电阻的定值系统误差分别为 $\Delta R_1 = 0.1\Omega$，$\Delta R_2 = 0.5\Omega$，$\Delta R_N = 0.1\Omega$。求消除定值系统误差后的 R_x。

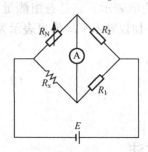

图 2.5　测量电阻 R_x 的平衡
　　　　电桥原理电路图

解： 被测电阻 R_x 变化时，调节可变电阻 R_N 的大小，使检流计指零，电桥平衡，此时有

$$R_1 \cdot R_N = R_2 \cdot R_x$$

即

$$R_x = \frac{R_1}{R_2} R_N$$

不考虑 R_1、R_2、R_N 的系统误差时，有

$$R_{x0} = \frac{R_1}{R_2} R_N = \frac{100}{1000} \times 100 = 10(\Omega)$$

由于 R_1、R_2、R_N 存在误差，所以被测电阻 R_x 也将产生系统误差，所以有

$$\Delta R_x = \frac{R_N}{R_2} \Delta R_1 + \frac{R_1}{R_2} \Delta R_N - \frac{R_1 R_N}{R_2^2} \Delta R_2$$

$$= \frac{100}{1000} \times 0.1 + \frac{100}{1000} \times 0.1 - \frac{100 \times 100}{1000^2} \times 0.5$$

$$= 0.015(\Omega)$$

消除 ΔR_1、ΔR_2、ΔR_N 的影响，即修正后的电阻 R_x 应为

$$R_x = R_{x0} - \Delta R_x = 10 - 0.015 = 9.985(\Omega)$$

2.7 检测系统的基本特性

检测系统是执行检测任务的传感器、仪器和设备的总称。当测量的目的、要求不同时，所用的检测装置的差别会很大。简单的一个温度测量装置只需要一个柱式温度计，而较完整的检测系统，则含有传感器、调理电路、数据采集、微处理器等，仪器多而且复杂。

检测系统的特性是指检测系统的输入量和输出量的关系，一般用数学表达式或数据表等形式来表示。对于模拟检测系统在时间域中的输入/输出关系，由微分方程描述；对于离散时间域，由差分方程描述。这里只讨论连续时间系统。

根据输入信号是否随时间变化，检测系统的特性分为静态特性和动态特性。如果被测量不随时间变化或随时间变化相当缓慢，则只考虑系统的静态特性指标即可。当对迅速变化的物理量进行测量时，就要求考虑检测系统的动态特性，只有动态特性指标能满足一定的快速性能要求时，输出的测量值才能正确反映输入被测量的变化。

2.7.1 检测系统的静态特性

检测系统的静态特性又称为标度特性、标准曲线或校准曲线。在静态测量中，检测系统处于稳定状态，一般可用下列代数方程多项式来表示输入量和输出量之间的函数关系。

$$y = a_0 + a_1 x + a_2 x^2 + \cdots + a_n x^n \tag{2-36}$$

式中，a_0，a_1，$\cdots$，a_n 为标定系数；x 为输入量；y 为输出量。

通常希望检测系统的静态特性曲线呈线性。在实际应用中，如果非线性的幂次不高，那么在输入量变化不大的范围内，可以用切线或割线代替实际曲线的某一段，使检测系统的静态特性近似于线性。

检测系统的静态特性可以用一组性能指标来描述，如灵敏度、线性度、迟滞、重复性和分辨力等。

1. 灵敏度

灵敏度（如图 2.6 所示）是检测系统的静态特性的一个重要指标，其定义是测量装置的输出量增量 Δy 与引起输出量增量 Δy 的相应输入量增量 Δx 之比，用 S 表示灵敏度，即

$$S = \frac{\Delta y}{\Delta x} \tag{2-37}$$

它表征的是检测系统对输入信号变化的一种反应能力。很显然，灵敏度 S 值越大，表示检测系统越灵敏。但是，装置的灵敏度越高，就越容易受到外界干扰，即装置的稳定性越差。

2. 线性度

线性度又称为直线性，是指检测系统的输出与输入之间的线性程度。输出与输入关系可分为线性特性和非线性特性。从检测系统的性能来看，希望具有线性关系，即理想输入/输出关系，但实际遇到的情况大多为非线性。

在实际使用中，为了标定和数据处理的方便，希望得到线性关系，因此引入各种非线性补偿环节。例如，采用非线性补偿电路或计算机软件进行线性化处理，从而使检测系统的输出与输入关系为线性或接近线性。如果检测系统的非线性次幂不高，输入变量变化范围较小，

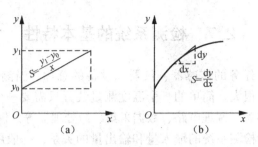

图 2.6　检测系统的灵敏度

则可用一条直线（切线或割线）近似地代表实际曲线的一段，使检测系统的输入/输出特性线性化，此时所采用的直线称为拟合曲线。

线性度也称为非线性误差，用 γ_L 表示，即

$$\gamma_L = \pm \frac{\Delta L_{max}}{Y_{FS}} \times 100\% \qquad (2-38)$$

式中，ΔL_{max} 为输出量和输入量实际曲线与拟合曲线之间的最大偏差；Y_{FS} 为满量程输出值。

3. 迟滞

实际检测系统在输入量由小到大（正行程）及输入量由大到小（反行程）的变化期间，其输入/输出特性曲线不重合的现象称为迟滞，如图 2.7 所示，即对于同一大小的输入信号，检测系统的正、反行程的输出信号大小不相等，这个差值称为迟滞差值。在整个测量范围内产生的最大迟滞差值 ΔR_{max} 与满量程输出值 Y_{FS} 之比称为迟滞误差，用 γ_H 表示，即

$$\gamma_H = \frac{\Delta R_{max}}{Y_{FS}} \times 100\% \qquad (2-39)$$

这种现象主要是由装置内部的弹性元件、磁性元件的滞后特性及机械部分的摩擦、间隙、灰尘阻塞等原因造成的。

4. 重复性

重复性表示检测系统在输入量按同一方向作全量程多次测试时，所得特性曲线不一致性的程度，如图 2.8 所示。多次按相同输入条件测试的输出特性曲线越重合，其重复性越好，误差也越小。重复性误差常用以下式子计算。

$$\gamma_R = \pm \frac{\Delta R_{max}}{Y_{FS}} \times 100\% \qquad (2-40)$$

式中，ΔR_{max} 为输出最大不重复差值；Y_{FS} 为满量程输出值。

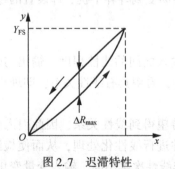

图 2.7　迟滞特性

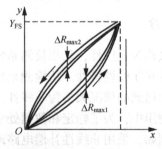

图 2.8　重复性

5. 分辨力

分辨力是指检测系统所能检测出来的输入量的最小变化量，通常是以最小单位输出量所对应的输入量来表示的。

一个检测系统的分辨力越高，表示它所能检测出的输入量的最小变化量值越小。对于数字检测系统，其输出显示系统的最后一位所代表的输入量即为该系统的分辨力；对于模拟检测系统，用其输出指示标尺最小分度值的一半代表的输入量来表示分辨力。

2.7.2　检测系统的动态特性

在实际的工程测量中，多数被测量的信号是随时间变化的。因此，对测量动态信号的检测系统就有动态特性指标的要求，并以动态特性的描述来反映其测量动态信号的能力。

检测系统的动态特性是指其输出与随时间变化的输入量之间的响应特性。当被测量随时间变化时（即是时间的函数时），检测系统的输出量也是时间的函数，其间的关系要用动态特性来表示。一个动态特性好的检测系统，其输出将再现输入量的变化规律，即具有相同的时间函数。实际的检测系统，其输出信号将不会与输入信号具有相同的时间函数，这种输出与输入间的差异就是所谓的动态误差。因此，研究检测系统的动态特性具有十分重要的意义。对于检测系统的动态响应特性，一般通过描述系统的微分方程、传递函数、频率响应函数、单位脉冲响应函数等数学模型来进行研究。

1. 检测系统的基本动态特性方程

一般，在所考虑的测量范围内，检测系统都可以认为是线性系统，其输入/输出动态特性一般都可以用下述微分方程来描述。

$$a_n \frac{d^n y}{dt^n} + a_{n-1} \frac{d^{n-1} y}{dt^{n-1}} + \cdots + a_1 \frac{dy}{dt} + a_0 y$$

$$= b_m \frac{d^m x}{dt^m} + b_{n-1} \frac{d^{m-1} x}{dt^{m-1}} + \cdots + b_1 \frac{dx}{dt} + b_0 x \quad (2-41)$$

式中，$a_0, a_1, \cdots, a_n, b_0, b_1, \cdots, b_m$ 是与检测系统结构特性有关的常系数；x, y 为时间 t 的函数。

1）零阶系统

令式（2-41）中的 $a_1, \cdots, a_n, b_1, \cdots, b_m$ 均为 0，则有

$$a_0 y(t) = b_0 x(t) \quad (2-42)$$

通常将该代数方程写成

$$y(t) = k x(t) \quad (2-43)$$

式中，$k = b_0/a_0$ 为检测系统静态灵敏度或放大系数。动态特性用该式来描述的检测系统就称为零阶系统。

零阶系统具有理想的动态特性，无论被测量 $x(t)$ 如何随时间变化，零阶系统的输出都不会失真，其输出在时间上也无任何滞后，因此零阶系统又称为比例系统。

在工程应用中，电位式的电阻传感器、变面积式的电容传感器及测量液位的静态式压力传感器等构成的检测系统均可看作零阶系统。

2) 一阶系统

若在式（2-41）中的系数除了 a_0，a_1 与 b_0 之外，其他的系数均为零，则微分方程为

$$a_1 \frac{\mathrm{d}y(t)}{\mathrm{d}t} + a_0 y(t) = b_0 x(t) \tag{2-44}$$

通常改写为

$$\tau \frac{\mathrm{d}y(t)}{\mathrm{d}t} + y(t) = kx(t) \tag{2-45}$$

式中，τ 为检测系统的时间常数，$\tau = a_1/a_0$；k 为检测系统的静态灵敏度或放大系数，$k = b_0/a_0$。

时间常数 τ 具有时间的量纲，它反映检测系统惯性的大小；静态灵敏度则说明其静态特性。用式（2-45）描述其动态特性的检测系统就称为一阶系统，一阶系统又称为惯性系统。不带套管的热电偶测温系统、电路中常用的阻容滤波器等均可看作一阶系统。

3) 二阶系统

二阶系统的微分方程为

$$a_2 \frac{\mathrm{d}^2 y(t)}{\mathrm{d}t^2} + a_1 \frac{\mathrm{d}y(t)}{\mathrm{d}t} + a_0 y(t) = b_0 x(t) \tag{2-46}$$

二阶系统的微分方程通常改写为

$$\frac{\mathrm{d}^2 y(t)}{\mathrm{d}t^2} + 2\xi\omega_n \frac{\mathrm{d}y(t)}{\mathrm{d}t} + \omega_n^2 y(t) = \omega_n^2 kx(t) \tag{2-47}$$

式中，k 为检测系统的静态灵敏度或放大系数，$k = b_0/a_0$；ξ 为检测系统的阻尼系数，$\xi = a_1/(2\sqrt{a_0 a_2})$；$\omega_n$ 为检测系统的固有频率，$\omega_n = \sqrt{a_0/a_2}$。

根据二阶微分方程特征方程根的性质不同，二阶系统又可分为：①二阶惯性系统，其特点是特征方程的根为两个负实根，它相当于两个一阶系统串联；②二阶振荡系统，其特点是特征方程的根为一对带负实部的共轭复根。

带有套管的热电偶、电磁式的动圈仪表及 RLC 振荡电路等均可看作二阶系统。

2. 检测系统的动态响应特性

检测系统的动态响应特性不仅与检测系统的固有因素有关，还与检测系统的输入变量形式有关。也就是说，同一个检测系统在不同形式的输入信号作用下，输出量的变化是不同的。通常选用几种典型的输入信号作为标准输入信号来研究检测系统的动态响应特性。

1) 检测系统的时域特性

检测系统的时域特性是研究系统对所加激励信号的瞬态响应特性。常用的激励信号有阶跃函数、斜坡函数和脉冲函数，最典型的是阶跃函数。下面以阶跃信号为例，分析一阶和二阶检测系统的动态特性。

（1）一阶检测系统的时域特性

设一阶检测系统的传递函数为

$$H(s) = \frac{k}{\tau s + 1} \tag{2-48}$$

当输入一个单位阶跃信号时，系统的输出信号为

$$y(t) = k(1 - e^{-\frac{1}{\tau}}) \tag{2-49}$$

一阶检测系统的单位阶跃响应曲线如图 2.9 所示。由图可见，检测系统存在惯性，它的输出不能立即复现输入信号，而是从零开始，按指数规律上升，最终达到稳态值。从理论上讲，检测系统的响应只在 t 趋于无穷大时才达到稳态值，但通常认为 $t = (3\sim4)\tau$ 时已达到稳态，当 $t = 4\tau$ 时，其输出就可达到稳态值的 98.2%。因此，一阶检测系统的时间常数 τ 越小，响应越快，响应曲线越接近于输入阶跃曲线，即动态误差小。因此，τ 值是一阶检测系统重要的性能参数。

（2）二阶检测系统的时域特性

设二阶检测系统的传递函数为

$$H(s) = \frac{Y(s)}{X(s)} = \frac{\omega_n^2}{s^2 + 2\xi\omega_n s + \omega_n^2} \tag{2-50}$$

图 2.10 所示为二阶检测系统的单位阶跃响应曲线。二阶检测系统对阶跃信号的响应在很大程度上取决于阻尼系数 ξ 和固有频率 ω_n。当 $\xi = 0$ 时，特征根为一对虚根，阶跃响应是一个等幅振荡的过程，这种等幅振荡状态又称为无阻尼状态；当 $\xi > 1$ 时，特征根为两个不同的负实根，阶跃响应是一个不振荡的衰减过程，这种状态又称为过阻尼状态；当 $\xi = 1$ 时，特征根为两个相同的负实根，阶跃响应是一个由不振荡的衰减到振荡衰减的临界过程，因此又称临界阻尼状态；当 $0 < \xi < 1$ 时，特征根为一对共轭复根，阶跃响应是一个衰减振荡过程，在这一过程中 ξ 值不同，衰减快慢也不同，这种衰减振荡状态又称为欠阻尼状态。

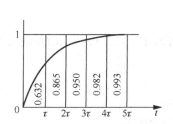

图 2.9　一阶检测系统的单位阶跃响应曲线

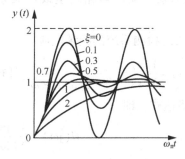

图 2.10　二阶检测系统的单位阶跃响应曲线

检测系统的时域动态性能指标如下。

① 时间常数 τ：一阶检测系统输出上升到稳态值的 63.2% 所需的时间。

② 延迟时间 t_d：检测系统输出达到稳态值的 50% 所需的时间。

③ 上升时间 t_r：检测系统输出达到稳态值的 90% 所需的时间。

④ 峰值时间 t_p：二阶检测系统输出达到第一个峰值所需的时间。

⑤ 超调量 σ：二阶检测系统输出超过稳态值的最大值。

⑥ 衰减比 d：衰减振荡的二阶检测系统输出响应曲线的第一个峰值与第二个峰值之比。

2）检测系统的频域特性

当系统输入的激励信号为正弦信号时，则按检测系统的频率响应特性研究其动态性能。

（1）一阶检测系统的频域响应

由 $H(s) = \dfrac{k}{\tau s + 1}$ 可知，当取 $j\omega$ 代替式中 s 时，得到一阶检测系统的频率响应特性表达式，即

$$H(j\omega) = \frac{k}{\tau(j\omega) + 1} \qquad (2-51)$$

相应的幅频特性和相频特性为

$$A(\omega) = \frac{1}{\sqrt{1 + (\omega\tau)^2}} \qquad (2-52)$$

$$\varphi(\omega) = -\arctan(-\omega\tau) \qquad (2-53)$$

一阶检测系统的频率响应特性曲线如图 2.11 所示。

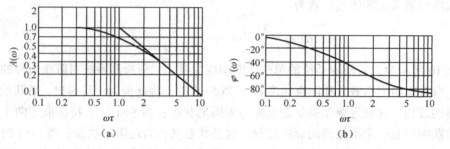

图 2.11 一阶检测系统的频率响应特性曲线

由以上分析可知，时间常数 τ 越小，频率响应特性越好；当 $\omega\tau \ll 1$ 时，$A(\omega) \approx 1$，$\varphi(\omega) \approx 0$，表明检测系统输出与输入呈线性关系，且相位差很小，输出能真实地反应输入的变化规律。

（2）二阶检测系统的频域响应

由 $H(s) = \dfrac{Y(s)}{X(s)} = \dfrac{\omega_n^2}{s^2 + 2\xi\omega_n s + \omega_n^2}$ 可知，当取 $j\omega$ 代替式中 s 时，得到二阶检测系统的频率响应特性表达式，即

$$H(j\omega) = \frac{Y(j\omega)}{X(j\omega)} = \frac{1}{1 - \left(\dfrac{\omega}{\omega_n}\right)^2 + 2j\xi\dfrac{\omega}{\omega_n}} \qquad (2-54)$$

相应的幅频特性和相频特性为

$$A(\omega) = \frac{1}{\sqrt{\left[1 - \left(\dfrac{\omega}{\omega_n}\right)^2\right]^2 + \left(2\xi\dfrac{\omega}{\omega_n}\right)^2}} \qquad (2-55)$$

$$\varphi(\omega) = -\arctan\frac{2\xi\dfrac{\omega}{\omega_n}}{1 - \left(\dfrac{\omega}{\omega_n}\right)^2} \qquad (2-56)$$

二阶检测系统的频率响应特性曲线如图 2.12 所示。

由以上分析可知，二阶检测系统频率特性的好坏主要取决于系统的固有频率 ω_n 和阻尼系数 ξ。当 $\xi < 1$、$\omega_n \ll \omega$ 时，$A(\omega) \approx 1$，$\varphi(\omega)$ 很小，幅频特性平直，输出与输入呈线性关系，此时检测系统的输出能真实地再现输入信号。设计检测系统时，常使其阻尼系数 $\xi < 1$，固有频率 ω_n 至少应高于被测信号频率 ω 的 3～5 倍。当被测信号为多频谐波信号时，系统的固有频率理论上应高于输入信号谐波中的最高频率 ω_{max} 的 3～5 倍；考虑到在整个频谱内，频率越

高，幅值越小，灵敏度越低，因而固有频率的选择应根据测量需要综合考虑。

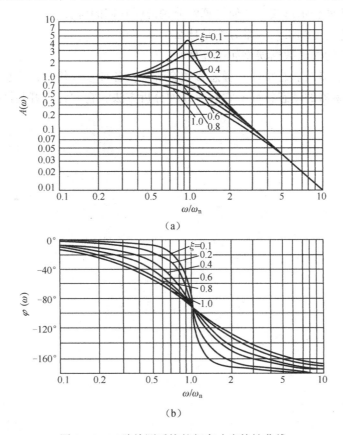

（a）

（b）

图 2.12　二阶检测系统的频率响应特性曲线

（3）频域特性指标

衡量检测系统对正弦信号激励响应的频域特性指标主要如下。

① 通频带：使检测系统输出量保持在一定值（幅频特性曲线上相对于幅值衰减 3dB）所对应的频率范围。

② 工作频带：检测系统输出幅值误差为±5%（或±10%）时所对应的频率范围。

③ 相位误差：在工作频带范围内输出量的相位误差应小于 5°（或 10°）。

思考与练习

1. 什么是检测误差？检测误差有几种表示方法？它们通常应用在什么场合？

2. 什么是测量值的绝对误差、相对误差、引用误差？

3. 用测量范围为－100～100kPa 的压力传感器测量 90kPa 压力时，传感器测得的示值为 91kPa，求该示值的绝对误差、实际相对误差、标称相对误差和引用误差。

4. 什么是随机误差？随机误差产生的原因是什么？如何减小随机误差对测量结果的影响？

5. 什么是系统误差？系统误差可分为哪几类？系统误差有哪些判别方法？如何减小和消除系统误差？

6. 什么是粗大误差？如何判别测量数据中存在粗大误差？如何消除？

7. 标准差有几种表示形式？如何计算？分别说明它们的含义。

8. 什么是不等精度测量？测量方法是什么？

9. 间接测量中的检测数据误差如何处理？

10. 什么是传感器的静态特性？静态参数有哪些？各种参数代表什么意义？

11. 什么是传感器的动态特性？它有哪几种分析方法？它们各有哪些性能指标？

第3章

非电量检测

在现代检测技术中，对于各种类型的被测量，大多数都是直接或通过各种传感器、电路转换为与被测量相关的电压、电流等电学基本参量后进行检测和处理的，这样既便于对被测量的检测、处理、记录和控制，又能提高测量的精度。因此，了解和掌握这些非电量的测量方法是十分重要的。

3.1 力、力矩和压力的测量

在机电一体化工程中，力、力矩和压力是很常用的机械参量。近年来，各种高精度力、力矩和压力传感器不断出现，更以其惯性小、响应快、易于记录、便于遥控等优点得到了广泛的应用。

3.1.1 力的测量

测力传感器按其量程大小和测量精度不同而分为很多规格品种，它们的主要差别是弹性元件的结构形式不同，以及应变片在弹性元件上粘贴的位置不同。通常测力传感器的弹性元件有柱式、梁式等。

1. 柱式弹性元件

柱式弹性元件有圆柱形、圆筒形等几种。柱式弹性元件及其电桥如图3.1所示。这种弹性元件结构简单，承载能力大，主要用于中等载荷和大载荷（可达数兆牛顿）的拉（压）力传感器。它受力后，产生应变，即

$$\varepsilon = \frac{p}{AE} \tag{3-1}$$

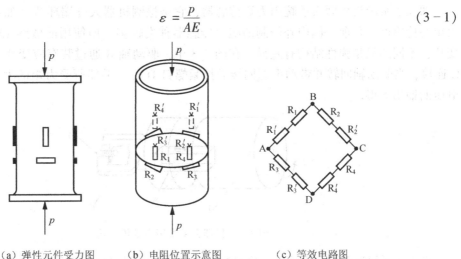

(a) 弹性元件受力图　　　(b) 电阻位置示意图　　　(c) 等效电路图

图3.1 柱式弹性元件及其电桥

用电阻应变仪测出的指示应变为

$$\varepsilon_i = 2(1 + \mu)\varepsilon \qquad (3-2)$$

以上两式中，p 为作用力；A 为弹性体的横截面积；E 为弹性材料的弹性模量；μ 为弹性材料的泊松比。

2. 悬臂梁式弹性元件

悬臂梁式弹性元件的特点是结构简单、加工方便、应变片粘贴容易、灵敏度较高，主要用于小载荷、高精度的拉力或压力传感器，可测量 0.01 牛顿到几千牛顿的拉力或压力。在同一截面正、反两面粘贴应变片，并应粘贴在该截面中性轴的对称表面上。悬臂梁式弹性元件及其电桥如图 3.2 所示。若梁的自由端有一被测力 p，则应变与 p 的关系为

$$\varepsilon = \frac{6pl}{bh^2 E} \qquad (3-3)$$

指示应变与表面弯曲应变之间的关系为

$$\varepsilon_i = 4\varepsilon \qquad (3-4)$$

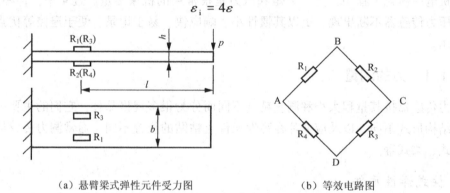

（a）悬臂梁式弹性元件受力图　　　　（b）等效电路图

图 3.2　悬臂梁式弹性元件及其电桥

3.1.2　力矩的测量

图 3.3 所示为机器人手腕用力矩传感器，它是检测机器人终端环节（如小臂）与手之间力矩的传感器。目前，国内外研制的腕力传感器种类较多，但使用的敏感元件几乎全都是应变片，不同的只是弹性结构有差异。在图 3.3 中，驱动轴 B 通过装有应变片 A 的腕部与手部 C 连接，当驱动轴回转并带动手部回转而拧紧螺钉 D 时，手部所受力矩的大小可通过应变片电压的输出测得。

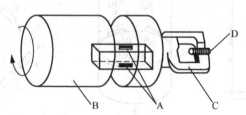

图 3.3　机器人手腕用力矩传感器

图 3.4 所示为无触点测量力矩的方法。传动轴的两端安装上磁分度圆盘 A，分别用磁头 B 检测两圆盘之间的转角差，利用转角差与负荷 M 成比例的关系，即可测量负荷力矩的大小。

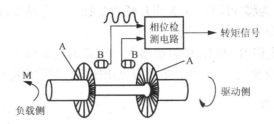

图 3.4 无触点测量力矩的方法

3.1.3 压力的测量

压力传感器广泛应用于流体压力、压差、液位测量，而且因为它可以微型化（国外已有直径为 0.8mm 的压力传感器），在生物医学上可以测量血管内压、颅内压等参数。按传感器所用弹性元件分类，压力传感器有膜式、筒式、压阻式等。

1. 膜式压力传感器

膜式压力传感器的弹性元件为四周固定的等截面圆形薄板，又称平膜板或膜片，其一表面承受被测分布压力，另一侧面粘有应变片或专用的箔式应变花，并组成电桥，如图 3.5 所示。膜片在被测压力 p 作用下发生弹性变形，应变片在任意半径 r 的径向应变 ε_r 和切向应变 ε_t 分别为

$$\varepsilon_r = \frac{3p}{8h^2E}(1 - \mu^2)(r_0^2 - 3r^2) \tag{3-5}$$

$$\varepsilon_t = \frac{3p}{8h^2E}(1 - \mu^2)(r_0^2 - r^2) \tag{3-6}$$

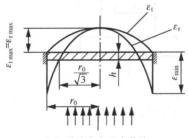

（a）膜片应变分布曲线

（c）箔式应变花

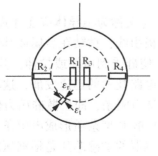

（b）贴有应变片的膜片

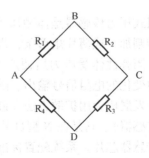

（d）电桥

图 3.5 膜式压力传感器

式中，p 为被测压力；h 为膜片厚度；r 为膜片任意半径；E 为膜片材料的弹性模量；μ 为膜片材料的泊松比；r_0 为膜片有效工作半径。

由分布曲线可知，电阻 R_1 和 R_3 的阻值增大（受正的切向应变 ε_t），而电阻 R_2 和 R_4 的阻值减小（受负的径向应变 ε_r）。因此，电桥有电压输出，且输出电压与压力成比例。

2. 筒式压力传感器

筒式压力传感器的弹性元件为薄壁圆筒，筒的底部较厚。这种弹性元件的特点是：圆筒受到被测压力后表面各处的应变是相同的。因此，应变片的粘贴位置对所测应变不影响。筒式压力传感器如图 3.6 所示。工作应变片 R_1、R_3 沿圆周方向粘贴在筒壁上，温度补偿片 R_2、R_4 贴在筒底外壁上，并连接成全桥线路。这种传感器适用于测量较大的压力。

对于薄壁圆筒（壁厚与壁的中面曲率半径之比 $<1/20$），筒壁上工作应变片的切向应变 ε_t 与被测压力 p 的关系为

$$\varepsilon_t = \frac{(2-\mu)D_1}{2(D_2-D_1)E} \, p \tag{3-7}$$

对于厚壁圆筒（壁厚与壁的中面曲率半径之比 $>1/20$），则

$$\varepsilon_t = \frac{(2-\mu)D_1^2}{2(D_2^2-D_1^2)E} \, p \tag{3-8}$$

在以上两式中，D_1 为圆筒内孔直径；D_2 为圆筒外壁直径；E 为圆筒材料的弹性模量；μ 为圆筒材料的泊松比。

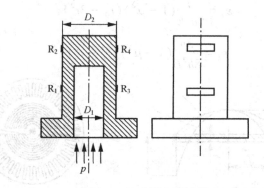

图 3.6　筒式压力传感器

3. 压阻式压力传感器

早期的压阻式压力传感器是体型压力传感器（又称为半导体应变计式压力传感器），它是利用单晶硅切割加工成薄片矩形条，焊接上电极引线，粘贴在金属或其他材料制成的弹性元件上形成的，当弹性体受压力后便产生应力，使硅受到压缩或拉伸，其电阻率发生变化，产生正比于压力变化的电阻信号输出。随着集成电路技术的迅速发展，这种半导体应变计式压力传感器后来发展成为用扩散方法在硅片上制造电阻条，即扩散硅压力传感器（又称为固态压阻式压力传感器）。它是在 N 型硅片上定域扩散 P 型杂质形成电阻条，连接成惠斯通电桥，制成压力传感器芯片。系统配置标准压力传感器的敏感芯片是根据压阻效应原理，利用半导体和微加工工艺在单晶硅上形成一个与传感器量程相应厚度的弹性膜片，再在弹性膜片上采用微电子工艺形成四个应变电阻，组成一个惠斯通电桥。当压力作用后，弹性膜片就会

产生变形，形成正、负两个应变区，同时材料由于压阻效应，其电阻率就要发生相应的变化。

对于单晶硅（100）晶面上沿（110）方向的 P 型电阻，其阻值变化率与所受应力的关系为

$$\frac{\Delta R}{R} = \frac{\pi_{44}}{2}(\sigma_X - \sigma_Y) \tag{3-9}$$

式中，π_{44} 为硅的压阻系数分量；σ_X 为电阻条的横向应力；σ_Y 为电阻条的纵向应力。

将四个电阻排布在弹性膜片上，两个排布在正应力区，两个排布在负应力区，构成如图 3.7 所示的电桥。在恒定电流供电时，若四个电阻的阻值相等，且应力作用时的阻值变化量也相等，则电桥的输出为

$$U_0 = K I_0 R \varepsilon \tag{3-10}$$

式中，U_0 为电桥的输出电压；K 为灵敏系数；I_0 为供电电流；R 为电阻阻值；ε 为应变。

因此，当被测压力作用在敏感芯片时，敏感芯片就会输出一个与被测压力成正比的电压信号，通过测量该电压信号的大小，即可实现压力的测量。图 3.8 给出了惠斯通电桥的原理图。由四个电阻组成的电平行四边形中，对一组对角点上施加电压 V_{in} 或恒定电流 I_{in} 时，在另一组对角点上有输出电压 V_{out} 产生，其数值为

$$V_{out} = \frac{R_1 R_3 - R_2 R_4}{R_1 + R_2 + R_3 + R_4} \cdot I_{in} \tag{3-11}$$

对压阻式压力传感器来讲，当器件未感受压力时，四个电阻没有发生变化，传感器输出 $V_{out} = V_0$，V_0 为零位输出。从使用角度讲，希望 V_0 越小越好。当器件感受压力时，电阻 R_1、R_3 的阻值增大；电阻 R_2、R_4 的阻值减小，因此产生一个与压力成正比的电信号输出 V_{out}。

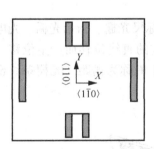

图 3.7 正方形膜片力敏电阻分布图

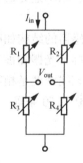

图 3.8 惠斯通电桥的原理图

压阻式压力传感器的结构如图 3.9 所示。压阻式压力传感器的核心部分是一个圆形的硅膜片，在沿某径向切割的 N 型硅膜片上扩散四个阻值相等的 P 型电阻，构成平衡电桥。硅膜片周边用硅杯固定，其下部是与被测系统相连的高压腔，上部为低压腔，通常与大气相通。在被测压力作用下，膜片产生应力和应变，P 型电阻产生压阻效应，其电阻发生相对变化。

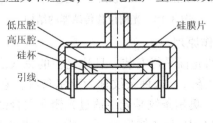

图 3.9 压阻式压力传感器的结构

压阻式压力传感器适用于中低压力、微压和压差测量，由于其弹性敏感元件与变换元件一体化，尺寸小且可微型化，固有频率很高。

3.2 位移、物位和厚度的测量

3.2.1 位移的测量

位移是指物体上某一点在一定方向上的位置变动，为一个向量，包括线位移和角位移。位移测量一般在位移方向上测量物体的绝对位置或相对位置的变动量。位移测量包括线位移的测量和角位移的测量。

1. 线位移的测量

这里介绍光栅位移传感器。光栅位移传感器是一种新型的位移检测元件，是一种将机械位移或模拟量转换为数字脉冲的测量装置。它的特点是测量精确度高（可达±1μm）、响应速度快、量程范围大、可进行非接触测量等，易于实现数字测量和自动控制，广泛用于数控机床和精密测量。

1）光栅位移传感器的结构

所谓光栅，就是在透明的玻璃板上，均匀地刻出许多明暗相间的条纹，或者在金属镜面上均匀地划出许多间隔相等的条纹，通常线条的间隙和宽度是相等的。以透光的玻璃为载体的称为透射光栅，以不透光的金属为载体的称为反射光栅。根据光栅的外形，可分为直线光栅和圆光栅。

光栅位移传感器的结构如图3.10所示。它主要由标尺光栅、指示光栅、光电器件和光源等组成。通常，标尺光栅和被测物体相连，随被测物体的直线位移而产生位移。一般标尺光栅和指示光栅的刻线密度是相同的，而刻线之间的距离 W 称为栅距。光栅条纹密度一般为每毫米25、50、100、250条等。

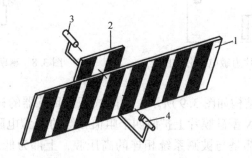

1—标尺光栅；2—指示光栅；3—光电器件；4—光源

图3.10 光栅位移传感器的结构

2）光栅位移传感器的工作原理

如果把两块栅距 W 相等的光栅平行安装，且让它们的刻线之间有较小的夹角 θ，这时光栅上会出现若干条明暗相间的条纹，这种条纹称为莫尔条纹，它们沿着与光栅条纹几乎垂直的方向排列，如图3.11所示。莫尔条纹是光线透过光栅非重合部分而形成的亮带，它由一系列四棱形图案组成，如图3.11中 d–d 线区所示，而 f–f 线区则是由于光栅的遮光效应形成的。

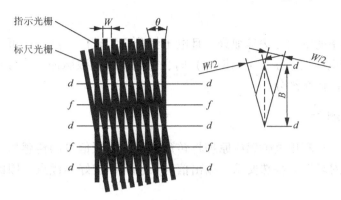

图 3.11　莫尔条纹

莫尔条纹有以下重要特点。

(1) 莫尔条纹具有位移的放大作用。莫尔条纹的间距 B 与两光栅条纹夹角 θ 之间的关系为

$$B = \frac{W}{2\sin\frac{\theta}{2}} \approx \frac{W}{\theta} \tag{3-12}$$

式中，θ 的单位为 rad；B 和 W 的单位为 mm。所以，莫尔条纹的放大倍数为

$$K = \frac{B}{W} \approx \frac{1}{\theta} \tag{3-13}$$

可见 θ 越小，放大倍数越大。实际应用中，θ 的取值都很小。例如，当 $\theta = 10'$ 时，$K = 1/\theta = 1/0.029 \approx 345$。也就是说，指示光栅与标尺光栅相对移动一个很小的距离 W 时，可以得到一个很大的莫尔条纹移动量 B。因此，可以用测量条纹的移动来检测光栅微小的位移，从而实现高灵敏度的位移测量。

(2) 莫尔条纹具有平均光栅误差的作用。莫尔条纹是由一系列刻线的交点组成的，它反映了形成条纹的光栅刻线的平均位置，对各栅距误差起了平均作用，减弱了光栅制造中的局部误差和短周期误差对检测精度的影响。

通过光电元件，可将莫尔条纹移动时光强的变化转换为近似正弦变化的电信号，如图3.12 所示，其电压为

$$U = U_0 + U_m \sin\frac{2\pi x}{W} \tag{3-14}$$

式中，U_0 为输出信号的直流分量；U_m 为输出信号的幅值；x 为两光栅的相对位移。

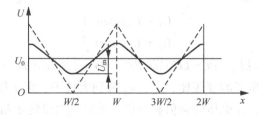

图 3.12　光栅输出波形

将此电压信号放大、整形变换为方波，经微分转换为脉冲信号，再经辨向电路和可逆计数器计数，则可用数字形式显示出位移量，位移量等于脉冲与栅距的乘积。测量分辨率等于

栅距。

提高测量分辨率的常用方法是细分，且电子细分应用较广。这样，可在光栅相对移动一个栅距的位移（即电压波形在一个周期内）时，得到四个计数脉冲，将分辨率提高四倍，这就是通常说的电子四倍频细分。

2. 角位移的测量

旋转变压器是一种利用电磁感应原理将转角转换为电压信号的传感器。由于它具有结构简单、动作灵敏、对环境无特殊要求、输出信号大、抗干扰好等优点，因此被广泛应用于机电一体化产品。

1）旋转变压器的结构和工作原理

旋转变压器在结构上与两相绕组式异步电动机相似，由定子和转子组成。当一定频率（频率通常为400Hz、500Hz、1000Hz及5000Hz等几种）的激磁电压加于定子绕组时，转子绕组的电压幅值与转子转角成正弦、余弦函数关系，或在一定转角范围内与转角成正比关系。前一种旋转变压器称为正余弦旋转变压器，适用于大角位移的绝对测量；后一种称为线性旋转变压器，适用于小角位移的相对测量。

如图3.13所示，正余弦旋转变压器一般做成两极电动机的形式：在定子上有激磁绕组和辅助绕组，它们的轴线相互成90°；在转子上有两个输出绕组——正弦输出绕组和余弦输出绕组，这两个绕组的轴线也相互成90°，一般将其中一个绕组（如Z_1、Z_2）短接。

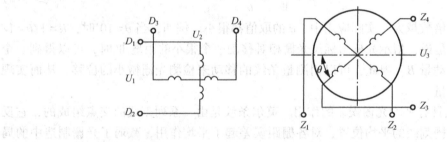

D_1、D_2—激磁绕组；D_3、D_4—辅助绕组；Z_1、Z_2—余弦输出绕组；Z_3、Z_4—正弦输出绕组

图3.13 正余弦旋转变压器的原理图

2）旋转变压器的测量方式

在正余弦旋转变压器中，当定子绕组中分别通以幅值和频率相同、相位相差为90°的交变激磁电压时，便可在转子绕组中得到感应电动势U_3，根据线性叠加原理，U_3为激磁电压U_1和U_2的感应电动势之和，即

$$\left. \begin{array}{l} U_1 = U_m \sin\omega t \\ U_2 = U_m \cos\omega t \end{array} \right\} \tag{3-15}$$

$$U_3 = kU_1\sin\theta + kU_2\sin(90° + \theta) = kU_m\cos(\omega t - \theta) \tag{3-16}$$

式中，$k = w_1/w_2$为旋转变压器的变压比；w_1、w_2分别为转子、定子绕组的匝数。

可见，测得转子绕组感应电压的幅值和相位，可间接测得转子角度θ的变化。

线性旋转变压器实际上也是正余弦旋转变压器，不同的是，线性旋转变压器采用了特定的变压比k和接线方式，如图3.14所示。这样使得在一定转角范围内（一般为±60°），其输出电压和转子转角θ成线性关系，此时输出电压为

$$U_3 = kU_1 \frac{\sin\theta}{1 + k\cos\theta} \tag{3-17}$$

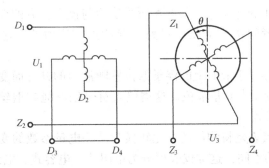

图 3.14　线性旋转变压器的原理图

　　根据上式，选定变压比 k 及允许的非线性度，就可推算出满足线性关系的转角范围，如图 3.15 所示。若取 $k=0.54$，非线性度不超过 $\pm0.1\%$，则转子转角范围可以达到 $\pm60°$。

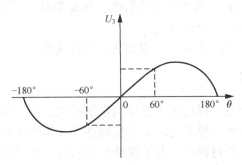

图 3.15　转子转角 θ 与输出电压 U_3 的关系曲线

3.2.2　物位的测量

　　物位是指各种容器设备中液体介质液面的高低、两种不相溶的液体介质的分界面的高低和固体粉末状物料的堆积高度等的总称。在制造业中，常常需要对生产的固体（包括块料、颗粒或粉料等）、液体所具有的体积或在容器内的相对高度进行了解和掌握，以利于生产的正常运行和进行必要的经济核算，从而达到经济、优质、高产的目的。具体来说，常把储存于各种容器中的液体所积存的相对高度或自然界中江、河、湖、水库的表面称为液位；在各种容器中或仓库、场地上堆积的固体物的相对高度或表面位置称为料位；在同一容器中两种密度不同且互不相溶的液体间或液体与固体之间的分界面（相界面）位置称为界位。

　　上述液位、料位和界位总称为物位。根据具体用途可以使用液位、料位、界位等传感器。物位测量的目的主要是按生产工艺要求等监视、控制被测物位的变化。物位测量结果常用绝对长度单位或百分数表示。要求物位测量装置或系统应具有对物位进行测量、记录、报警和发出控制信号等功能。

　　对物位进行测量的传感器形式有许多种，简单的有直读式或直接显示的装置；复杂的有利用敏感元件将物位转换为电量输出的电测仪表，以及建立在多传感器数据融合技术和智能识别与控制基础上的检测与控制系统，也有应用于特殊要求和测量场合的声光电转换原理的传感器表等。目前使用的物位测量传感器按工作原理大致可以分为以下几类。

　　（1）直读式。直接使用与被测容器连通的玻璃管或玻璃板来显示容器内的物位高度，或在容器上开有窗口直接观察物位高度。这类仪表有玻璃管液位计、玻璃板液位计、窗口式料位仪表等。

（2）压力式。在静止的介质内，某一点所受压力与该点上方的介质高度成正比，因此可用压力表示其高度，或者间接测量此点对另一参考点的压力差。这类仪表有压力式、压差式等。

（3）浮力式。利用漂浮于液面上的浮子的位置随液面的升降而变化，或者浸没于液体上的浮子的位置随液位而变化来测量液位。这类仪表有带钢丝绳或钢丝带式浮子液位计和带杠杆浮球式液位计等几种形式。

（4）电学式。这类仪表是将物位的变化转换为某些电量参数的变化而进行间接测量的物位仪表。根据电量参数的不同，这类仪表可分为电阻式、电容式、电感式及压磁式等。

（5）声学式。由于物位的变化引起声阻抗变化、声波的遮断和声波反射距离的不同，测出这些变化就可测知物位高低。这类仪表有声波遮断式、反射式和声阻尼式等。

（6）光学式。利用物位对光波的遮断和反射原理来测量物位。

（7）核辐射式。放射性同位素所放出的射线，如 α 射线、γ 射线等，被中间介质吸收而减弱，利用此原理可以制成各式液位仪表。

（8）其他形式。有微波式、激光式、射流式、光纤式等。

3.2.3 厚度的测量

厚度的测量和位移的测量一样也属于长度测量的范畴，在很多情况下，可以用测长、测位移的传感器及技术来测厚度。厚度的测量与控制在工业生产中有着重要的应用。例如，在轧钢、纺织、造纸等工业生产过程中，为了保证产品质量，必须对产品的厚度进行在线和非接触式的测量与控制。此外，厚度的测量一般又分为绝对厚度测量和相对厚度测量。相对厚度测量往往不需要知道绝对厚度，而只要测出相对变化与标准厚度的偏差即可。从测量对象看，除了进行板材、带材、管材的厚度测量外，还有一些涂层或镀层厚度的测量。

厚度测量所用的方法很多，一类测厚方法是直接利用厚度参数来调制传感器的输出信号，即绝对测厚，如低频透射式电涡流测厚方法、超声波测厚方法、微波测厚方法、核辐射测厚方法等。其中，除涡流测厚和微波测厚主要用于导体材料以外，其他一些方法均适用于任何材料。这类检测传感器都由信号发射源和探测器两个部分组成，测量时，通过厚度的变化来改变探测器接受信号的强弱快慢，最后转换成与输出信号成线性关系的厚度绝对量值。

3.3 速度、转速和加速度的测量

3.3.1 速度与转速的测量

1. 直流测速发电机

直流测速发电机是一种测速元件，实际上它就是一台微型的直流发电机。根据定子磁极励磁方式的不同，直流测速发电机可分为电磁式和永磁式两种。若以电枢的结构不同来分，则有无槽电枢、有槽电枢、空心杯电枢和圆盘电枢等。

测速发电机的结构有多种，但原理基本相同。图 3.16 所示为永磁式测速发电机的原理图。恒定磁通由定子产生，当转子在磁场中旋转时，电枢绕组中即产生交变的电动势，经换向器和电刷转换成与之成正比的直流电动势。

直流测速发电机的输出特性曲线如图3.17所示。从图中可以看出，当负载电阻 $R_L \to \infty$ 时，其输出电压 V_0 与转速 n 成正比。随着负载电阻 R_L 变小，其输出电压下降，而且输出电压与转速之间并不能严格保持线性关系。由此可见，对于要求精度比较高的直流测速发电机，除采取其他措施外，负载电阻 R_L 应尽量大。

直流测速发电机的特点是输出斜率大、线性好，但由于有电刷和换向器，构造和维护比较复杂，摩擦转矩较大。直流测速发电机在机电控制系统中，主要用作测速和校正元件。在使用中，为了提高检测灵敏度，尽可能把它直接连接到电动机轴上。有的电动机本身就已安装了测速发电机。

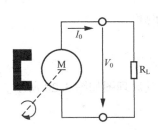 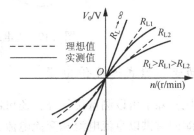

图 3.16　永磁式测速发电机的原理图　　　图 3.17　直流测速发电机的输出特性曲线

2. 光电式速度传感器

光电式速度传感器的原理图如图3.18所示。物体以速度 v 通过光电池的遮挡板时，光电池输出阶跃电压信号，经微分电路形成两个脉冲输出，测出两个脉冲之间的时间间隔 Δt，则可测得速度为

$$v = \Delta x / \Delta t \tag{3-18}$$

式中，Δx 为光电池挡板上两孔间距（m）。

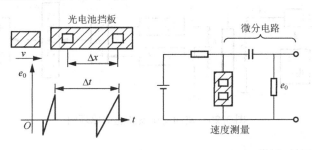

图 3.18　光电式速度传感器的原理图

光电式转速传感器由装在被测轴（或与被测轴相连接的输入轴）上的带缝隙圆盘、光源、光电器件和指示缝隙圆盘组成，如图3.19所示。光源发出的光通过带缝隙圆盘和指示缝隙圆盘照射到光电器件上，当带缝隙圆盘随被测轴转动时，由于圆盘上的缝隙间距与指示缝隙的间距相同，因此圆盘每转一周，光电器件输出与圆盘缝隙数相等的电脉冲，根据测量时间 t 内的脉冲数 N，可测得转速为

$$n = \frac{60N}{Zt} \tag{3-19}$$

式中，Z 为圆盘上的缝隙数；n 为转速（r/min）；t 为测量时间（s）。

一般取 $Zt = 60 \times 10^{m}$（$m = 0,1,2\cdots\cdots$）。利用两组缝隙间距 W 相同，位置相差 $(i/2 + 1/4)W$（i 为正整数）的指示缝隙和两个光电器件，则可辨别出圆盘的旋转方向。

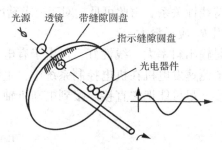

图 3.19 光电式转速传感器的结构

3. 差动变压器式速度传感器

差动变压器除了可以测量位移外，还可以测量速度，其原理图如图 3.20 所示。差动变压器的原边线圈同时供以直流电流和交流电流，即

$$i(t) = I_0 + I_m \sin\omega t \qquad (3-20)$$

式中，I_0 为直流电流（A）；I_m 为交流电流的最大值（A）；ω 为交流电流的角频率（rad/s）。

当差动变压器以被测速度 $v = \mathrm{d}x/\mathrm{d}t$ 移动时，在其副边两个线圈中产生感应电动势，将它们的差值通过低通滤波器滤除励磁高频角频率后，则可得到与速度 v（m/s）相对应的电压输出，即

$$U_v = 2kI_0 v \qquad (3-21)$$

式中，k 为磁芯单位位移互感系数的增量（H/m）。

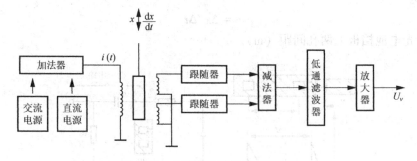

图 3.20 差动变压器测速的原理图

3.3.2 加速度的测量

作为加速度检测元件的加速度传感器有多种形式，它们的工作原理大多是利用惯性质量受加速度所产生的惯性力造成的各种物理效应，进一步转换成电量，来间接测量被测加速度。最常用的有应变片式和压电式等。

电阻应变式加速度传感器的结构如图 3.21 所示。它由重块、悬臂梁、应变片和阻尼液体等构成。当有加速度时，重块受力，悬臂梁弯曲，按梁上固定的应变片的变形便可测出力的大小，在已知质量的情况下即可计算出被测加速度。壳体内灌满的黏性液体起阻尼作用。

压电式加速度传感器的结构如图 3.22 所示。使用时，传感器固定在被测物体上，感受该

物体的振动，惯性质量块产生惯性力，使压电元件产生变形，压电元件产生的变形和由此产生的电荷与加速度成正比。压电加速度传感器可以做得很小，质量越小，对被测机构的影响就越小。压电式加速度传感器的频率范围广，动态范围宽，灵敏度高，应用较为广泛。

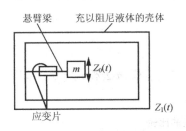

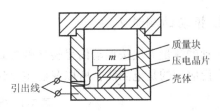

图 3.21　电阻应变式加速度传感器的结构　　　图 3.22　压电式加速度传感器的结构

3.4　振动的测量

振动是工程技术和日常生活中常见的物理现象，在大多数情况下，振动是有害的，它对仪器设备的精度、寿命和可靠性都会产生影响。当然，振动也有有利的一面，如用于清洗，检测等。无论是利用振动还是防止振动，都必须确定其量值。在长期的科学研究和工程实践中，已逐步形成了一门较完整的振动工程学科。随着现代工业和现代科学技术的发展，对各种仪器设备提出了低振级和低噪声的要求，以及要对主要生产过程或重要设备进行监测、诊断，对工作环境进行控制等。以上这些都离不开对振动的测量。

3.4.1　振动与振动的测量

1. 振动信号的分类

振动信号按时间历程的分类如图 3.23 所示，即将振动分为确定性振动和随机振动两大类。

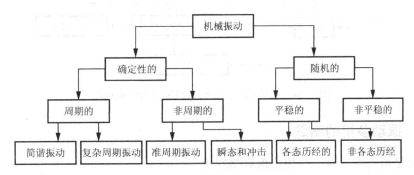

图 3.23　振动信号的分类

确定性振动可分为周期振动和非周期振动。周期振动包括简谐振动和复杂周期振动。非周期振动包括准周期振动与瞬态和冲击振动。准周期振动由一些不同频率的简谐振动合成，在这些不同频率的简谐分量中，总会有一个分量与另一个分量的频率的比值为无理数，因而是非周期振动。

随机振动是一种非确定性振动，它只服从一定的统计规律，可分为平稳随机振动和非平稳随机振动。平稳随机振动又包括各态历经的平稳随机振动和非各态历经的平稳随机振动。

一般来说，仪器设备的振动信号中既包含确定性振动，又包含随机振动。但对一个线性振动系统来说，振动信号可用谱分析技术化作许多简谐振动的叠加。因此，简谐振动是最基本也是最简单的振动。

2. 振动的测量方法

振动的测量方法按振动信号转换的方式可分为电测法、机械法和光学法，如表 3.1 所示。目前广泛应用的是电测法，所以我们主要讨论电测法。

表 3.1 振动测量方法的比较

名　称	原　理	优缺点及应用
电测法	将被测对象的振动量转换成电量，然后用电量测试仪器进行测量	灵敏度高，频率范围及动态、线性范围宽，便于分析和遥测，但易受电磁场干扰，是目前最广泛采用的方法
机械法	利用杠杆原理将振动放大后直接记录下来	抗干扰能力强，频率范围及动态、线性范围窄，测量时会给工件加上一定的负荷，影响测量结果，用于低频大振幅振动及扭振的测量
光学法	利用光杠杆原理、读数显微镜、光波干涉原理及激光多普勒效应等进行测量	不受电磁场干扰，测量精度高，适用于对质量小、不宜安装传感器的试件作非接触测量，在精密测量和传感器、测振仪标定中用得较多

对于电测法振动测量系统，由于振动的复杂性，在用电测法进行振动量测量时，其测量系统是多种多样的。图 3.24 所示为用电测法测振时系统的一般组成框图。由图可见，一个一般的振动测量系统通常由激振、测振、中间转换电路、振动分析仪器及显示记录装置等环节所组成。

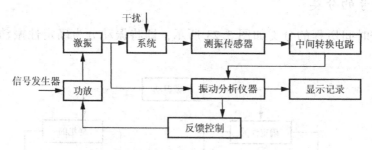

图 3.24　用电测法测振时系统的一般组成框图

3.4.2　振动参量的测量

振动参量是指振幅、频率和相位角等物理量。

1. 振幅的测量

振动量的幅值是时间的函数，常用峰值、峰-峰值、有效值和平均绝对值来表示。峰值是从振动波形的基线位置到波峰的距离，峰-峰值是正峰值到负峰值之间的距离。在考虑时间过程时，常用有效（均方根）值和平均绝对值表示。有效值和平均绝对值分别定义为

$$z_{\text{rms}} = \sqrt{\frac{1}{T}\int_0^T z^2(t)\,dt} \tag{3-22}$$

$$\bar{z} = \frac{1}{T}\int_0^T |z(t)|\,dt \tag{3-23}$$

对谐振动而言，峰值、有效值和平均绝对值之间的关系为

$$z_{\text{rms}} = \frac{\pi}{2\sqrt{2}}\bar{z} = \frac{1}{\sqrt{2}}z_f \tag{3-24}$$

式中，z_f 为振动峰值。

2. 谐振动频率的测量

谐振动的频率是单一频率，测量方法分直接法和比较法两种。直接法是将拾振器的输出信号送到各种频率计或频谱分析仪，直接读出被测谐振动的频率。在缺少直接测量频率仪器的条件下，可用示波器通过比较测得频率。

3. 相位角的测量

相位差角只有在频率相同的振动之间才有意义。测定同频两个振动之间的相位差也常用直读法和比较法。直读法是利用各种相位计直接测定。比较法常用录波比较法。录波比较法利用记录在同一坐标纸上的被测信号与参考信号之间的时间差 τ 求出相位差

$$\varphi = \frac{\tau}{T} \times 360° \tag{3-25}$$

3.5 温度的测量

温度是国际单位制给出的基本物理量之一，它是工农业生产和科学研究中需要经常测量和控制的主要参数。温度传感器是实现温度检测和控制的重要元件。在种类繁多的传感器中，温度传感器是应用最广泛、发展最快的传感器之一。一般金属电阻值随温度的升高而增大，且近似于线性关系，热敏电阻与之相反。

3.5.1 热电偶的工作原理

温差热电偶（简称热电偶）是目前温度测量中使用最普遍的传感元件之一。它除了具有结构简单、测量范围宽、准确度高、热惯性小、输出信号为电信号（便于远距离传输或信号转换）等优点，还能用来测量流体的温度，测量固体及固体壁面的温度。微型热电偶还可用于快速及动态温度的测量。

两种不同的导体或半导体 A 和 B 组合成闭合回路，若导体 A 和 B 的连接处温度不同（设 $T>T_0$），则在此闭合回路中就有电流产生，也就是说，回路中有电动势存在，这种现象叫作热电效应，这也就是热电偶的工作原理。设 $T>T_0$，则在该回路中产生接触电动势和温差电动势，分别为 $e_{AB}(T)$、$e_{AB}(T_0)$、$e_A(T,T_0)$ 和 $e_B(T,T_0)$，它们与 T、T_0 有关，也与两种导体材料的特性有关。

接触电动势表示为

$$e_{AB}(T) = \frac{kT}{e}\ln\frac{N_A}{N_B} \tag{3-26}$$

温差电动势表示为

$$e_A(T, T_0) = \int_{T_0}^{T} \sigma_A dT \qquad (3-27)$$

回路总电动势表示为

$$e_{AB}(T, T_0) = \frac{k}{e} \int_{T_0}^{T} \ln \frac{N_A}{N_B} dt \qquad (3-28)$$

即

$$e_{AB}(T, T_0) = f(T) - f(T_0) \qquad (3-29)$$

以上各式中，$e_{AB}(T)$ 为导体 A、B 连接点在温度 T 时形成的接触电动势；e 为单位电荷；k 为玻耳兹曼常数，$k = 1.38 \times 10^{-23}$ J/K；N_A、N_B 分别为导体 A、B 在温度为 T 时的电子密度；σ_A 为汤姆逊系数。在实际应用中，保持冷端温度 T_0 不变，则总热电动势 $e_{AB}(T, T_0)$ 只是温度的单值函数，即

$$e_{AB}(T, T_0) = f(T) - c \qquad (3-30)$$

为使 T_0 恒定，且考虑经济因素，常采用补偿导线使之从冷端温度变化较大的地方延伸到温度变化较小或恒定的地方。由于冷端温度变化通常不会超过 150℃，因此，补偿导线只需选用在 0~150℃ 时同热电偶材料具有基本一致特性的材料。通常冷端处理及补偿方法有以下五种。

（1）冰点槽法。把热电偶的参比端置于冰水混合物容器里，使 $T_0 = 0℃$。这种方法仅限于在科学实验中使用。为了避免冰水导电引起两个连接点短路，必须把连接点分别置于两个玻璃试管里，浸入同一冰点槽，使其相互绝缘。具体方法如图 3.25 所示。

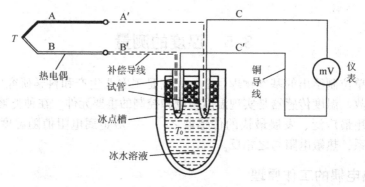

图 3.25　冰点槽法

（2）计算修正法。用普通室温计算出参比端实际温度 T_H，利用公式：

$$e_{AB}(T, T_0) = e_{AB}(T, T_H) + e_{AB}(T_H, T_0) \qquad (3-31)$$

（3）补正系数法。把参比端实际温度 T_H 乘上系数 k，加到由 $e_{AB}(T, T_H)$ 查分度表所得的温度上，成为被测温度 T，用公式表达即

$$T = T' + kT_H \qquad (3-32)$$

式中，T 为未知的被测温度；T' 为参比端在室温下热电偶电动势与分度表上对应的某个温度；T_H 为室温；k 为补正系数。

（4）零点迁移法。在测量结果中人为地加一个恒定值，因为冷端温度稳定不变，电动势 $e_{AB}(T_H, 0)$ 是常数，利用指示仪表上调整零点的办法，加上某个适当的值而实现补偿。

（5）冷端补偿器法。利用不平衡电桥产生热电动势补偿热电偶因冷端温度变化而引起的热电动势变化值。不平衡电桥由 R_1、R_2、R_3（锰铜丝绕制）、R_{Cu}（铜丝绕制）四个桥臂和桥

路电源组成。在 0℃ 下，使电桥平衡（$R_1 = R_2 = R_3 = R_{Cu}$），此时 $U_{ab} = 0$，电桥对仪表读数无影响，电路如图 3.26 所示。桥臂 R_{Cu} 必须和热电偶的冷端靠近，使处于同一温度下。

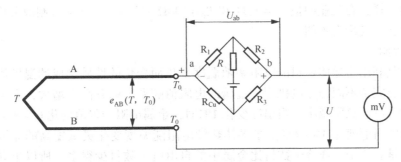

图 3.26 冷端补偿器法

3.5.2 热电阻的工作原理

由物理学可知，对于大多数金属导体的电阻，都具有随温度变化的特性，其特性方程满足

$$R_t = R_0 [1 + \alpha(t - t_0)] \tag{3-33}$$

上式中，R_t、R_0 分别为热电阻在 t℃ 和 0℃ 时的电阻值；α 为热电阻的温度系数（1/℃）。

对于绝大多数金属导体，α 并不是一个常数，而是随温度变化而变化的，但在一定温度范围内，α 可近似为一个常数，不同的金属导体，α 保持常数所对应的温度范围也不同。

1. 常用热电阻

1）铂电阻

铂是一种贵金属，容易提纯，在高温和氧化性介质中化学、物理性能稳定，制成的铂电阻输出-输入特性接近线性，测量精度高，能作为高精度工业测温元件和作为温度标准元件。用铂制成的温度传感器目前使用最为广泛。铂电阻与温度的关系如下。

在 0~630.74℃ 的温度范围内为

$$R_t = R_0(1 + At + Bt^2) \tag{3-34}$$

在 -190~0℃ 的温度范围内为

$$R_t = R_0[1 + At + Bt^2 + C(t - 100)t^3] \tag{3-35}$$

式中，R_t、R_0 分别为铂电阻在 t℃ 和 0℃ 时的电阻值（Ω）；A、B、C 为温度系数，$A = 3.968 \times 10^{-3}$/℃，$B = 5.847 \times 10^{-7}$/℃，$C = -4.22 \times 10^{-12}$/℃。

由以上两式可知，要确定 R_t 和 t 的关系，必须先确定 R_0。工业中把 $R_0 = 50\Omega$ 和 $R_0 = 100\Omega$ 对应的 $R_t \sim t$ 关系制成分度表，称为铂热电阻分度表，供使用者查阅。

2）铜电阻

在测量精度不高和温度范围小时，可用铜做成的温度传感器。由于铜电阻的电阻率仅为铂电阻的 1/6 左右，当温度高于 100℃ 时易被氧化，因此适用于温度较低和没有腐蚀性的工作环境。

铜电阻的温度系数大，在一定温度范围内近似为常数，电阻与温度的关系在 -50~150℃ 的温度范围内可表示为

$$R_t = R_0(1 + \alpha t) \tag{3-36}$$

式中，R_t、R_0 分别为铜电阻在 $t℃$ 和 $0℃$ 时的电阻值（Ω）；$α$ 为铜电阻的温度系数，$α = 4.25 \times 10^{-3} \sim 4.28 \times 10^{-3} /℃$。

与铂电阻一样，在工业中把 $R_0 = 50Ω$ 和 $R_0 = 100Ω$ 对应的 $R_t \sim t$ 关系制成分度表，称为铜热电阻分度表，供使用者查阅。

3）热敏电阻

热敏电阻是利用半导体材料的电阻率随温度变化而变化的性质制成的温度敏感元件。半导体和金属具有完全不同的导电机理，金属的电阻值随温度的升高而增大，而半导体的电阻值却随温度的升高而急剧减小。当温度变化 $1℃$ 时，金属电阻的阻值变化 $0.4\% \sim 0.6\%$，而半导体热敏电阻的阻值变化 $3\% \sim 6\%$。半导体热敏电阻随温度变化灵敏度高的原因是：半导体中参加导电的是载流子，载流子数目比金属中的自由电子数目少得多，所以半导体的电阻率大，随着温度的升高，半导体中的价电子受热激发跃迁到较高能级而产生新的电子空穴对，使参加导电的载流子数目大大增加，导致电阻率减小，半导体载流子的数目随温度升高呈指数规律增加，所以其电阻率随温度升高按指数规律减小。

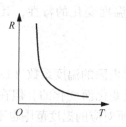

图 3.27　热敏电阻的热电特性曲线

（1）热电特性

热电特性是指热敏电阻的阻值和温度之间的关系，它是热敏电阻测温的基础。图 3.27 所示为热敏电阻的电阻-温度特性曲线。显然，热敏电阻的阻值和温度的关系不是线性的，热敏电阻的阻值与温度之间的关系近似符合指数函数规律，即

$$R_T = R_0 e^{B\left(\frac{1}{T} - \frac{1}{T_0}\right)} \qquad (3-37)$$

式中，T 为被测温度（绝对温度）；T_0 为参考温度（绝对温度）；R_T、R_0 分别为温度是 T、T_0 时的电阻值；B 为热敏电阻的材料常数，可由实验获得，通常 $B = 2000 \sim 6000K$，在高温下使用时，B 值将增大。

热电特性的一个重要指标是热敏电阻在其本身温度变化 $1℃$ 时电阻值的相对变化量，称为热敏电阻的温度系数，即

$$α_T = \frac{1}{R_T}\frac{\mathrm{d}R_T}{\mathrm{d}T} \qquad (3-38)$$

由式（3-37）可得

$$α_T = -\frac{B}{T^2} \qquad (3-39)$$

可见，$α_T$ 是随温度降低而迅速增大的。如果 B 为 $4000K$，当 $T = 293.15K$（$20℃$）时，用式（3-39）可求得 $α_T = -4.75 \times 10^{-2}/℃$，约为铂热电阻的 12 倍，因此这种测温电阻的灵敏度很高。

（2）伏安特性

伏安特性是热敏电阻的重要特性之一。它表示加在热敏电阻上的端电压和通过电阻体的电流在电阻本身与周围介质热平衡时的相互关系，如图 3.28 所示。从图中可以看出，

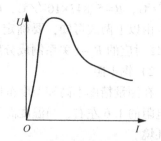

图 3.28　热敏电阻的伏安特性曲线

当流过热敏电阻的电流很小时，曲线呈直线状，热敏电阻的伏安特性符合欧姆定律；随着电流的增大，热敏电阻的温度明显升高（耗散功率增加），由于负温度系数的关系，其电阻的

阻值减小，于是端电压的升高速度减慢，出现非线性；当电流继续增大时，热敏电阻自身温度上升更快，使其阻值大幅度减小，其减小速度超过电流增大速度，因此出现电压随电流增大而降低的现象。

热敏电阻的伏安特性是表征其工作状态的一个重要特性，它有助于我们正确选择热敏电阻的正常工作范围。例如，用于测温和控温及补偿用的热敏电阻，就应当工作在曲线的线性区，也就是说，测量电流要小，这样就可以忽略电流加热所引起的热敏电阻阻值发生的变化，而使热敏电阻的阻值发生变化仅仅与环境温度（被测温度）有关；如果是利用热敏电阻的耗散原理工作的，如测量流量、真空、风速等，就应当使热敏电阻工作在曲线的负阻区（非线性段）。热敏电阻使用范围一般为−100～350℃，如果要求特别稳定，最高温度最好是150℃左右。热敏电阻虽然具有非线性特点，但利用温度系数很小的金属电阻与其串联或并联，也可能得到具有一定线性的温度元件。

除上述方法外，还有集成温度传感器（如 AD590、DS18B20 等）等检测元件。

3.6　噪声的测量

3.6.1　噪声测量的主要参数

1. 声压与声压级

声压：某点上各瞬间的压力与大气压力的差值，单位为 Pa（帕）。

听阈声压：正常人刚能听到 1000Hz 声音的声压，为 $2×10^{-5}$ Pa，并规定为基准参考声压，记为 P_0。

声压级：是一个相对比较的量纲的量（无量纲量），相对于声压 P 的声压级 L_P 定义为

$$L_P = 20\lg\frac{P}{P_0} \tag{3-40}$$

2. 声强与声强级

声强：在传播方向上单位时间内通过单位面积的声能量，用 I 表示，单位为 W/m^2。

声强级 L_I：声强与参考基准声强 I_0（取 $I_0 = 10×10^{-12}W/m^2$）的比值的常用对数的 10 倍，单位为 dB，定义为

$$L_I = 10\lg\frac{I}{I_0} \tag{3-41}$$

3. 声功率及声功率级

声功率（W）：声源在单位时间内发射出的总能量，单位为 W。

声功率级（L_W）：声功率（W）与参考基准声功率 W_0（取 $W_0 = 10^{-12}W$）的比值的常用对数的 10 倍，单位为 dB，即

$$L_W = 10\lg\frac{W}{W_0} \tag{3-42}$$

3.6.2　噪声的分析方法

（1）倍频程分析。它的原理是按一定宽度的频带来进行的，即分析各个频带对应的声压

级。噪声的频谱分析在噪声研究中，常采用倍频程分析。相差 n 倍频程时两个中心频率之间的关系为

$$\frac{f_2}{f_1} = 2^n \qquad (3-43)$$

（2）频谱分析。声源作简谐振动所产生的声波为简谐波，其声压和时间的关系为一正弦曲线。这种只有单频率的声音称为纯音。由强度不同的许多频率纯音所组成的声音称为复音，组成复音的强度与频率的关系图称为声频谱，简称频谱。噪声频谱表示一定频带范围内声压级的分布情况，频谱中各峰值所对应的频率（带）就是某种声源产生的，找到了主要峰值声源就为噪声控制提供了依据。

3.6.3　噪声的测量方法

噪声的测量主要是声压级、声功率及其噪声频谱的测量。一套声压级测量仪器包括传声器、声级计、频率分析仪、校准器等。声功率级是在特定的条件下由测量的声压级计算出来的。

1. 噪声测量应注意的问题

（1）测量部位的选取。根据我国噪声测量规范，一般测点选在距机械表面 1.5m，并离地面 1.5m 的位置。作为一般噪声源，测点应在所测机械规定表面的四周分布，且不少于 4 点。

（2）测量时间的选取。当测量城市街道的环境噪声时，白天的理想测定时间为 16h，即从早上 6 点至晚上 10 点；测夜间的噪声，取 8h 为宜，即从晚上 10 点至第二天早上 6 点。

（3）本底噪声的修正。本底噪声指被测定的噪声源停止发声时周围环境的噪声。

（4）干扰的排除。干扰有气流、仪器使用电压、障碍物反射等。

2. 声功率级的测量和计算

1）自由场法

把机器放在室外空旷无噪声干扰的地方或消声室内，即自由场中，测量以机械为中心的半球面上或半圆柱面上（长机械）若干均匀分布点的声压级，用以下公式即可以求得声功率级 L_W。

$$L_W = \overline{L_P} + 10 \lg S \qquad (3-44)$$

式中，$\overline{L_P}$ 为 n 个测点的平均声压级；S 为测试半球面或半圆柱面的面积。

其中：

$$\overline{L_P} = 20 \lg \frac{\overline{P}}{P_0}, \quad \overline{P} = \left(\frac{\sum P_t^2}{n^2} \right)^{\frac{1}{2}} \qquad (3-45)$$

2）参考声源法

在有限吸声的房间（如工厂、车间）内测量噪声，自由场法要求的条件很难得到满足，此时可采用一个已知声功率级 L_P 的参考声源与被测噪声源相比较来测量噪声源的声功率级。在相同的条件下，噪声源的声功率级 L_W 可用下式来表示。

$$L_W = L_P + \overline{L} - \overline{L_r} \qquad (3-46)$$

式中，$\overline{L}$ 是以机械为中心、半径为 r 的半球面上测出的该噪声源的平均声压级；$\overline{L}_r$ 为关掉噪声源，参考声源置于噪声源的位置，在同样测点上测得的平均声压级。

用参考声源法时，可以选用替代法、并排法和比较法等进行。

思考与练习

1. 非电量信号包括哪些？

2. 力矩是怎么测量的？

3. 简述位移、物位和厚度的测量过程。

4. 速度是怎么测量的？转速与加速度是怎么测量的？

5. 什么是振动？简述振动的概念。

6. 振动的参量包括哪些？它们是怎么进行测量的？

7. 简述热电偶的工作原理。

8. 简述热电阻的工作原理。

9. 噪声测量的主要参数有哪些？

10. 噪声的测量方法有哪些？

第4章

微弱信号检测

微弱信号检测的原理及方法，是检测技术中的综合技术和尖端领域。运用这种技术可以测量到传统观念认为不能测量的微弱量（如弱光、小位移、微振动等），使微弱信号测量精度得到很大提高。因此，它是发展高新技术、探索及发现新的自然规律的重要测量手段，对推动科技及生产发展均有重要价值。

4.1 微弱信号检测的基本概念及噪声

4.1.1 微弱信号检测的基本概念

目前，除少数基本量（如时间、长度、质量）的测量可用"原器"或"准原器"与被测对象作比较而得到外，大量的物理、化学、工程技术参量是利用相关的物理现象做成的传感器来进行测量的。例如，温度的测量，可用最简单的热胀冷缩现象制作的温度计，将温度的变化转换成长度变化进行。由于当前电学及电子学技术的发展，大量的参数测量被转换成电信号的测量。

无论是电传感器还是其他传感器，在作信息转换时或转换后作信息测量时，都不可避免地会有噪声。这些噪声包括传感器本身的噪声、测量仪表系统的噪声及其他随机偶然误差。此外，被测对象本身在测量时间内的起伏也应看成测量中的噪声。

按传统观念，若信号低于噪声是不可能进行测量的。通常讲，各种噪声之和本质上决定了测量的精度，也就决定了测量的灵敏度（对较强或中等强度信号）及可检测下限（对弱信号）。因此，要想降低测量下限，首先是设法降低各种噪声的水平，其中尤以降低传感器的噪声为关键。

降低噪声是提高测量精度的关键，但并不是唯一的方法。人们开创了各种从噪声中提取信号的方法，从而使测量下限可低于测量系统的噪声水平，这就是微弱信号检测与非微弱信号检测的关键差别。微弱信号检测的英语名称是 Weak Signal Detection，简记为 WSD。

各种微弱信号检测法，都基于研究噪声的规律（如噪声幅度、频率、相位等）和分析信号特点（如信号频谱、相干性等），然后利用电子学、信息论和其他物理、数学方法来对被噪声覆盖的弱信息进行提取、测量。因此，微弱信号检测学就是研究从噪声中提取信息的方法及技术的学科。

4.1.2 噪声

噪声无处不在，总与信号共存。微弱信号检测技术总是首先设法尽量抑制噪声，然后再进行噪声中的信号提取。因此，从某种意义上讲，微弱信号检测是一种专门与噪声进行斗争的技术，研究微弱信号检测，首先需要对噪声有所了解。

1. 噪声的定义与种类

从广义讲，噪声可以分为两类，即干扰和噪声（狭义）。干扰是指非被测信号或非测量系统所引起的噪声，它来自于外界的影响而造成的非信号测量值。这些外界干扰可能来自于宇宙（如宇宙射线、电磁干扰），也可能来自于人为的其他器件，如开关的电火花、汽车活塞的电火花、强广播、强电视信号等。最常见的是市电的干扰和附近有强电的外部器件。从理论上讲，干扰是属于理想上可排除的噪声。值得注意的是，在微弱信号检测时，电源干扰必须引起足够的重视。常见的电源干扰如下。

（1）供电线路中的严重超载引起的电压降低。

（2）大负载切断时造成的超压。

（3）非线性功率因子负载引起的正弦波失真。

（4）电源频率与相位漂移。

（5）配电盘后的其他用电设备引入的共模干扰。

（6）配电盘前的输电线受外界的影响带入的常模噪声。

（7）瞬变尖峰干扰。

狭义噪声是指来自于被测对象、传感器、比较测定系统内部的噪声，其特点是不可能彻底排除，只能设法减小，这些噪声是随机的。如果最终测量的量是电信号，自然，主要噪声也是电噪声，常称这类噪声为电子噪声（如常见的热噪声、暗电流噪声、散粒噪声和低频噪声等）。

2. 电子噪声

由前面的内容所知，电子噪声主要有热噪声、散粒噪声、暗电流噪声和低频噪声等，下面分别介绍。

1）热噪声

任何电子器件，其中总有电传导载流子，当处于一定温度环境下，这些载流子作无规则运动。这种热运动将使器件中载流子的定向流动有起伏变化，这就形成器件闭路时的热噪声电流。即使器件开路，热运动也会形成开路噪声电压。奈奎斯特从热力学出发，获得了与实验一致的规律。热噪声电压有效值为

$$U_N = (4kTR\Delta f)^{1/2} \tag{4-1}$$

式中，k 为玻耳兹曼常数；T 为绝对温度；R 为器件的等效负载电阻；Δf 为系统的频带宽度。

其热噪声电流有效值为

$$I_N = (4kT\Delta f/R)^{1/2} \tag{4-2}$$

由此可知，热噪声有效值与系统允许通过的电信号之频宽的方根成正比，带宽越宽，噪声越大。因此，可认为热噪声有各种频率，其低频、高频的热噪声幅度（只要带宽相同）是相同的，故通常称热噪声是白噪声。要减小热噪声，首要是降温；同时，也可以采用减小系统允许通过的带宽的办法，但需注意改变等效负载电阻对热噪声电压和电流的效果是不相同的。

2）散粒噪声

对于光电式传感器，即使进入探测器的光强在宏观上是稳定的，但从光的量子特性可知，相等测量时间内，进入探测器的光子数是有涨落的，这在测量中就会形成散粒噪声。另外，光电传感器进行光电转换时，有转换效率问题，平时的量子效率只是一个平均值，实际也是变化起伏的，

它也是一种散粒噪声。同理，宏观上恒定的电流，实际上在相等的测量时间内，载流子数目也必定起伏，也会出现散粒噪声。经研究表明，各种散粒噪声都是白噪声，遵守下述规律。

$$I_N = (2eI_{\text{平}} \Delta f)^{1/2} \tag{4-3}$$

$$U_N = (2eI_{\text{平}} \Delta f R^2)^{1/2} \tag{4-4}$$

式中，$I_{\text{平}}$ 为平均转换电流；e 为电子电量。

若设 P_S 为信号光功率，P_b 为背景光功率，并且假设光子产生的载流子的电荷量为 e，量子效率为 η，则平均转换电流为

$$I_{\text{平}} = \frac{e\eta(P_S + P_b)}{h\nu} \tag{4-5}$$

$h = 6.626 \times 10^{-34} \text{J} \cdot \text{s}$，为普朗克常数；$\nu$ 为光的频率。

若光电测量时传感器有内增益系数 G，则实际散粒噪声也将放大 G 倍。减小散粒噪声的有效方法是减小背景光和接收器带宽。

3）暗电流噪声

许多电传感器，即使没有信号输入，也有电流输出，称为暗电流。其产生的机理随器件不同而不同，如场致发射、热激发载流子等。它们也是随机起伏的，因此会形成暗电流噪声，此种噪声遵守

$$\left. \begin{array}{l} I_N = (2eI_{\text{暗}} \Delta f)^{1/2} \\ U_N = (2eI_{\text{暗}} \Delta f R^2)^{1/2} \end{array} \right\} \tag{4-6}$$

式中，$I_{\text{暗}}$ 为平均暗电流。

由此可知，暗电流也是白噪声。减小暗电流噪声，除减小 Δf 外，主要采用降温来实现。

4）低频噪声

低频噪声又称为闪烁噪声。其产生的原因比较复杂，它与材料的表面状态或 PN 结的漏电流等多种因素相关。例如，材料表面有污染与损伤，材料中的晶体缺陷，重金属离子的沉积，以及反型沟道的存在等因素都会影响低频噪声。根据对薄膜电阻、半导体器件、微音器和接触电阻的测量，闪烁噪声服从下述经验公式。

$$I_N = AI\alpha \Delta f / (f\beta) \tag{4-7}$$

式中，A 为实验常数；α 为系数，在 1 与 2 之间；β 为系数，约在 0.9 与 1.35 之间，通常，β 值取为 1。

工作频率越低，$1/f$ 噪声越大，在 1000Hz 以下有相当量级。

3. 噪声的度量

噪声是随时而变的，不同时刻测得的噪声值不同。从数学含义上讲，噪声是随机变量，但并不是绝对无规律可循的。本小节主要介绍一些常见度量参量。

1）有效噪声水平

对于一个稳定的信号，噪声使测量值在信号值上下起伏，即噪声有正有负。并且大量的起伏值集中在一定的范围内。为此，通常噪声用其均方值来度量，此值称为有效噪声水平。对于一个电压测量系统，其有效噪声电压水平是

$$U_N = \left[\overline{(U_N^i)^2} \right]^{1/2} = \left[\sum_{i=1}^{m} (U_N^i)^2 / m \right]^{1/2} \tag{4-8}$$

式中，U_N^i 为第 i 次测量时的噪声值；m 为测量的总次数。

同理，对于一个电流测量系统，可以用有效噪声电流水平来描述，即

$$I_N = \left[\overline{(I_N^i)^2} \right]^{1/2} = \left[\sum_{i=1}^{m} (I_N^i)^2 / m \right]^{1/2} \tag{4-9}$$

对于其他物理量测量系统，可类似有相关的有效噪声值。

2）等效噪声功率

虽然传感器类型繁多，但从物理角度看，任何传感器必须输入一定的能量，才能将输入的信息变换成所需要的输出信息。当然信息输出时，同样也要输出能量。例如，光电传感器要能输出信号电压，就必须有光能输入，入射光强时，输出信号电压大。为了方便对同类传感器的性能进行比较，通常用响应度（即物理量输入信号功率与输出信号值）来描述传感器的灵敏度。对于电压传感器，其电压响应度定义为

$$R_U = \frac{U_0}{P} \tag{4-10}$$

式中，U_0 为输出的电压；P 为输入信号的功率。

对于电流传感器，电流灵敏度定义为

$$S_d = \frac{I_0}{P} \tag{4-11}$$

式中，I_0 为输出电流。

传感器无信号输入时，也会有噪声输出。若假设此有效噪声值是相当功率的输入信号造成的，则此功率值可作为此传感器的噪声水平的衡量，此值称为噪声等效功率（Noise Equivalent Power，NEP）。对于电压传感器和电流传感器，分别有

$$NEP = \frac{U_N}{R_U} = \frac{P}{U_S / U_N}, \quad NEP = \frac{I_N}{S_d} = \frac{P}{I_S / I_d} \tag{4-12}$$

噪声等效功率通常用于传感器性能研究，也应用于后继放大器系统。有时也用噪声等效功率的倒数（称为探测度）来衡量传感器可测的最低信号功率。

3）信噪比和信噪比改善

为了衡量信号与噪声的相对比例，以判断噪声对测量精度的影响，通常用信噪比（Signal to Noise Ratio，SNR）来描述，其定义为

$$SNR = \frac{S}{N} \tag{4-13}$$

式中，S 为信号值；N 为噪声有效值。

由此可知，信噪比越大，信号测量越容易精确。对一个测量系统而言，有输入信噪比 SNR_{in} 和输出信噪比 SNR_{out}，通常定义这两者的比值为系统的信噪比改善，即

$$SNIR = \frac{SNR_{out}}{SNR_{in}} \tag{4-14}$$

通常，该参量用来衡量系统本身的噪声引入情况，以及其对信号的提取能力与放大情况。对大多数系统而言，要求具有噪声抑制及信号放大能力，因此通常要求 SNIR 是可大于 1 的。

除此之外，关于噪声的度量，还有噪声功率谱密度、噪声因子、等效噪声温度、等效噪声电阻、噪声指数等度量参量，将在后面介绍，它们将被应用于不同场合。

4. 噪声的相关函数

噪声虽然是一种随机过程，即各时刻取值是随机的，但两个不同时刻的噪声值仍存在一

定的关系。噪声（或指一般随机过程）在不同时刻取值之间的相关性，也是电噪声的一个主要统计特征。

1）噪声的自相关函数

自相关函数指一个随机过程在不同时刻 t_1 及 t_2 取值的相关性，其定义为

$$R_n(t_1, t_2) = E[n(t_1)n(t_2)] \tag{4-15}$$

对于具有各态历经的平稳随机过程，则统计平均又可用时间平均表示，而且由于统计特征量与时间起点无关，故可以令 $t_1=t$，$t_2=t-\tau$，则 $R_n(t_1,t_2) = R_n(t,t-\tau)$，简记为 $R_n(\tau)$。于是，平稳随机过程的噪声自相关函数为

$$R_n(\tau) = E[n(t)n(t-\tau)] = \lim_{T\to\infty}\frac{1}{2T}\int_{-T}^{T}n(t)n(t-\tau)\mathrm{d}t \tag{4-16}$$

电噪声的自相关函数具有下列重要特性。

（1）$R_n(\tau)$ 仅与时间差 τ 有关，而与计算时间 t 的起点无关。

（2）$R_n(\tau)$ 随 τ 的增加逐渐衰减，表示在时间上相关性逐渐减少。特别是对零均值噪声，可以证明当 $\tau\to\infty$ 时，$R_n(\tau)\to 0$。

（3）$R_n(\tau)$ 是一种偶函数，即 $R_n(\tau) = R_n(-\tau)$，因此自相关函数又可以写为

$$R_n(\tau) = E[n(t)n(t+\tau)] = \lim_{T\to\infty}\frac{1}{2T}\int_{-T}^{T}n(t)n(t+\tau)\mathrm{d}t \tag{4-17}$$

（4）当 $\tau=0$ 时，$R_n(\tau)$ 具有最大值，且

$$R_n(0) = \lim_{T\to\infty}\frac{1}{2T}\int_{-T}^{T}n(t)n(t)\mathrm{d}t = E[n^2] \tag{4-18}$$

对电噪声而言，自相关函数 $R(\tau)$ 及功率谱密度 $S(f)$ 之间具有如下重要关系。

$$\left.\begin{aligned} R(\tau) &= 2\int_0^{\infty}R(f)(\cos\omega t)\mathrm{d}f \\ s(f) &= 2\int_0^{\infty}R(\tau)(\cos\omega t)\mathrm{d}\tau \end{aligned}\right\} \tag{4-19}$$

2）噪声的互相关函数

与自相关函数类似，两个不同的随机过程 $x(t)$ 和 $y(t)$ 之间也可能有某种相关性。为此，可用互相关函数来描述两个随机过程的相关性，其定义为

$$R_{xy}(t_1, t_2) = E[x(t_1)y(t_2)] \tag{4-20}$$

对于具有各态历经的平稳随机过程，$R_{xy}(t_1,t_2)$ 可以写成 $R_{xy}(\tau)$，其中 $t_1=t$，$t_2=t-\tau$，则其互相关函数可表示为

$$R_{xy}(\tau) = \lim_{T\to\infty}\frac{1}{2T}\int_{-T}^{T}x(t)y(t-\tau)\mathrm{d}t \tag{4-21}$$

同理，有

$$R_{yx}(\tau) = \lim_{T\to\infty}\frac{1}{2T}\int_{-T}^{T}x(t-\tau)y(t)\mathrm{d}t \tag{4-22}$$

互相关函数具有下列重要特性。

（1）$R_{xy}(\tau)$ 仅与时间差 τ 有关，而与计算时间 t 的起点无关。

（2）$R_{xy}(\tau) = R_{yx}(-\tau)$。

（3）$|R_{xy}(\tau)| \leqslant \sqrt{R_x(0)R_y(0)}$，当两个随机过程互不相关时，则一定有 $R_{xy}(\tau) = R_{yx}(\tau) = 0$。例如，被检测信号与系统的观察噪声之间不存在相关性，因此采用互相关法有利于抑制观察

噪声。

从数学原理来看，两个随机过程的互相关函数与互功率谱密度存在以下重要关系。

$$R_{yx}(\tau) = \frac{1}{2\pi} \int_{-\infty}^{\infty} S_{yx}(w) \mathrm{e}^{\mathrm{j}\omega t} \mathrm{d}\omega \tag{4-23}$$

$$S_{yx}(\omega) = \int_{-\infty}^{\infty} R_{yx}(\tau) \mathrm{e}^{-\mathrm{j}\omega t} \mathrm{d}\tau \tag{4-24}$$

互相关函数特性（3）对于从噪声中检测微弱信号极为有用。图 4.1 所示为一种计算互相关函数的原理图，又称为互相关器。输入信号为两路，$x(t) = s(t) + n(t)$ 为被检测的信号及混入的观察噪声；$y(t)$ 为参考信号，要求与被检测信号 $s(t)$ 相关。例如，$s(t)$ 为正弦信号时，则 $y(t)$ 要求为同频的正弦信号。

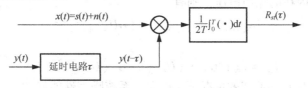

图 4.1　一种计算互相关函数的原理图

经互相关器输出的信号为互相关函数，即

$$R_{xy}(\tau) = \lim_{T \to \infty} \frac{1}{2T} \int_{-T}^{T} \left[s(t) + n(t) \right] y(t - \tau) \mathrm{d}t = R_{sy}(\tau) + R_{ny}(\tau) \tag{4-25}$$

由于观察噪声 $n(t)$ 与信号 $s(t)$ 及参考信号 $y(t)$ 不相关，因此有 $R_{ny}(\tau) = 0$，则互相关器输出为

$$R_{xy}(\tau) = R_{sy}(\tau) \tag{4-26}$$

可见，只要测量互相关器的输出值，就可以检测到混在噪声中的信号。理论上只要 T 足够长，则一定有 $R_{ny}(\tau) = 0$，从而检测到极微弱的信号，但实际上因测量时间 T 有限，故输出仍有一些噪声。

5. 噪声系数、噪声因子

1）噪声系数

一个系统的噪声性质，仅用其输出噪声的功率 P_{out} 或输出噪声的有效电压 U_{N}、有效电流 I_{N} 等来描述是不够的。系统是否实用往往需看信号与噪声的相对大小等因素。即使使用信噪比也不足以反映系统对信号质量的影响，因为它并未提供系统本身产生的噪声或对输入噪声的克服能力的信息。为此需用信噪比改善（SNIR，前面已介绍）或噪声系数（F）来描述系统的噪声性能。噪声系数（F）定义为

$$F = \frac{1}{\text{SNIR}} = \frac{\text{SNR}_{\text{in}}}{\text{SNR}_{\text{out}}} \tag{4-27}$$

由前面的内容可知，SNR_{in}、SNR_{out} 分别表示系统输入、输出端的信噪比，可以是信号与噪声的电压比、电流比，也可以是功率比。若设 K 为系统的功率增益，则有

$$F = \frac{(P_{\text{S, in}}/P_{\text{N, in}})}{(P_{\text{S, out}}/P_{\text{N, out}})} = \frac{P_{\text{N, out}}}{(P_{\text{N, in}} P_{\text{S, out}}/P_{\text{S, in}})} = \frac{P_{\text{N, out}}}{K P_{\text{N, in}}} \tag{4-28}$$

上式说明，除 $F = 1$ 的情况，输出的噪声功率一般不等于输入噪声功率的 K 倍。F 值的大小能反映系统自身噪声的内在状况。若用 $P_{\text{N,A}}$ 表示系统内产生的噪声功率，则系统输出噪声

功率 $P_{N,out} = KP_{N,in} + P_{N,A}$，因此有

$$F_P = 1 + (P_{N,A}/KP_{N,in}) \qquad (4-29)$$

上式更为明显地表明了 F_P 与 $P_{N,A}$、K 之间的关系。若 $P_{N,A} = 0$，则 $F_P = 1$，系统信噪比不能改善。若 $P_{N,A} > 0$，$F_P > 1$，则输出信噪比小于输入信噪比，说明系统不好。反之，$F_P < 1$ 的系统，噪声性能好。

同理，有电压噪声系数：

$$F_U = \frac{U_{N,out}}{GU_{N,in}} \qquad (4-30)$$

式中，G 为电压增益系数。

若设 $U_{N,A}$ 为系统内在的噪声电压，则有

$$U_{N,out} = [(U_{N,A})^2 + (GU_{N,in})^2]^{1/2} \qquad (4-31)$$

故有

$$F_U = [(1/G) + (U_{N,A})^2/G^2(U_{N,in})^2]^{1/2} \qquad (4-32)$$

F_U 可能小于1，在 $U_{N,A}$ 不变的情况下，G 大，系统噪声性能好。

2）噪声因子

任一四端线性网络系统（如放大器）内部会存在噪声电流源和噪声电压源，有自己的输入阻抗。如果输入端接上一个信号源，则系统的噪声电流会流经信号源内阻产生额外的噪声电压作用于系统的输入端，而信号源内的各种噪声电流源也要在系统的输入电阻上产生噪声电压，因此同一放大器接不同信号源会有不同输入噪声。为了描述此特性，引入了噪声因子（NF）来描述其噪声性能，其定义为

$$NF = 10\lg F_P = 20\lg F_U \qquad (4-33)$$

式中，F_P 为用功率测定的噪声系数；F_U 为用电压测定的噪声系数。

当 $NF = 0dB$ 时，为理想无噪声放大器。噪声因子越大，放大器的噪声性能越差。为了研究方便，通常规定输出内阻为 R_S 的信号源只存在热噪声，此时，放大器系统噪声的等效电路图如图4.2所示。输出端的噪声电压为

$$U_{N,out} = (4KTR_S + U_N^2 + I_N^2 R_S^2)A\Delta f^{1/2} \qquad (4-34)$$

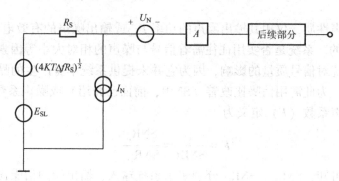

图 4.2　放大器系统噪声的等效电路图

输入端的信噪比为

$$SNR_{in} = \frac{E_{SL}}{(4KTR_S\Delta f)^{1/2}} \qquad (4-35)$$

由此可得噪声因子的另一种表达方式：

$$\text{NF} = 20\lg\left(1 + \frac{U_N^2 + I_N^2 R_S^2}{4KTR_S}\right)^{1/2} = 10\lg\left(1 + \frac{U_N^2 + I_N^2 R_S^2}{4KTR_S}\right) \qquad (4-36)$$

值得注意的是，U_N、I_N 表示放大器单位频率间隔内的噪声，与频率有关，即 NF 是随频率变化的。上式还表明 NF 与信号源内阻 R_S 有关。也就是说，放大器与不同频率或不同内阻信号源连接使用时，会具有不同的噪声性能。

4.2 微弱信号检测方法

微弱信号检测需要根据不同的信号和噪声采取不同的方法。目前，微弱信号检测方法很多，每种都有其特点和应用范围，但如果按照信号处理的方式分类，可分为两大类：一类是时域处理方法，即信号的所有处理都在时域内进行；另一类是频域处理方法，即将信号变换到频域，然后按照信号的频域特性对信号进行处理。

4.2.1 微弱信号的时域检测方法

时域处理方法的最大优点是信号处理方法简单、直观、物理意义明显、易于用硬件实现。这种方法历史悠久，应用最广泛。时域处理的方法很多，归纳起来主要有以下几种。

1. 常规方法

目前对微弱正弦交流电压测量的常规方法是：将被测的正弦电压经前置放大器放大后，再通过窄带滤波以滤去带外噪声，提高被测信号的信噪比，再通过 A/D 转换器送给微处理器或数字电路处理，最后给出数字显示值。

这种仪器一般称为智能数字电压表，具有很高的测量灵敏度及测量精度。这种数字电压表由于使用方便，测量范围宽，因此在生产和科研中得到了广泛的应用。但是这种数字电压表，由于受到前置放大器的噪声及零漂影响，其测量下限仅能达到毫伏级水平，即使是交流电位差计也仅能达到微伏量级。并且由于放大器性能指标的提高有赖于电子技术、半导体材料及元器件生产工艺等整体水平的提高，这在短时间内是不可能的。另外，此种仪表还无法用于谐波测量，即多个不同幅值、频率、相位的正弦信号的合成信号的测量。

2. 相关检测方法

降低仪器测量下限的另一条有效途径是充分抑制前置放大器噪声对测量精度的影响。采用窄带滤波器当然可以做到这一点，但受到元器件质量、性能和仪器测量范围的限制，滤波器带宽不易做得太窄，而相关检测方法却可以较好地解决这一问题。

相关法可分为自相关方法和互相关方法两种。顾名思义，这两种方法的区别就在于一个是通过计算被测信号的自相关函数，而另一个则是通过计算被测信号与一个同频率的正弦参考信号的互相关函数来测量微弱正弦信号的。由于互相关方法能够抑制所有与参考信号不相关的各种形式噪声，而自相关方法却难以完全做到这一点，因此从噪声抑制能力上看，互相关方法要优于自相关方法。但互相关方法由于需要一个与被测正弦信号相关的同频率参考信号，这就大大限制了互相关方法的应用。

3. 周期信号的采样积分方法

周期信号的采样积分方法又称为 Boxcar 积分器，该方法是处理已知周期的周期性重复信号的一种十分有效的方法。与锁定放大器的情况一样，该仪器也同样存在直流放大器的噪声、零漂及积分电容漏电问题。此外，此方法效率较低，尤其对低频信号更是如此。

4. 离散量的计数统计

有些信号可看成一些极窄的脉冲信号，人们关心的是单位时间到达的脉冲数，而不是脉冲的形状，如光子流、宇宙射线流的测量。这些脉冲的计数统计要选择或设计传感器，能使信号有尽量相近的窄脉冲幅度输出；要利用幅度鉴别器，大量排除噪声计数；要利用信号的统计规律，来决定测量参数和进行数据修正。目前，比较成熟的离散量测量仪器是光子计数器。

5. 并行检测

有些事件只发生一次，而常想从中获得许多信息，例如，对单次闪光光谱，就想从一次闪光中获得其许多谱线的辐射强度；有时会希望同时获得许多点的测量值，如一个区域的光强度（即获得图像）或一个空间某一瞬间的电场分布等。这时就要采用并行检测的方法。虽然并行检测的不一定都是微弱量，但由于并行检测必须有传感器阵列，每一阵列元面积不大，故对传感器而言，通常检测的是较弱信号，则也把它们归结在微弱信号检测中。

4.2.2　微弱信号的频域检测方法

在频域内检测信号有一定条件限制，例如，在噪声中检测微弱信号时，需对噪声的分布作一些假设，如白噪声或有色噪声等。而在实际系统中，混杂在待检信号中的噪声类别多种多样，因此，在实际应用中得到的结果常与理论值不符，甚至有些算法应用起来较困难。而在时域中不需对噪声的分布作假设。

以频域信号的窄带化及相干检测技术为例。单频余弦（或正弦）信号，或频带很窄的正、余弦信号，由于信号频率固定，可以通过限制测量系统带宽的方法，把大量带宽外的噪声排除，此种技术称为窄带化技术。如果信号具有相干性，而噪声无相干，则可利用相干检测技术，把与信号不相干的噪声部分排除掉。

20 世纪 50 年代后发展的锁相放大器，是以相敏检波（Phase-Sensitive Detection，PSD）为基础的，是当前频域信号相干检测的主要仪器。其基本原理是利用 PSD 既作变频，又作相干降噪，再用直流放大器作积分、滤波，最后作信号幅度测量。它比选频放大的测量灵敏度提高 3~4 个数量级。

微弱信号检测方法是根据不同的信号和噪声采取不同的方法。目前尚有许多类型的信号，要研究新的、更好的微弱信号检测方法。理论方面，目前渴望得到的结果有：噪声理论和模型及其克服途径；应用功率谱方法解决单次信号的捕获；少量积累平均，而极大改善信噪比的方法；快速瞬变的处理；对低占空比信号的再现；测量时间的减少及随机信号的平均等。仪器和技术方面，要不断改善传感器的噪声等特性，要针对新的方案，设计新的微弱信号检测仪器和对原有仪器加以改进。许多微弱信号检测技术既独立又密切相关，如果能互相联系起来，可将检测水平提高到一个新的高度。

4.3 微弱信号检测技术

4.3.1 电容检测

1. 微机电系统中的电容检测方法

微机电系统输出端的电容大小随着器件的尺寸的减小越来越小，因此要求检测电路要有足够高的灵敏度，目前主要有以下几种方法。

（1）将电容信号转换为频域信号，如图 4.3 所示。此检测电路中采取振荡的形式，电容和电阻的实际值与标称值的误差要小，保证测量的准确性。图中的待测电容通过恒定电流充放电，充放电由模拟开关控制，模拟开关的通断由输出方波控制。迟滞比较器有两个阈值，两个比较器输出作为多路器的输入，从而将电容两端的信号转换为方波信号。输出电压的频率与恒流源、比较器的上下阈值电压及未知电容值有关，其频率值为

$$f = \frac{I}{2(U_{b+} - U_{c+})C} \qquad (4-37)$$

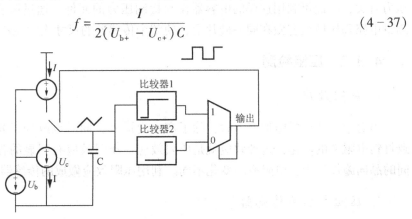

图 4.3 将电容信号转换为频率信号的原理图

（2）相位测量法，以滤波器的基本原理作为测量的基本依据。在低通滤波器中，输出信号与输入信号之间的相位会产生滞后，该相位差为 $\varphi = \arctan(\omega RC)$。如果已知测量电路的输入信号频率，电路中电阻的阻值和相位差，就可以根据此公式确定未知电容的值。

（3）采用开关电容电路，此方法比较方便地对传感器和测量电路进行集成，通过一定频率的时钟信号控制开关的通断，使电容在一定的时间内充放电，从而把未知电容转换为电压信号、数字信号或频率信号。

（4）将电容信号转换为电压信号，此类电容检测的前置放大电路按原理可分为开关型电路和调制解调型电路。开关型电路利用的是电容的充放电。除电路模拟开关可以作为开关外，二极管、三极管、场效应管等均可作为广义的开关，相对调制解调型前置级方案，开关型电路不需要信号解调器，但要求放大器的漏电流很小，直流失调电压很低。此外，开关的噪声也是一个值得重视的问题，由于电荷注入和时钟耦合，电路的噪声可能很高。这是因为开关电路中的电容非常小，当开关闭合时，即使很小的电荷注入都会产生电压尖峰。调制解调型电路是将敏感加速度变化的低频信号调制成高频交流信号，经过交流放大，然后解调还原成对应输入加速度变化的低频信号。为了测量微弱信号，必须减小缓冲器输入端的寄生电容。普遍采用的一种敏感结构为差动电容敏感结构，这种结构由三层组成，中间层和上下两层形

成两个电容器，当有被测力（如压力传感器所测的压力、加速度计所测的惯性力、陀螺所测的哥氏力等）作用时，两个电容器间隙就发生相对变化，导致电容差值即差动电容出现，通过测量这种差值的大小可以得到被测力的大小。

2. 电容式压力微传感器

对于电容式压力微传感器，由于需要测量的电容通常很小，因此需要专门的接口电路，而测量小电容的接口电路比测量电阻的接口电路复杂，并且需要将接口电路集成到传感器芯片上，以避免杂散电容的影响。但是在微机电系统中，可以充分发挥出微机电系统工艺的特点，将敏感元件和测量电路制作在一起。它的核心部件是一个对压力敏感的电容器。电容器的两个极板，一个置在玻璃上，为固定极板，另一个置在硅膜片的表面上，为活动极板。硅膜片由腐蚀硅片的正面和反面形成，当硅片和玻璃键合在一起之后，就形成有一定间隙的空气（或真空）电容器。电容器的大小由电容电极的面积和两个电极间的距离决定。当硅膜片受压力作用变形时，电容器两电极间的距离便发生变化，导致电容的变化。电容的变化量与压力有关，因此可利用这样的电容器作为检测压力的元件。通过微机电系统的工艺，可以将测量电路和压敏电容做在同一硅片上，使整个传感器的尺寸大大减小。

4.3.2 压阻检测

1. 压阻效应

当对半导体材料施加外力时，除了产生变形外，同时也改变了其载流子的运动状态，导致材料电阻率的变化，这种效应就是压阻效应。压阻效应有明显的各向异性的性质，沿着不同的晶向施加压力，电阻率的变化不同。利用压阻效应做成的传感器就是压阻式传感器。

2. 压阻式压力传感器

压阻式压力传感器是基于单晶硅的压阻效应而工作的。当压力变化时，单晶硅产生应变，使直接扩散在上面的应变电阻产生与被测压力成比例的变化，再由桥式电路获得相应的电压输出信号。它的特点是精度高、工作可靠、频率响应高、迟滞小、尺寸小、质量轻、结构简单等，更可适应于恶劣的工作环境条件，便于实现显示数字化。它按结构分有 PN 结型压力传感器、SOI 型压力传感器、多晶薄膜压力传感器等。对一般的 PN 结型压力传感器而言，电阻与底衬之间以 PN 结隔离，特点是工艺简单、成本低，但其漏电流大，受温度影响大。SOI 型压力传感器是利用在硅衬底的绝缘膜上制备单晶硅，由此形成力敏电阻元件而制成的。与 PN 结型相比，它们的线性值几乎一样，但对于漂移电压的温度特性，SOI 型比较大。

压阻式压力微传感器是目前得到广泛应用的压力微传感器，其制法相对比较简单，基本上是将硅片腐蚀成厚 $10\sim25\mu m$ 的膜片，膜片在压力作用下发生变形，通过变形大小的变化来传感压力的变化。若在膜片的一面用扩散法或淀积法制出电阻器，则当膜片的两面有压力差时，膜片就发生变形，从而导致电阻的变化。用微电路检测出这种电阻变化，即可测出压力变化。

3. 压阻式加速度传感器

这种传感器是以半导体的压阻效应为基础的，常用压阻式加速度传感器的结构如图 4.4

所示。图中为单质量块结构的加速度传感器，质量块一般通过悬臂梁或连接梁支撑悬挂，通过离子注射或扩散工艺在梁上沿晶向制作压敏电阻。当传感器感受到加速度运动时，质量块产生偏移，带动支撑梁产生扭曲或弯曲等变形，在电阻中产生应力变化。由于半导体的压阻效应，压敏电阻发生变化，利用测量电路将此变化转换为电信号，如电流、电压等形式输出，经过标定就可以建立输出信号和被测加速度之间的关系，从而测量出加速度。

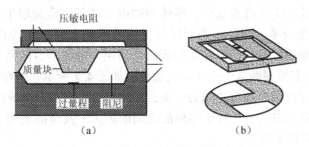

图 4.4　压阻式加速度传感器的结构

4.3.3　压电检测

BS—D$_2$ 型压电式玻璃破碎传感器是专门用于检测玻璃破碎的一种传感器，它利用压电元件对振动敏感的特性来感知玻璃受撞击和破碎时产生的振动波。传感器把振动波转换成电压输出，输出电压经放大、滤波、比较等处理后提供给报警系统。

BS—D$_2$ 型压电式玻璃破碎传感器的外形及内部电路如图 4.5 所示。传感器的最小输出电压为 100mV，最大输出电压为 100V，内阻抗为 15~20kΩ。

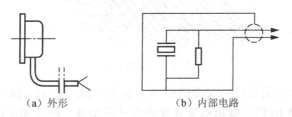

图 4.5　BS—D$_2$ 型压电式玻璃破碎传感器的外形及内部电路

报警器的电路原理框图如图 4.6 所示。使用时把传感器贴在玻璃上，然后通过电缆和报警电路相连。为了提高报警器的灵敏度，信号经放大后，再经带通滤波器进行滤波，要求它对选定的频带的衰减要小，而频带外的衰减要尽量大。由于玻璃振动的波长在音频和超声波的范围内，这就使滤波器成为电路中的关键。只有当传感器的输出信号高于设定的阈值时，才会输出报警信号，驱动报警执行机构工作。玻璃破碎报警器可广泛用于文物保管、贵重商品保管及其他商品柜台保管等场合。

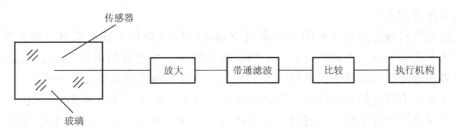

图 4.6　报警器的电路原理框图

4.3.4 隧道检测

在两金属片之间夹有极薄（约为 10^{-9}m）绝缘层（如氧化膜），当两端施加直流电压时，回路就有电流产生，即有电流通过绝缘层，此电流称为隧道电流，这种现象称为隧道效应。

利用隧道效应测量位移的灵敏度特别高。在隧道传感器中，通常制成尖顶/表面的结构形式。根据量子力学理论的电子隧道效应，导体中的电子并不完全局限于表面边界之内，电子密度并不在表面处突变为零，而是在表面以外呈指数形式衰减，衰减的长度约 1nm。因此，只有将原子线度的极细探针及被研究物质的表面作为两个电极，当样品与针尖（隧尖）的距离接近时（1μm），它们的表面电子云才可能重叠，如图 4.7 所示。若在样品与针尖之间加一微小电压，电子就会穿过两个电极之间的势垒，流向另一个电极，形成隧道电流 I。I 的大小是电子波函数重叠程度的量度，与针尖和样品之间的距离 x 及样品表面平均势垒的高度 φ 有关，电流 I 和 x 之间满足关系：

$$I = Ue^{-A\sqrt{\varphi}x} \tag{4-38}$$

式中，I 为隧道电流；U 为隧道电极两端的电压；A 为常数，其值为 1.025×10^{10}；φ 为隧道结势垒高度；x 为两金属电极间的间距。

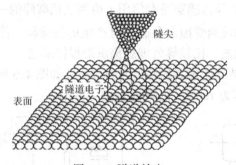

图 4.7　隧道效应

可见，隧道电流对针尖与样品表面的距离 x 非常敏感。如果 x 减少 0.1nm，隧道电流就会增加一个数量级，即 10 倍。隧道电流式加速度计就是基于此原理来检测加速度引起的位移信号的。

1. 电子隧道加速度计

电子隧道加速度计的基本原理就是电子隧道效应。隧道加速度计由一个可动的质量块电极和一个固定的硅尖电极组成。当没有加速度时，两电极的距离保持一个固定值，在这个距离上能发生隧道效应，而当垂直于两电极的方向上有加速度时，两电极的距离发生变化。这时隧道电流感应到两电极距离的变化，这个隧道电流经过放大电路得到一个信号，根据此信号可得出加速度的大小。

电子隧道微机械传感器头中的可动质量块将可以感应垂直于其支撑方向的外界加速度，并在其作用下受迫振动。振动的检测将采用微隧道结构，两个隧道电极分别装在质量块和探针上，外界施加的振动使隧道电极间隙发生变化，从而使隧道电流也发生变化。

图 4.8 所示为隧道加速度计的工作原理框图。其中，A-V 转换电路将隧道电流转换成电压，然后通过电压跟随电路，经过放大电路将电压放大，放大后的电压经电压反馈网络，反馈到隧道加速度计。偏置电压电路为隧道加速度计提供 100~200mV 左右的偏置电压。

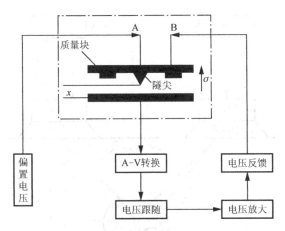

图 4.8　隧道加速度计的工作原理框图

当有加速度时，采用静电驱动来维持恒定的隧道电流，因此隧道尖顶实际上没有明显的移动，而加在静电板上的电压随加速度成正比变化。由于隧道效应测量尖顶/表面的位移精确度特别高，对于非成像器件，往往不需要那么高的精确度，因此隧道尖顶不必做得特别尖，利用相对比较简单的制造法就能制成具有一定功能的隧道型加速度微传感器。

2. 地质雷达进行隧道检测的工作原理

采用地质雷达技术对公路隧道进行质量检测可以探测、分析、判断隧道工程的质量缺陷。

地质雷达是近年来迅速发展起来的地球物理勘查手段，它具有高分辨率、高效率、无隙检测的特点。隧道混凝土衬砌是隧道的主要承载结构，常见的问题有衬砌和围岩结合部的缺陷、局部裂缝、衬砌厚度不足等。针对隧道施工中出现的质量问题，可采用雷达检测技术，对混凝土衬砌与围岩出现的脱空、回填欠实、富水区、衬砌厚度等进行无损检测。

地质雷达与探空雷达相似，利用天线在地面向地下发射高频、宽频带、短脉冲电磁波（主频为数十至数百乃至数千兆赫），经地下地层或目的物反射后返回地面，被另一天线所接收。当地下介质的波速已知时，可根据测到的准确时间值计算出反射体的深度。根据电磁波理论，电磁波的传播取决于物体的电性，物体的电性主要有电导率和介电常数，前者主要影响电磁波的穿透（探测）深度，在电导率适中的情况下，后者决定电磁波在该物体中的传播速度，因此所谓电性介面也就是电磁波传播的速度介面。不同的介质具有不同的电性，当电磁波穿过不同的介质时，在不同电介质的分界面上都会产生反射和折射。

地质雷达是利用高频脉冲电磁波探测混凝土及下覆介质分布形态的一种无损伤检测方法。由发射机通过天线向混凝土中发射高频宽带电磁波，接收机接收来自介质的反射信号。电磁波在介质中传播时，因介质电磁性变化或介质几何形状改变而产生回波能量、波形及相位的变化。通过计算机使用不同的滤波程序对反射波运行时间、回波能量分布及波形进行处理和分析，从而推断地下地质结构。地质雷达的工作原理图如图 4.9 所示。

目前的常规检测方法是钻孔或用激光断面仪进行检测。用钻孔探测衬砌厚度和空洞比较直观，但易破坏隧道的防排水系统，影响隧道的使用寿命，且其检测速度慢，人为操作判断也易造成误差，大量采样不可能，少量采样的代表性就较差，难以反映隧道整体及各部位的质量。用激光断面仪检测，只能判断衬砌前后的轮廓断面，即判断开挖轮廓和成型隧道净空是否符合规范要求，而不能准确得出衬砌混凝土的实际厚度和是否存在空洞现象，且检测时

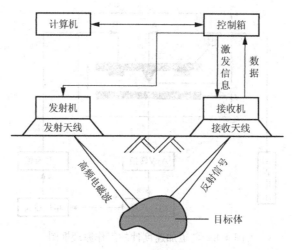

图 4.9　地质雷达的工作原理图

对桩号、同断面测量要求较高，不直观又影响其他施工作业。

4.3.5　热流式检测

根据工作模式可以把热流式微流量传感器分为热损失式微流量传感器、热行程式微流量传感器和热分布式微流量传感器。热分布式微流量传感器又称为热梯度式微流量传感器，它是通过测量流体流动引起微加热器两端温度非对称性的变化量，再通过实验标定来确定流体的流量的。

中间的微加热器对微流量传感器的微流道进行加热，当微流道中的流体流量为零时，微流道壁上的轴向温度分布相对于微加热器是对称分布的。当流体流量不为零时，由于流体对微流道的非均匀冷却促使微流道内壁表面形成一个热边界层，其厚度随着流体从微流道的上游向下游运动距离的加大而增加。这表明随着流体流向微加热器，流体的温度不断上升。由于热边界层的存在，微流道壁上的轴向温度相对于微加热器不再是对称分布，沿流体流向，上游温度传感器的温度将低于下游温度传感器的温度。因此，利用加热器两侧对称制作的两个温度传感器就可以测出这个温度差。在分别测得上、下游温度传感器温度差 ΔT 的情况下，可导出流体流量 Q，即

$$Q = K\frac{A}{PC_P}\Delta T \tag{4-39}$$

式中，P 为微加热器的加热功率；C_P 为被测流体介质的定压比热容；K 为微加热器与周围环境热交换系统之间的热传导系数；A 为系统修正系数。

因微流道壁材料为石英，具有相对较高的热导率，且其值不变，因此 A 的变化可简化为主要是流体边界层热导率的变化。当流体在某一流量范围时，A、C_P 均可视为常量，则流体流量仅与上、下游温度传感器的温度差成正比。可以采用廉价镍铬合金和金属镍分别制作薄膜电阻微加热器和温度传感器（镍铬合金的成分是 Ni80%、Cr20%）。

图 4.10 所示为微流量传感器标定系统的示意图。在密闭容器内装有一定量的液体，由于高压气瓶中的气体压强高于一个标准大气压，则高压气体经过精密可调气体减压阀（EQJ—02，出口压力为 0~0.08MPa）和气体缓冲瓶后，压迫容器中的液体流过微流量传感器上的石英微

流道，最终流入量杯中。精密可调气体减压阀的作用是在微流道中得到稳定的流体流量，而且通过调节气压可以改变微流道中的流体流量。利用秒表和电光分析天平测量流体流入量杯所用的时间和液体的质量，就可以计算出流体流量。在恒定加热功率的条件下，当液体流过微流道时，通过测量微型加热器两侧温度传感器的温度值，就可以计算出微流量传感器两侧的温度变化，由此标定出流体的流量。

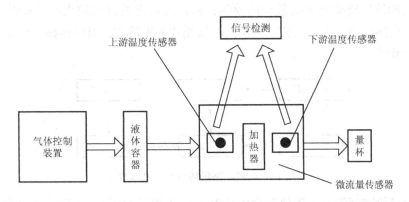

图 4.10　微流量传感器标定系统的示意图

型号为 DSC131 的传感器如图 4.11 所示，采用了多热电偶结构及热流式检测板作为传感器，并采用功率补偿法进行平衡补偿，有效地将两种不同检测原理的优点结合在一起，检测板用非金属材料制成，坚硬且不怕腐蚀性样品，温度范围为$-150\sim600℃$，并可做 100 个大气压下的压力实验。

图 4.11　多热电偶结构及热流式检测板式传感器

这种传感器非常适合实验室的研究、质量控制及教学之用，广泛用于聚合物、制药、生物、食品、有色金属和石油化工等领域。

4.3.6　谐振式检测

谐振式传感器是直接将被测量的变化转换为物体谐振频率变化的装置，也称为频率式传感器。谐振式传感器可用来测量力、加速度、转矩、密度、液位等，在航空、航天、气象等行业获得了广泛的应用。

1. 机械式谐振传感器

机械式谐振传感器的基本组成如图 4.12 所示。振动元件是实现将被测量的变化转换为其谐振频率变化的核心部件，称为振子或谐振子。振动元件、拾振元件、放大器及激振元件构成闭环自激系统，使振子按其谐振频率振动。补偿装置主要对温度误差进行补偿。频率检测装置实现对周期信号频率即谐振频率的检测，从而可确定被测量的大小。按谐振子的结构，常见的谐振式传感器可分为振弦式、振梁式、振膜式和振筒式，对应的振子形状分别为张丝、梁、膜片和筒状等。

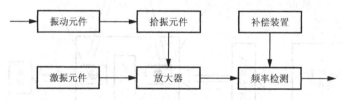

图 4.12　机械式谐振传感器的基本组成

设振子的等效刚度为 k_e，等效振动质量为 m_e，则振子的谐振频率 f 可近似表示为

$$f = \sqrt{k_e/m_e}/(2\pi) \tag{4-40}$$

可见，振子的谐振频率与其等效刚度及等效振动质量有关。若振子受力作用或其中的介质质量发生变化，导致振子的等效刚度或等效振动质量发生变化，则其谐振频率也会发生变化。

2. 冰传感器

如图 4.13 所示，平膜压电谐振式冰传感器采用了一种三电极的结构，作为冰传感器使用时，极板面 a 朝上作为感受冰层的测量面。

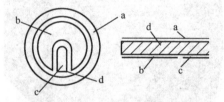

a—电极；b—电极；c—a 在 b 中刻蚀的第几个电极；d—传感器

图 4.13　平膜压电谐振式冰传感器的结构

当在电极 a 和 b 之间加上一定的交变电压后，由于传感器 d 的逆压电效应，传感器进行一阶弯曲振动。理论研究结果表明，冰聚集于振动体表面时，对传感器会产生三种影响：质量的增加降低了传感器的谐振频率，刚度的增加提高了传感器的谐振频率，阻尼的增加减小了传感器的谐振振幅。传感器可视为机械振动系统，其谐振频率 f 与其等效质量 m、等效刚度 k 之间存在如下函数关系。

$$f = c\sqrt{k/m} \tag{4-41}$$

式中，c 为与量纲有关的常数。

从式（4.41）可知，刚度 k 增加，谐振频率 f 随之提高；质量 m 增加，谐振频率 f 随之降低。结冰过程中，系统刚度和质量的增加同时影响其谐振频率，但刚度的增加占主导作用。传感器的谐振频率随冰层增厚而提高，冰层越厚，刚度增加越大，谐振频率也就越大，这样传感器的谐振频率的变化实际就反映了传感器上结冰的情况。由此可知，获得传感器的谐振频率就可以实现对结冰厚度的测量。

以开环扫频的方案来实现谐振频率点的测量，图4.14所示为开环扫频系统框图。

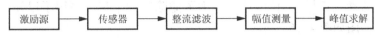

激励源 → 传感器 → 整流滤波 → 幅值测量 → 峰值求解

图4.14 开环扫频系统框图

在传感器因为外加激励信号产生机械振动的同时，传感器的机械振动又使得传感器发生形变，根据传感器的正压电效应，附着在传感器表面的电极之间又会产生交变的电压信号。当电极之间的交变电压的频率达到传感器的谐振频率附近时，从两极输出的电压幅值会有显著的增大，在传感器的谐振频率点处输出两极间的电压幅值达到最大。根据频率扫描方法的原理，传感器输出幅频特性的峰值点实际上就是传感器的谐振点，因此可以从较低频率向较高频率扫描，捕捉输出电压的峰值点，从而间接地得到传感器的谐振频率点。

3. 多晶硅静电式谐振加速度微传感器

多晶硅静电式谐振加速度微传感器采用线振动梳状谐振结构，如图4.15所示，分为上、下两层，上层为梳状结构，下层为硅衬底。上层的左右两侧对称配置可活动的叉指结构（移动电极B），平行地插入固定叉指结构的齿间（固定电极A和C）。齿间空隙一般设计在2μm以内，齿厚也约为2μm，齿与齿之间形成平板电容器。活动的部分由并联悬臂弹性梁支撑，两内梁一端与导向桁架相连，另一端连接在固定支座上；两外梁一端也与导向桁架相连，另一端连接在活动部分的质量块上。活动结构（移动电极B）在交流和直流电压的驱动下（通常是一个固定电极用于驱动，另一个固定电极用于控制），将产生侧向的往复振动。当驱动电压的频率与活动结构的固有频率一致时，活动结构就发生谐振。

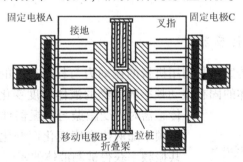

固定电极A　接地　叉指　固定电极C
移动电极B　折叠梁　拉桩

图4.15 多晶硅静电式谐振加速度微传感器结构

活动结构由悬臂弹性梁支撑，因此固有频率会随梁上的应力变化而变化。当微传感器置于加速度场中时，活动部分的质量块便产生位移，引起所连接的弹性梁发生形变产生应力，改变整个活动结构的固有频率，于是改变了谐振状态。因此，只要扫描测试出活动结构的谐振频率就能测量出加速度场中的加速度。

这种微传感器采用静电驱动的方式，即使在大位移的情况下，梳状谐振结构也能保持线性的机电转换功能，使得微传感器的输出线性度很好，测量精度高。为了获得高品质因数Q值，这种微传感器通常工作于真空环境中，此时Q值可高达几万。

4. 硅谐振微传感器

在微小型特别是硅谐振微传感器中，有用信号很微弱，并且伴随有远大于有用信号的同频干扰信号（耦合激励信号），信噪比低。为了滤除同频干扰，采用了以锁相环为核心的闭环自激系统，其框图如图 4.16 所示。

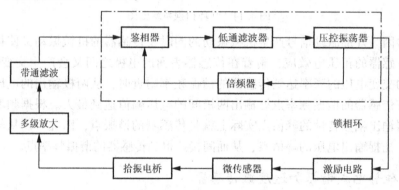

图 4.16　锁相分频闭环系统框图

在信号经多级放大后，系统将锁相环和分频技术相结合。锁相环部分包括三个基本模块，由压控振荡器的输出作为传感器的激励和鉴相相关信号。它对输入信号来说相当于一个中心频率可变的窄带跟踪滤波器，能有效提取淹没在噪声和干扰中的微弱有用信号。为了减小同频干扰，采用纯交流激励方式，但在这种激励方式下，拾振电阻输出的谐振信号的频率是激励电压频率的 2 倍，还需先进行二分频再反馈到激励电阻上。当锁相环路锁定时，压控振荡器输出的正弦波频率等于进入锁相环的有用信号频率的 2 倍，两者的相位差恒定。锁相环输出频率的变化即表示输入压力的变化。根据锁相环输出频率与输入压力的关系特性曲线，即可实现对压力的测量。

5. 谐振式液体密度传感器

圆筒谐振式液体密度传感器是利用机械的振动力与材料密度的关系进行测量的，其敏感元件是弹性振动体，振动体的固有振动频率随流经的液体密度变化而变化。当被测液体流过传感器时，受激振与拾振器件作用的振动敏感元件的共振频率随液体密度变化而变化，可以通过测量振动体的共振频率获得被测液体的密度。

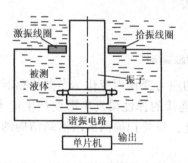

图 4.17　圆筒谐振式液体密度传感器

如图 4.17 所示，圆筒谐振式液体密度传感器包括振动筒（振子）、拾振线圈与激振线圈、信号处理电路三个部分。其中，振动筒是传感器的敏感元件；拾振线圈和激振线圈与振动筒一起置于被测液体中，通过支撑结构固定在振动筒两侧，激振线圈与拾振线圈中间装有磁芯以加强激励效果；信号处理电路系统包括谐振电路与单片机数据采集处理电路。

4.3.7 光纤式检测

1. 光电传感器检测电动机转速

1）系统组成

测速系统的组成如图 4.18 所示。

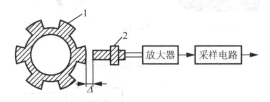

图 4.18　测速系统的组成

（1）敏感机械齿盘：如图 4.18 中的序号 1 所示，沿圆周均匀分布 6 个齿。若再进一步磨光，则齿作为光反射面，槽作为光不反射面。敏感机械齿盘套在电动机轴上。

（2）光纤传感器：如图 4.18 中的 2 所示，用支架安装在与敏感机械齿盘轴向位置相同的地方，光纤传感器与敏感机械齿盘齿之间的距离可以通过支架上的 3 个螺纹孔实现 15mm、25mm、30mm 三个距离的分段调节。

（3）放大器：在放大器的电源正端与输出端之间连接 2.2kΩ 的上拉电阻，以输出电压频率信号。

2）工作原理

放大器的工作方式设为遮光工作，即收光器接收不到目标的反射光时输出信号。电动机转动时，敏感机械齿盘随电动机同速旋转，当敏感机械齿盘的齿与光纤头部相对时，光纤头部的红光被反射，收光器接收到反射光，放大器输出低电平；当敏感机械齿盘的槽与光纤头部相对时，光纤头部的红光被阻断，收光器接收不到反射光，放大器输出高电平。放大器输出脉冲信号如图 4.19 所示。脉冲宽度与敏感机械齿盘槽宽度及电动机转速成正比。

图 4.19　放大器输出脉冲信号

敏感机械齿盘有 6 个齿，电动机转 1 周，光电开关输出 6 个脉冲信号。设光电开关输出脉冲信号的频率为 f_x，则电动机转速为 $n = 10f_x$（r/min），应用单片机采用测频法对光电开关输出脉冲信号的频率进行检测，即可得到电动机转速。

2. 光纤式温度监测

以 Nsmart 8 型光纤式温度监测装置为例，单个单元的光纤式温度监测装置通常由温度传感器、传输光纤和监测仪主机组成。

光纤式温度传感器由测温点、光调制器和光纤接口三个部分组成，如图 4.20 所示。测温点采用感温石英体材料，其直径通常仅有 4mm，体积小巧，能与被测体直接接触，能保证快速测量温度的变化。测量电路将测温点采集的温度量转换为相应的电信号，再经逻辑控制电路产生数字信号并传给光调制器；光调制器将调制好的温度光信号通过光纤传给监测仪主机，主机通过 LCD 显示屏显示采集的各被监测点温度数据。通常情况下可以将测温点与光调制器封装成一体化结构，利用光调制器的一个侧面检测被测点温度。光纤式温度传感器的工作电源由一节 3.6V 锂电池提供。为了保证光纤式温度传感器正常工作，通常每间隔 4~5 年需要更换一次锂电池。

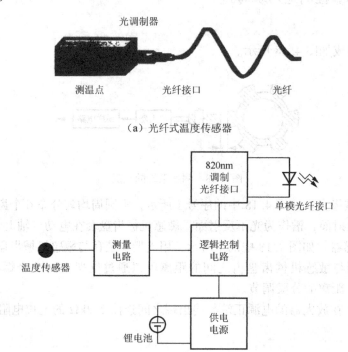

（a）光纤式温度传感器

（b）光纤式温度传感器的功能结构图

图 4.20　光纤式温度传感器的示意图

3. 光纤式触觉传感器

触觉是机器人除视觉以外的最重要的信息来源，人类依靠接触觉、压觉、滑觉、力觉、痛觉、冷热觉等感觉反映出外界的机械、物理刺激。机器人触觉传感器的研究目标就是模拟人的这些感觉，以达到探测物体的位置、形状、姿态、摸索运动路径、控制速度及机械手的握力等目的。触觉系统结构简单、价格低。因此，光纤式触觉传感器是近年来兴起的一种新型传感元件，利用被测量对光纤内传输的光进行调制，使光的强度（振幅）、相位、频率或偏振态等特性发生变化，通过对被调制过的光信号进行检测从而得出被测量。光纤式触觉传感器具有灵敏度高、抗电磁干扰、耐腐蚀、电绝缘性好、防爆、可挠曲、结构简单、体积小、质量轻、耗电少等优点。

触觉传感器通过螺钉与机械手爪的一侧手指固定，传感器的触头部分采用开有横槽的筒状结构，从而使触头在轴向和径向都有一定的弹性，以此来感觉物体的滑动；在触头上有一层橡胶来增加摩擦力，触头部分通过螺纹连接于基座的空腔中。由于光纤及发光器件和光电器件都在密封腔内，所以使用时可以不考虑杂散背景光的影响。

当有物体与手爪接触产生径向压力（压觉信号）时，反射镜面与光纤端面间的距离发生变化；当物体与手爪有相对滑动（滑觉信号）时，通过物体与触头之间的摩擦力而使触头产生运动，而弹性体产生的弹性力将阻止触头的运动，这样当物体有滑动时，在这两个力的作用下触头发生微小振动，带动反射镜面一起运动，引起镜面对光纤的端面角度的变化，从而导致接收光纤接收的光强发生变化，这样该传感器可以用来检测压觉和滑觉。

4.3.8 混沌检测

混沌包含丰富的内部结构，蕴涵着丰富的动力学信息。从 20 世纪 90 年代起，经过十多年的发展，发表了一些基于混沌理论的信号处理的研究论文，混沌检测作为一种新的信号测量方法，取得了一些令人瞩目的研究成果，展示了它极其广阔的发展前景。但是，将混沌理论应用于微弱信号检测，探索实现微弱正弦信号检测的新途径的研究论文相对却很少。随着对混沌现象研究的不断深入，混沌理论应用于信号检测仍然有许多问题有待于解决。

噪声干扰是信息科学的一项主要问题。混沌系统对小信号的敏感性及对噪声的免疫力，使它在信号检测中非常具有潜力。对于一个非线性动力系统，其参数的摄动有时会引起周期解发生本质的变化，用混沌振子来检测微弱正弦信号正是利用了此特点。

1. Holmes 型 Duffing 方程的分析

著名的 Duffing 方程在非线性动力学系统的研究中占有重要的地位，迄今其研究方兴未艾。长期以来，人们认为对于非线性系统，确定性激励只能引起确定性响应，随机性激励只能引起随机性响应。而混沌现象的发现使人们惊奇地看到，确定性激励竟然可以引起某种随机性响应。这一发现对人们的传统观念是一个冲击，使得过去认为已成定论的东西今天看来仍有重新认识的必要，并且使得长期以来难以解决的问题，从混沌角度来考虑似乎有了解决的可能。

Duffing 方程已被证明是混沌系统，对其有过许多研究，研究它的动力学行为可以揭示系统的各种性质。Duffing 系统所描述的非线性动力学系统表现出丰富的非线性动力学特性，包括振荡、分叉、混沌的复杂动态，已成为研究混沌的常用模型之一。

方程具体形式为

$$\ddot{x}(t) + k\dot{x}(t) - x(t) + x^3(t) = a \cdot \cos\omega t \tag{4-42}$$

式中，k 为阻尼比；a 为周期策动力幅值；ω 为策动力角频率。

（1）当策动力 $a=0$ 时，计算得到相平面中点为（0，0）和鞍点为（+1，0）。系统在充分小的策动力驱动作用下，周期性地在两个鞍点之一周围运动，围绕哪个鞍点运动则依赖于初始条件。$(x, \dot{x})$ 初值分别设置为（1，1）和（2，2），则 $(x, \dot{x})$ 最终分别停在（1，0）和（-1，0）不同的鞍点上。

（2）当策动力 a 不为 0 时，系统表现出复杂的动力学形态，系统在适当的策动力幅值和频率下，在鞍点和中点周围作不规则的运动。研究发现，当策动力 a 较小时，相点在两鞍点之一附近作周期振动，相轨迹表现为 Poincare 映射意义下的吸引子。当策动力 a 超过一定阈值时，系统相轨迹将出现同宿轨道，并且随着策动力 a 的增大，出现周期倍化分叉，紧接着进入混沌状态，这一过程随着策动力 a 的变化非常迅速，策动力 a 在很大范围内时系统都处于混沌状态。测得当策动力 a 为 0.826 左右时，系统处于由混沌转为周期运动的临界状态；当策动力 a 大于 0.826 时，系统进入大尺度的周期运动。

综上分析得出如下结论。

（1）策动力幅值对混沌运动有很大影响，在同一策动力频率下，随着策动力幅值的不同，动力学行为不同，表现为产生的混沌运动的相轨迹也不同。

（2）系统阻尼比 k 对产生混沌运动的阈值有影响，随着阻尼比的增大，同一频率下产生混沌运动的策动力幅值增大，频率范围也随之增大。但是阻尼比太大，会造成混沌运动转换为周期运动。

（3）从系统的相轨迹的变化分析中可以看出，混沌系统的动力学行为对初始参数是极其敏感的，因此，可以通过待测周期信号使系统动力学行为从混沌临界状态转变到大尺度周期状态的相轨迹的变化中进行微弱信号检测。

2. 利用混沌振子检测信号的原理

混沌系统的一个重要特性是对初始条件的极度敏感性，利用这一特性确定一个动力学行为对正弦信号敏感的混沌系统作为检测系统，当该系统处于特定的混沌状态时，只要将微弱正弦信号注入一个对此信号极为敏感的混沌系统，就可导致该混沌系统的动力学行为发生重大变化。由于混沌系统的这种动力学行为的变化完全是由于被测信号引起的，它必然带有该信号的全部信息。因此，通过适当的信号处理方法，就可以从混沌系统的这种动力学行为中检测出信号的各种参数。

3. 数学模型与仿真模型的建立

Duffing 方程是研究最为充分的混沌系统模型之一。可以采用前面的 Duffing 混沌系统作为检测模型，将微弱正弦信号从噪声背景中检测出来。

现将检测信号作为周期策动力的摄动并入系统。变形后的 Duffing 方程可以测量任意频率的待检信号，系统方程重写为

$$\ddot{x} = -\omega k \dot{x} + \omega^2(x - x^3 + a_c \cdot \cos\omega t + a_x \cdot \cos\omega t) \tag{4-43}$$

或

$$\dot{x} = \omega y$$

$$\dot{y} = \omega(-ky + x - x^3 + a_c \cdot \cos\omega t + a_x \cdot \cos\omega t) \tag{4-44}$$

式中，a_c 为策动力幅值；a_x 为待测信号幅值。

从方程的推导结果可以看出，混沌系数中的参数 ω 对 Hamilton 方程及 Melnikov 判断方法没有影响，并且判断混沌的阈值也只是 ω 的函数，不受系统其他参数的影响。当策动力角频率 ω 改变后，混沌振子相轨迹由混沌转为周期状态的阈值并不改变，这给测量工作带来很大方便，在检测不同频率的待检信号幅值时，只要将仿真模型中有关比例参数稍加改变即可。例如，测 $\omega=100\text{rad/s}$ 的待检信号幅值时，只要在仿真模型中放大器 Gain 中调 $k=10\,000$，放大器 2 中调 $k=50$ 即可，因此测量不同频率的信号时，只需要改变方程 ω 值来适应外界的不同频率即可。从时间尺度观察系统运动状态，x，y 变为以前的 ω 倍，所不同的只是系统运行的快慢，系统的相平面轨迹证实了这一点。

4. 仿真实验结果分析

下面进行三个仿真实验，分别加入纯噪声、混有白噪声的待检信号及不同频率的两种周期信号，目的是为了证明混沌测量系统对周期信号的敏感性、对噪声信号的免疫性，验证分析测量系统的检测性能。

基于混沌相轨迹变化估计信号幅值方法的步骤如下。

（1）根据信号中噪声的大小选取一个合适的阻尼比 k，当噪声较大时，选取较大的 k，反

之，选取较小的 k，下面的实验选取 $k=0.5$。

（2）根据混沌判据结合仿真实验进行阈值修正，确定系统由混沌状态跃变为周期状态的临界阈值 a_d。

（3）通过调整系统策动力值，使混沌测量系统处于临界混沌状态。

（4）输入待测信号，根据混沌相轨迹变化确定待测周期信号的有无。

（5）若已经确定含有周期信号，则调节系统的策动力值，直到再次回到混沌临界状态，根据混沌检测原理估计出待测周期信号的幅值。

下面的每个实验都是先将策动力值调到混沌临界值，当相轨迹是一混沌临界状态时，再加入输入信号。

【实验一】　加入纯高斯白噪声信号。

设加入高斯白噪声，其均值为零，方差为 0.1，实验测得系统的相轨迹仍处在混沌状态，说明虽然噪声比较强，但是混沌吸引子仍然将相点束缚在轨道内，表明混沌系统对噪声具有免疫力。当噪声的强度能量达到一定程度时，系统的相轨迹出现了毛刺，但是仍然处于混沌状态。

【实验二】　加入混有噪声的已知频率的待检周期信号。

实验发现，混沌系统对噪声有免疫力，而对周期信号却很敏感，说明周期信号可以使处于混沌状态的相轨迹发生变化。

首先将混有已知频率的周期信号和噪声一同并入系统，输入信号为

$$x(t) = a\cos\omega t + n(t) \tag{4-45}$$

式中，a 是未知的，为待检测信号的幅值。将 $x(t)$ 加入处于混沌临界状态的混沌系统后，此时系统的输入变成 $a_d\cos\omega t + a\cos\omega t + n(t)$，发现相轨迹由原来的混沌状态变成稳定周期运动状态，然后调节混沌系统中的策动力 a_d 值，当调到相轨迹又出现混沌状态时，则令此时的策动力值为 a_0。

由此得出待检测信号的幅值为

$$a = a_d - a_0 \tag{4-46}$$

在实验中判断混沌相轨迹是否转变为稳定周期运动，可以通过直接观察得到，但是这种判别方法难免会受到研究者的主观因素的影响，而且还要考虑仿真时间是否足够长，若时间短，则测得的结果就可能存在误差，影响测量精度。本实验采用混沌判据的方法，输入计算机后会自动判别系统的状态。

为了获得测量系统的输入信噪比门限，在高斯白噪声和有色噪声背景下分别经过 30 次计算机仿真实验求得输入信噪比平均值，如表 4.1 所示。

表 4.1　测量不同频率信号在不同噪声背景下的信噪比平均值

不同频率/（rad/s）	不同频率信号幅值/V	不同噪声背景下的信噪比平均值/dB	
		高斯白噪声	有色噪声
1	0.0001	-19	-9
10	0.0001	-18.8	-10
100	0.0001	-20.2	-9.8
200	0.0001	-19.4	-11

可见，高斯白噪声背景下的输入信噪比门限可达-20dB 左右；在有色噪声背景下，输入信噪比门限可达-11dB 左右。目前，在微弱信号检测领域里，用时域方法处理信号的最低信噪比门限也只有-10dB，说明基于混沌的方法检测微弱信号的信噪比门限得到了进一步的降低。

【实验三】 加入不同频率的微弱正弦周期信号。

仿真实验得出，测量不同频率的周期信号时，由混沌状态转变为周期状态时，策动力的阈值 a_d 变化不大。另外，在检测不同频率的周期信号时，只要将模型中的有关比例参数稍加改变即可。添加含有两种已知频率的信号：

$$x(t) = s_1 + s_2 = a_1\cos100t + a_2\cos t \tag{4-47}$$

将信号 $x(t)$ 加入混沌系统中作为策动力的一部分，实验步骤与前面相同。

实验发现，系统本身的策动力频率若与 s_1 的频率相同，则系统就对 s_2 有免疫力；若与 s_2 的频率相同，则系统就对 s_1 有免疫力。因此，Duffing 混沌系统只对与本系统策动力频率一致的周期信号敏感，而对其他频率的信号，即使频率很高、信号很强也并不太敏感，此时与策动力频率不同的信号相当于噪声。

仿真实验结果表明，当采用纯噪声信号作用于 Duffing 混沌振子时，系统仍然处于混沌状态，系统所处的状态与噪声作用之前的状态保持一致。噪声虽然强烈，但混沌吸引子将相点牢牢地束缚在大周期轨道之内，使系统保持混沌状态。当采用由强噪声和微弱周期信号组成的混合信号作用于 Duffing 混沌振子时，系统将从混沌状态变为周期状态，只是由于噪声的存在，使极限环的边界显得有些粗糙，但是对混沌判据的阈值并没有影响。同样发现，高斯白噪声下的信噪比门限为-20dB；当采用有色噪声后，在输入周期信号相同的情况下，发现混沌系统仍然能够由原来混沌状态变为稳定周期运动，此时测得信噪比门限为-10dB 左右。这些都说明，基于 Duffing 混沌系统检测淹没在强噪声背景下的微弱信号是可行的。

思考与练习

1. 简述微弱信号检测的概念。
2. 噪声的基本性质包括哪些？
3. 微弱信号的时域检测方法都有哪些？
4. 微弱信号的频域检测方法包括哪些？
5. 怎样利用电容进行微弱信号检测？
6. 怎样利用压阻、压电进行微弱信号检测？
7. 利用隧道检测的条件包括哪些？
8. 光纤式微弱信号检测的应用包括哪些？
9. 谐振式微弱信号检测可以用于哪些方面？
10. 什么是混沌检测？

第5章

无损检测技术

5.1 无损检测技术概述

随着现代科学和工业技术的迅速发展，工业现代化进程日新月异，高温、高压、高速度和高负荷无疑已成为现代工业的重要标志，但这是建立在材料（构件）高质量的基础上的，为了确保这些构件优异的质量，还必须采用不破坏产品的形状、不改变使用性能的检测方法，对产品进行百分之百的检测（抽检），以确保产品的安全可靠性，这种技术即是无损检测技术。无损检测技术以不损害被检测对象的使用性能为前提，应用多种物理原理和化学现象，对各种工程材料、零部件、结构件进行有效的检测和测试，借以评价它们的连续性、完整性、安全可靠性和某些物理性能，包括被检测材料和构建中是否有缺陷，并对缺陷的形状、大小、方位、分布和内含物等情况进行判断。

现代工业和科学技术的迅猛发展，为无损检测技术的发展提供了更加完善的理论和新的物质基础，使其在机械、冶金、航空航天、原子能、国防、交通、电力等多种工业领域中得到了广泛的应用。

5.1.1 无损检测技术的概念及应用特点

1. 无损检测技术的概念

无损检测（Non-destructive Testing，NDT）技术，就是利用声、光、磁和电等特性，在不损害或不影响被检对象使用性能的前提下，检测被检对象中是否存在缺陷或不均匀性，给出缺陷的大小、位置、性质和数量等信息，进而判定被检对象所处技术状态（如合格与否、剩余寿命等）的所有技术手段的总称。

与破坏性检测相比，无损检测技术具有的显著特点包括非破坏性、全面性、全程性、可靠性问题。

开展无损检测技术的研究与实践意义是多方面的，主要表现在以下几个方面。

（1）改进生产工艺。采用无损检测技术对制造用原材料直至最终的产品进行全程检测，可以发现某些工艺环节的不足之处，为改进工艺提供指导，从而在一定程度上保证了最终产品的质量。

（2）提高产品质量。无损检测技术可对制造产品的原材料、各中间工艺环节直至最终的产成品实行全过程检测，为保证最终产品的质量奠定了基础。

（3）降低生产成本。在产品的制造设计阶段，通过无损检测技术，将存有缺陷的工件及时清理出去，可免除后续无效的加工环节，减少原材料和能源的消耗，节约工时，降低生产成本。

（4）保证设备的安全运行。破坏性检测只能是抽样检测，不可能进行100%的全面检测，所得的检测结论只反映同类被检对象的平均质量水平。

此外，无损检测技术在食品加工领域，如材料的选购、加工过程品质的变化、流通环节的质量变化等过程中，不仅起到保证食品质量与安全的监督作用。还在节约能源和原材料资源、降低生产成本、提高成品率和劳动生产率方面起到积极的促进作用。作为一种新兴的检测技术，它具有以下特征：无须大量试剂；不需预处理工作，试样制作简单；即时检测，在线检测；不损伤样品，无污染，等等。

无损检测技术分为常规无损检测技术和非常规无损检测技术。常规无损检测技术有超声波检测（Ultrasonic Testing，UT）、射线检测（Radiographic Testing，RT）、磁粉检测（Magnetic particle Testing，MT）、渗透检测（Penetrant Testing，PT）、涡流检测（Eddy current Testing，ET）等。非常规无损检测技术有声发射（Acoustic Emission，AE）、红外检测（Infrared，IR）、激光全息检测（Holographic Nondestructive Testing，HNT）等。

2. 无损检测技术的应用特点

1）不损坏试件材质、结构

无损检测技术的最大特点就是能在不损坏试件材质、结构的前提下进行检测，因此实施无损检测后，产品的检查率可以达到100%。

但是，并不是所有需要测试的项目和指标都能进行无损检测，无损检测技术也有自身的局限性。某些试验只能采用破坏性试验，因此目前无损检测还不能代替破坏性检测。也就是说，对一个工件、材料、机器设备的评价，必须把无损检测的结果与破坏性试验的结果互相对比和配合，才能作出准确的评定。

2）正确选用实施无损检测的时机

无损检测系统在无损检测时，必须根据无损检测的目的，正确选择无损检测实施的时机。

3）正确选用最适当的无损检测

由于各种检测方法都具有一定的特点，为提高检测结果的可靠性，应根据设备材质、制造方法、工作介质、使用条件和失效模式，以及预计可能产生的缺陷种类、形状、部位和取向，选择合适的无损检测方法。

4）综合应用各种无损检测方法

任何一种无损检测方法都不是万能的，每种方法都有自己的优点和缺点。应尽可能多用几种检测方法，互相取长补短，以保障承压设备安全运行。此外，在无损检测技术的应用中，还应充分认识到，检测的目的不是片面追求过高要求的高质量，而是应在充分保证安全性和合适风险率的前提下，着重考虑其经济性。只有这样，无损检测技术在承压设备中的应用才能达到预期目的。

5.1.2 无损检测技术的发展

1. 便携式无损检测仪器设备袖珍化

随着计算机软件技术及电子元器件技术的不断发展，便携式无损检测仪器设备具备了向掌上型、袖珍化发展的条件，体积越来越小巧，质量越来越小，但是功能并不减少，从而更方便现场使用。

2. 多种检测方法综合一体化

不仅出现了把同一检测方法中的多种功能合为一体的仪器，如把常规超声检测与TOFD

（Time of Flight Diffraction）功能、相控阵功能合为一体的数字化超声波探伤仪，而且出现了把不同无损检测方法合为一体的综合检测仪器，如涡流传感器与工业内窥镜探头一体化，集视频图像与实时八频涡流、远场涡流、磁记忆、漏磁、低频电磁场于一体的多信息融合扫描成像检测系统等。

3. 检测结果显示的数字图像化

无损检测技术检测的是被检物体中的物理参数变化，其检测结果的表现是多种多样的，除了渗透检测和磁粉检测可以直观地看到迹痕图形，射线透照可以较直观地看到投影图像等以外，很多检测方法所得到的结果是不直观的。例如，超声波检测和声发射检测所接收到的是声压信号，涡流检测得到的是电磁信号，激光干涉技术得到的是衍射干涉条纹图像等。过去在无损检测仪器上反映的是波形信号、电压数值等，对检测人员的技术素质、实践经验要求很高，而且难以满足保存、显示、传阅等需要。随着计算机技术的飞速发展，无论是硬件还是软件都发展到了很高的层次，因此在无损检测技术应用中已经越来越多地利用数字图像处理（Digital Image Processing）技术，利用计算机来处理检测结果中的数据、图形和图像信息，将不直观的检测结果转变成可视图像，满足检测结果的可视化效果需要，如超声波检测技术中的 B 扫描、C 扫描、P 扫描、MA 扫描与计算机大屏幕连接用于培训教学的超轻便多用途超声探伤仪，荧光磁粉检测的 CCD 摄像机记录等。

4. 检测工艺设计、检测结果评定的智能化

无损检测技术的基础是物质的各种物理性质或它们的组合及与物质相互作用的物理现象。检测结果的评定依赖于检测人员的主观因素，受到检测人员的技术水平、实践经验、思想与身体素质、知识状况等多种因素影响，特别是无损检测结果的定位、定量与定性三大要素中的"定性"对于被检对象的安全评估有着特别重要的意义。

随着计算机技术和人工智能、思维科学研究的迅速发展，数字图像处理向更高、更深层次发展，人们已开始利用计算机系统进行图像识别和评定，实现类似人类视觉系统来理解外部世界，这被称为图像理解或计算机视觉。

例如，带有缺陷自动识别系统的 X 射线实时成像检测系统，能够实现半自动或全自动缺陷识别，可根据预设程序的参数对图像进行分析，并按照分析结果自动进行分级判断。用户也可采用半自动模式，当发现实际采样图像在某方面偏离预设程序参数时，系统将把缺陷部位的图像显示在屏幕上并储存相应的数据，由操作者判定缺陷部位为合格或不合格。检测结果评定智能化的关键是建立用户可以自行输入数据的数据库平台，以适应层出不穷的缺陷类型，另外就是开发使用的软件。例如，定量金相显微镜能够自动计算诸如球墨铸铁的石墨球化率、合金钢 α 相含量等。

此外，作为无损检测工艺设计辅助的软件也在陆续出现，如 X 射线无损检测模拟软件、工业 CT/三维像素数据显示和分析应用软件、无损探伤仿真平台（超声波、涡流、X 射线）、超声相控阵仿真和检测系统等。

5. 大型自动化无损检测系统

出于提高生产效率的需要，以及市场经济的深入发展，企业越来越重视成本效益，特别是我国经济改革开放以来，企业对自动化、半自动化检测的需求越来越大，从而大大促进了

我国在大型自动化无损检测系统方面的发展，包括各种超声波探伤自动化成套检测设备、自动化涡流/超声检测系统、X射线实时成像自动检测系统等。

6. 不断有采用新无损检测技术的和适应新领域的检测设备投入应用

随着工业生产的发展，许多产品的质量要求日渐提高，从而对无损检测技术的需求也大大增加。典型的例子是2009年年初的广东、湖南大雪灾后，对输变电塔的安全寿命设计要求从50年增加到100年，导致对许多原来不要求无损检测或无损检测验收标准要求不高的结构部件都提出了严格的超声检测和射线检测要求。因此，顺应无损检测需求的新的无损检测技术和适应新领域、新要求的无损检测设备器材也在不断推出并投入应用，如飞机机舱内应用的便携式激光电子散斑与脉冲散斑检测设备，长输管线应用的磁致伸缩型导波检测系统，基于X射线荧光分析技术的便携式、手持式合金/金属分析仪，最深可达水下500米的水下专用超声波测厚仪，水下应用的数字式超声波探伤仪，可在日光下远距离检测在役运行中高压设备潜在故障的紫外成像仪等。

5.2 超声波检测

5.2.1 超声波检测简介

1. 超声波检测的概念

频率在20kHz以上的声波称为超声波。利用超声波检测物体内部结构的方法始于1930年，到1944年，美国研制成功脉冲反射式超声波探伤仪。20世纪50年代，超声波探伤广泛进入工业检验领域。20世纪60年代，德国等国研制出高灵敏度和高分辨率的超声波仪器，有效地解决了焊缝超声波探伤问题，使超声波探伤的应用进一步扩大。

超声波是超声振动在介质中的传播，它的实质是以波动形式在弹性介质中传播的机械振动。超声波的频率f、波长λ和声速c满足

$$\lambda = \frac{c}{f} \tag{5-1}$$

超声波检测的定义是：通过超声波与试件相互作用，就反射、透射和散射的波进行研究，对试件进行宏观缺陷检测、几何特性测量、组织结构和力学性能变化的检测和表征，并进而对其特定应用性进行评价的技术。

图5.1所示为一个典型的超声波检测仪器，用于探伤。

超声波检测常用的工作频率为0.4~5MHz，较低频率用于粗晶材料和衰减较大材料的检测；较高频率用于细晶材料和高灵敏度的检测。对于某些特殊要求的检测，工作频率可达10~50MHz。近年来随着宽频窄脉冲技术的研究和应用，有的超声探头的工作频率已高达100MHz。

超声波被用于无损检测，主要是因为有以下几个特性。

（1）超声波在介质中传播时，遇到界面会发生反射。

（2）超声波指向性好，频率越高，指向性越好。

（3）超声波传播能量大，对各种材料的穿透力较强。

图5.1 超声波检测仪器 BSN960

2. 超声波检测的应用与发展趋势

超声波检测是工业无损检测中应用最为广泛的一种方法。就无损探伤而言，超声波法适用于各种尺寸的锻件、轧制件、焊缝和某些铸件，无论是钢铁、有色金属和非金属，都可以采用超声波法进行检测。各种机械零件、结构件、电站设备、船体、锅炉、压力容器和化工容器等都可以用超声波法进行有效的检测。有的采用手动方式，有的可采用自动化方式。就物理性能检测而言，用超声波法可以无损检测厚度、材料硬度、淬硬层深度、晶粒度、液位和流量、残余应力和胶接强度等。

各种先进的超声传感器（探头）的成功开发，以及计算机技术在数据采集、处理与分析、过程控制和记录存储等方面的应用，使超声波检测仪器和检测方法得到了迅速的发展。基于精细的数据获取功能和强大、快速的数据处理功能，目前许多超声波检测仪器具有将检测结果以图形或图像显示的功能。

在冶金厂钢板、钢带、型材和管材的自动轧制生产线上，计算机对超声波检测进行自动化程序控制。它控制多通道超声自动检测系统，能同时进行探伤和测厚，并根据指定的评判标准处理数据，给出关于缺陷长度、面积、位置和分布情况的报告，有的还应用了 B 扫描、C 扫描和图像识别技术，进一步分析缺陷的性质，并控制喷标装置动作，在缺陷处喷漆标记。

超声波检测是无损检测领域中应用和研究最活跃的方法之一。例如，用声速波测定法评估灰口铸铁的强度和石墨含量；用超声波衰减和阻抗测定法确定材料的性能；用超声波衍射和临界角反射法检测材料的机械性能和表层深度；用棱边波法、表面波法和聚焦探头法对缺陷进行定量的研究；用多频探头法对奥氏体不锈钢厚焊缝进行检测；用超声波测定材料的内应力；用管波模式检测管材。噪声信号超声波检测法、超高频超声波检测法、宽频窄脉冲超声波检测法、超声显像法、超声频谱分析法、新型声源的研究、用激光来激发和接收超声波的方法和各种新型超声波检测仪器的研究等，都是比较典型的集中的研究方向。

5.2.2　超声场的特性

1. 描述超声场的物理量

充满超声波的空间，或在介质中超声振动所波及的质点占据的范围叫作超声场。为了描述超声场，常采用声压、声强、声强级、声阻抗、质点振动位移和质点振动速度等物理量。

1）声压 p

超声场中某一点在某一瞬间的声压 p 定义为

$$p = p_1 - p_0 \qquad\qquad (5-2)$$

式中，p_1 为超声场中某一点在某一瞬间所具有的压强（Pa）；p_0 为没有超声场存在时同一点的静态压强（Pa）。

2）声强 I

在超声波传播的方向上，单位时间内介质中单位截面上的声能定义为声强，常用 I 表示，单位为 W/cm^2。

3）声强级

引起听觉的最弱声强 $I = 10^{-16} W/cm^2$ 为声强标准，声学上称为"闻阈"，也即声频 $p = 1000Hz$ 时引起人耳听觉的声强最小值。将某一声强 I 与标准声强 I_0 之比 I/I_0 取常用对数得到两者相差的数量级，称为声强级，用 $L_I = \lg(I/I_0)$ 表示，声强级的单位为 B（贝［尔］）。

在实际应用过程中，贝［尔］这个单位太大，常用 dB（分贝）作为声强级的单位。超声波的幅度或声压比值也采用相同方法表示，即用 dB 来表示，并定义为 $L_p = 20\lg(p/p_0)$，单位为 dB。因为声强与声压的平方成正比，则有

$$20\lg(p/p_0) = 10\lg(I/I_0) \tag{5-3}$$

2. 介质的声参量

无损检测领域中，超声波检测技术的应用和研究工作非常活跃。声波在介质中的传播是由其声学参量（包括声速、声阻抗、声衰减系数等）决定的，因而深入分析研究介质的声参量具有重要意义。

1）声阻抗

超声波在介质中传播时，任一点的声阻抗定义为该点的声压 p 与该点体积流量 V 的复数之比，即

$$Z_a = p/V \tag{5-4}$$

声阻抗的单位为 Pa·m/s。

声阻抗表示声场中介质对质点振动的阻碍作用。在同一声压下，介质的声阻抗越大，质点的振动速度就越小。介质不同，其声阻抗不同。同一种介质中，若波形不同，则声阻抗值也不同。当超声波由一种介质传入另一种介质，或从介质的界面上反射时，主要取决于这两种介质的声阻抗。

2）声速

声波在介质中传播的速度称为声速，常用 c 表示。在同一种介质中，超声波的波形不同，其传播速度不同，超声波的声速还取决于介质的特性（如密度、弹性模量等）。

5.2.3 超声波的传播

根据介质中质点的振动方向和声波的传播方向，超声波的波形可分为以下几种。

1. 纵波

质点振动方向和传播方向一致的波称为纵波，如图 5.2 所示。它能在固体、液体和气体中传播，在探伤中用于纵波探伤法。

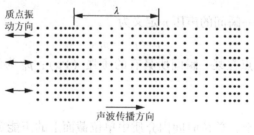

图 5.2　纵波

超声波在介质中以一定的速度传播。超声波的传播速度取决于介质的弹性常数和介质密度。

根据声学理论，在无限大固体介质中，纵波声速 c_L 可表示为

$$c_L = \sqrt{\frac{E}{\rho} \cdot \frac{1 - \mu}{(1 + \mu)(1 - 2\mu)}} \tag{5-5}$$

式中，E 为弹性模量（Pa）；ρ 为介质密度（kg/cm^3）；μ 为泊松比。

2. 横波

质点振动方向垂直于传播方向的波称为横波，如图 5.3 所示。它只能在固体中传播，用于横波探伤法。

在无限大固体介质中，横波声速 c_S 为

$$c_S = \sqrt{\frac{E}{\rho} \cdot \frac{1}{2(1 + \mu)}} = \sqrt{\frac{G}{\rho}} \tag{5-6}$$

式中，G 为剪切模量（Pa）。

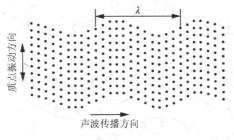

图 5.3　横波

3. 表面波

质点的振动介于纵波和横波之间，沿着固体表面传播，振辐随深度增加而迅速衰减的波称为表面波，又称为瑞利波，如图 5.4 所示。表面波质点振动的轨迹是椭圆，质点位移的长轴垂直于传播方向，短轴平行于传播方向。它用于表面波探伤法。

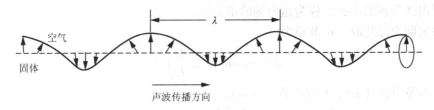

图 5.4　表面波

在无限大固体介质中，表面波声速 c_R 为

$$c_R = \frac{0.87 + 1.12\mu}{1 + \mu} \sqrt{\frac{E}{\rho} \cdot \frac{1}{2(1 + \mu)}} \tag{5-7}$$

纵波、横波和表面波的速度比满足

$$c_S = c_L \sqrt{\frac{1 - 2\mu}{2(1 - \mu)}} \tag{5-8}$$

$$c_R = c_S \cdot \frac{0.87 + 1.12\mu}{1 + \mu} \tag{5-9}$$

通常认为横波声速约为纵波声速的一半，表面波声速约为横波声速的 90%，因此又称表

面波为慢波。

4. 兰姆波

兰姆波只产生在有一定厚度的薄板内,在板的两表面和中部都有质点的振动,声场遍及整个板的厚度,沿着板的两表面及中部传播,因此又称为板波。若两表面质点振动的相位相反,中部质点以纵波的形式振动,则称为对称型兰姆波;若两表面质点振动的相位相同,中部质点以横波的形式振动,则称为非对称型兰姆波,如图5.5所示。兰姆波可检测板厚及分层、裂纹等缺陷,还可检测材料的晶粒度和复合材料的黏合质量等。

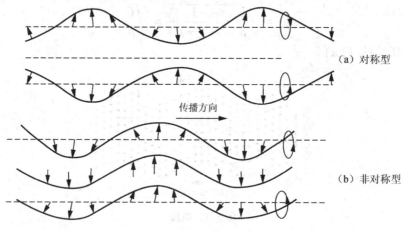

图5.5 兰姆波(板波)

兰姆波的传播速度除与介质的弹性常数有关外,还与介质的厚度及兰姆波的频率有关。

5. 超声场的指向性和扩散角

超声波从声源(晶片辐射器)集中成束向前传播,往往集中在与晶片轴线成 θ 半扩散角的锥体范围内强烈辐射出去,称为超声场的指向性。

当声源为圆形晶片时,扩散角为

$$\theta = \arcsin\left(1.22\frac{\lambda}{D}\right) \tag{5-10}$$

式中,D 为声源直径(m);λ 为声波长(m)。

当晶片为正方形,且边长为 a 时,扩散角为

$$\theta = \arcsin\frac{\lambda}{a} \tag{5-11}$$

当晶片为长方形时(长为 a,宽为 b)时,其扩散角分别为

$$\theta_a = \arcsin\frac{\lambda}{a} \tag{5-12}$$

$$\theta_b = \arcsin\frac{\lambda}{b} \tag{5-13}$$

θ 越小,指向性越好。

纵波在钢中传播时其扩散角与频率和直径的关系如表5.1所示。

表 5.1　纵波在钢中传播时的扩散角

频率/MHz	1.0	2.5	2.5		5			10
直径/mm	20	20	14	12	20	14	12	10
扩散角 θ/°	21	8	12	14	4	5.5	6.5	4

5.2.4　超声波检测方法

1. 接触法与液浸法

接触法就是探头与工件表面之间经一层薄的耦合剂直接接触进行探伤的方法。耦合剂主要起传递超声波能量作用。此法操作方便，但对被检工件表面粗糙度要求较严。接触法可采用直探头和斜探头，适用于横波、表面波、板波检测法。

液浸法就是将探头与工件全部浸入液体，或探头与工件之间局部充以液体进行探伤的方法。液体一般用水，故又称为水浸法。为了提高检测灵敏度，常用聚焦探头。液浸法还适用于横波、表面波和板波检测法。由于探头不直接与工件接触，因而易于实现自动化检测，也适用于检测表面粗糙的工件。

2. 纵波脉冲反射法

纵波脉冲反射法又分为一次脉冲反射法和多次脉冲反射法。一次脉冲反射法是以一次底波为依据进行探伤的方法。超声波以一定的速度向工件内传播，一部分声波遇到缺陷时反射回来，另一部分声波继续传至工件底面后也反射回来。发射波、缺陷波和底波经过放大后进行适当处理就可以求出缺陷的部位及缺陷的大小。

多次脉冲反射法是以多次底波为依据进行探伤的方法，主要用于结构致密性较差的工件。

3. 横波探伤法

横波探伤法是声波以一定角度入射到工件中产生波形转换，利用横波进行探伤的方法。横波法通常用于单探头检测。横波入射工件后，当所遇缺陷与声束垂直或夹角较大时，声波发生反射，从而检测出缺陷。

在对板材探伤时，当探头距离板的端面较近时，会出现端面反射波；当遇到很大的缺陷时，端面反射波可能消失；当探头离端面较远时，声能在板内逐渐衰减完，也不会出现端面反射波。

横波检测也可使用双探头法，可以单收单发，也可以双收双发，这时应调整两个探头的相对位置，使一个探头发射的声波在工件内传播后恰为另一个探头所接收。

4. 表面波探伤法

表面波探伤法是表面波沿着工件表面传播检测表面缺陷的方法。表面波的能量随着表面下深度增加而显著降低，在大于一个波长的深度处，表面波的能量很小，已无法进行检测。表面波沿着工件表面传播过程中，遇到裂纹、表面划痕或棱角等均会发生反射，在反射的同时，部分表面波仍继续向前传播。值得注意的是，用表面波探伤对工件表面的光洁度要求较高。

5. 兰姆波探伤法

兰姆波探伤法是使兰姆波沿着薄板（或薄壁管）两表面及中间传播来进行探伤的方法。当工件中有缺陷时，在缺陷处产生反射，就会出现缺陷波。

6. 穿透法检测

穿透法检测可以用连续波，也可以用脉冲波。在连续波穿透法中，当工件内无缺陷时，接收能量大；当工件内有缺陷时，因为部分能量被反射，接收能量减小；当缺陷很大时，声能全部被缺陷反射，则接收能量减小为零。这种方法由于缺陷阻止声波通过，在缺陷后形成声影，故又称为声影法探伤。

在脉冲波穿透法中，当工件内无缺陷时，接收能量大；当工件内有缺陷时，接收能量减小；当有很大的缺陷时，将声波全部阻挡，接收能量为零。

穿透检测法灵敏度低，不能检测小缺陷，也不能对缺陷定位，但适合于检测超声衰减大的材料，同时也避免了盲区。

5.2.5 超声波探伤仪

1. A型显示探伤仪

它主要由同步电路（触发电路）、时基电路、发射电路、接收电路、探头及示波显示器等组成，其组成框图如图 5.6 所示。同步电路是探伤仪的指挥中心，它每秒产生数十至数千个尖脉冲，指挥探伤仪各个部分同步地进行工作。时基电路又称为扫描电路，它产生锯齿波电压，加在示波管的水平偏转板上，在荧光屏上产生水平扫描的时间基线。发射电路又称为高频脉冲电路，产生高频电压，加在发射探头上。发射探头将电波变成超声波，传入工件中，超声波在缺陷或底面上反射回到接收探头，转变为电波后输入给接收电路进行放大、检波，最后加到示波管的垂直偏转板上，在荧光屏的纵坐标上显示出来。图 5.6 中的 T 为发射波，F 为缺陷波，B 为底波。通过缺陷波在荧光屏上横坐标的位置，可以对缺陷定位；通过缺陷波的高度可估计缺陷的大小。

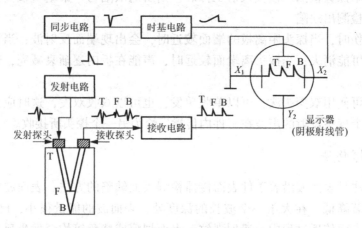

图 5.6 A 型显示探伤仪的组成框图

A型显示探伤仪可使用一个探头兼作收与发，也可使用两个探头，一发一收。使用的波型可以是纵波、横波、表面波和板波。多功能的 A 型显示探伤仪还有一系列附加电路系统,如时间标距电路、自动报警电路、闸门选择电路、延迟电路等。

2. B 型显示探伤仪

在 A 型显示探伤仪中,横轴为时间轴,纵轴为信号强度。若将探头移动距离作为横轴,探伤深度作为纵轴,可绘制出探伤体的纵截面图形,这种方式称为 B 型显示方式。在 B 型显示中,显示的是与扫描声束相平行的缺陷截面。B 型显示探伤仪的组成框图如图 5.7 所示。如果在对应于探头各个位置的纵扫描线上均有反射,则把这作为辉度变化并连续显示,当以固定的速度移动探头时,便完成了探伤图形。示波管必须是长余辉管或存储管,有时也使用记录仪或摄影机。

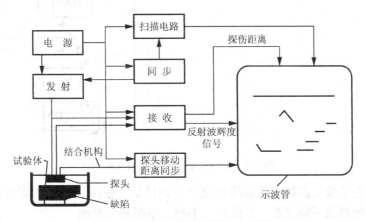

图 5.7　B 型显示探伤仪的组成框图

B 型显示不能描述缺陷在深度方向的扩展,当缺陷较大时,大缺陷后面的小缺陷的底面反射也不能被记录。

若将一系列小的晶片排列成阵,并依次通过电子切换来代替探头的移动,即为移相控制式或相控阵式探头,广泛用于 B 型扫描显示和一些其他扫描方法。

3. C 型显示探伤仪

它使探头在工件上纵横交替扫描,把在探伤距离特定范围内的反射作为辉度变化,并连续显示,可绘制出工件内部缺陷的横截面图形,这个截面与扫描声束相垂直。示波管荧光屏上的横、纵坐标分别代表工件表面的横、纵坐标。C 型显示探伤仪的组成框图如图 5.8 所示。

若将 B 型和 C 型显示结合起来,便可同时显示被检测部位的侧面图和顶图,此种方法称为二维显示方式。

近年来,基于微机控制,集数据采集、存储、处理、显示一体的超声 C 扫描技术发展很快,并且得到了广泛的应用。特别在高灵敏度检测试验中,如集成电路节点的焊接试验、高强度陶瓷和粉末冶金材料中微裂纹的检测、电子束焊缝和扩散焊接的检测、复合材料层裂的检测,以及其他要求较高的管材、棒材、涡轮盘和零部件的检测等,用微机 C 扫描系统可以检测到 40μm 直径或宽度的裂纹,对高性能工业陶瓷,已可检测到 10μm 宽度的裂纹。

实现 C 扫描的方法主要有探头阵列电子扫描法(如使用 128 个晶片阵列的相控阵法)和机械法。

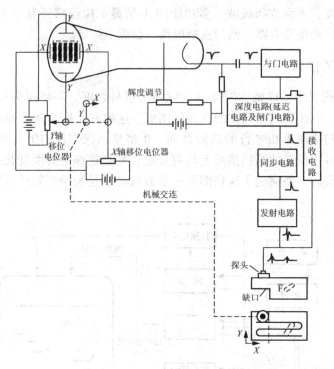

图 5.8　C 型显示探伤仪的组成框图

图 5.9 所示为是微机控制和显示的机械法 C 扫描系统框图。扫描的实现是借助于水浸扫描槽。水浸扫描槽根据不同需要，有微型、小型、中型和大型的。

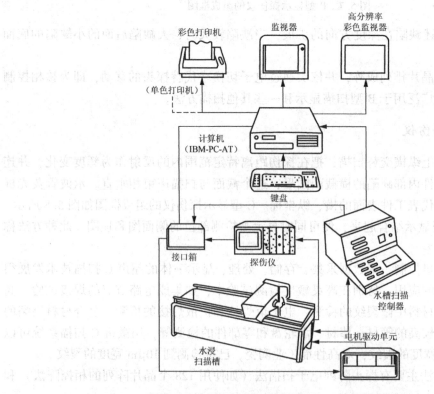

图 5.9　微机控制和显示的机械法 C 扫描系统框图

　　为了检测试件中的微小缺陷，超声波探伤仪必须具有宽频带，并能用尖脉冲激励高阻尼探头，以便获得窄脉冲。超声波脉冲的一个重要特性是其持续时间越短，它所包含的谐波频率范围越宽，即通常所说的宽频窄脉冲。窄脉冲具有较高的距离分辨率，但窄脉冲的声束扩散角要比同频率宽脉冲的大些，因此横向分辨率略低，这可以通过准确的聚焦以缩小声束截面来补偿。

　　窄脉冲使用高阻尼探头，而激励脉冲又极窄，因此也使得检测灵敏度降低，但是低频对小缺陷不灵敏，采用高频探头可以大大提高对微小缺陷的检测灵敏度。同时，窄脉冲遇到缺陷反射后，各个谐波的变化将造成频谱的变化，从而提供了判断缺陷的大小、方位和性质的丰富信息。

　　现在已能制造频率在 25MHz、50MHz，甚至超过 100MHz 的高频探头，这类探头称为箔式探头。它们是用聚偏二氟乙烯（PVDF）薄膜制成的，又称为薄膜式探头。在进行水浸式 C 扫描检测时，数据的获取、处理、存储与评价都是在每一次扫描的同时由计算机在线实时进行的，每一次扫描的原始数据都可以记录并存储，还可以在以后的任何时候调用。

4. 连续波探伤仪

　　连续波探伤仪发射连续且频率不变或在小范围内周期性频率微调的超声波。它的结构比脉冲波探伤仪简单，主要由振荡器、放大器、指示器和探头组成，检测灵敏度较低，可用于某些非金属材料检测。

5. 多通道超声波探伤仪

　　为了实现快速和自动探伤可采用多通道组合方式，每一通道相当于一台单通道探伤仪，各通道都有单独的发射电路，而共用一个时基电路。接收和报警电路可共用，也可单用，均受脉冲切换电路控制，依次循环工作。为避免干扰，各通道均有单独的前置放大器和选通闸门电路。选通闸门受脉冲切换电路控制，当一个通道工作时，其他通道探头所接收的信息不得进入接收电路。脉冲切换电路主要由多级双稳态电路和与非门组成。

6. 自动化超声波检测装置

　　它可在连续生产中实现自动化探伤，对有缺陷部位自动打上标记，主要由机械传动装置使探头和工件作某种相对运动而实现自动化，在铁路轨道、冶金厂型材轧制生产线等检验中应用得十分广泛。

5.2.6　超声波检测的应用

1. 屏蔽铸铁的超声波检测

　　在核工业中经常用铸铁和铅板等材料屏蔽中子和 γ 射线，在模拟试验中使用的配重体也是铸铁件，这类铸铁件主要用超声波检测。由于铸件晶粒较粗，结构不致密，所以与锻件相比对超声波衰减大，穿透性较差。超声波在粗大晶粒的界面上发生杂乱的晶界反射，超声波频率越高，衰减越大，杂波干扰越严重。因此，对铸铁探伤只能使用较低频率，通常为 0.5~2MHz，检测灵敏度较低，只能发现面积较大的缺陷；铸钢件的穿透性比铸铁要好，可使用 2~5MHz 的频率检测。

铸件中的缺陷，多数呈体积型缺陷，常有多种形状和性质的缺陷混在一起，出现的部位以铸件中心、浇口和冒口附近较多。主要缺陷有疏松、缩孔、气孔、夹砂、夹渣和铸造裂纹等。

经过表面加工的铸件，可用机油作为耦合剂，采用接触法探伤。表面粗糙的铸件可用水浸法，也可使用黏度大的耦合剂或敷设塑料薄膜后再用接触法检测。检测方法采用多次底波反射法，发现缺陷以后可用一次脉冲反射法对缺陷定位和定量。使用的超声波探伤仪应有较大的发射功率。

2. 钢壳和模具的超声波检测

大型结构部件的钢壳和各种不同尺寸的模具均为锻钢件。锻件主要用超声波探伤。锻件探伤采用脉冲反射法，除奥氏体钢外，一般晶粒较细，检测频率多为 2~5MHz，质量要求高的可用 10MHz，通常采用接触法探伤，用机油作为耦合剂，也可采用水浸法。在锻件中，缺陷的方向一般与锻压方向垂直，因此应以锻压面作为主要检测面。锻件中的缺陷主要有折叠、夹层、中心疏松、缩孔和锻造裂纹等。

钢壳和模具探伤以直探头纵波检测为主，用横波斜探头进行辅助检测，但对筒头模具的圆柱面和球面壳体，应以斜探头为主。为了获得良好的声耦合，斜探头楔块应磨制成与工件相同曲率的球面。

钢壳的腰部带有异型法兰环，当用直探头检测时，在正常情况下不出现底波，若有裂纹等缺陷存在，便会有缺陷波出现，其探伤情况如图 5.10 所示。

3. 小型压力容器壳体的超声波检测

小型压力容器壳体是由低碳不锈钢锻造成型的，经机械加工后成半球壳状。对此类锻件进行超声波探伤，通常以斜探头横波探伤为主，辅以表面波探头检测表面缺陷。对于壁厚 3mm 以下的薄壁壳体可只用表面波法检测。探伤前必须将斜探头楔块磨制成与工件相同曲率的球面，以利于声波耦合，但磨制后的超声波束不能带有杂波，通常使用易于磨制的塑料外壳环氧树脂小型 K 值斜探头，K 值可选 1.5~2，频率为 2.5~5MHz。探伤时采用接触法，用机油耦合。图 5.11 所示为探伤操作情况，探头一方面沿经线上下移动，一方面沿纬线绕周长水平移动一周，使声束扫描线覆盖整个球壳。在扫描过程中通常没有底波，但遇到裂纹时会出现缺陷波。可以制作带有人工缺陷与工件相同的模拟件调试灵敏度。

如果采用水浸法和聚焦探头检测，可避免探头的磨制加工，但要采用专用的球面回转装置，使工件和探头在相对运动中完成声束对整个球壳的扫描。

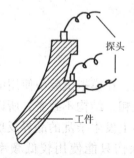

图 5.10　异型法兰探伤

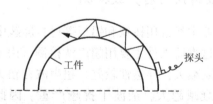

图 5.11　小型球壳的探伤

5.3 射 线 检 测

5.3.1 射线检测的物理基础

在射线检测中应用的射线主要是 X 射线、γ 射线和中子射线。X 射线和 γ 射线属于电磁辐射，而中子射线是中子束流。

1. X 射线

X 射线又称为伦琴射线，是射线检测领域中应用最广泛的一种射线，波长范围为 0.0006 ~ 100nm，在 X 射线检测中常用的波长范围为 0.001 ~ 0.1nm。X 射线的频率范围为 3×10^9 ~ $5 \times 10^{14} MHz$。

2. γ 射线

γ 射线是一种波长比 X 射线更短的射线，波长范围为 0.0003 ~ 0.1nm，频率范围为 3×10^{12} ~ $1 \times 10^{15} MHz$。

工业上广泛采用人工同位素产生 γ 射线。由于 γ 射线的波长比 X 射线更短，所以具有更大的穿透力。在无损检测中，γ 射线常被用来对厚度较大和大型整体工件进行射线照相。

3. 中子射线

中子是构成原子核的基本粒子。中子射线是由某些物质的原子在裂变过程中逸出高速中子所产生的。工业上常用人工同位素、加速器、反应堆来产生中子射线。在无损检测中，中子射线常被用来对某些特殊部件（如放射性核燃料元件）进行射线照相。

5.3.2 射线通过物质的衰减规律

1. 射线与物质的相互作用

射线与物质的相互作用主要有三种过程：光电效应、康普顿效应和电子对的产生。这三种过程的共同点是都产生电子，然后电离或激发物质中的其他原子，此外，还有少量的汤姆逊效应。光电效应和康普顿效应随射线能量的增加而减小，电子对的产生则随射线能量的增加而增加。四种效应的共同结果是使射线在通过物质时能量产生衰减。

1）光电效应

在普朗克概念中，每束射线都具有能量为 $E = h\nu$ 的光子。光子运动时保持着它的全部动能。光子能够撞击物质中原子轨道上的电子，若撞击时光子释放出全部能量，并将原子电离，则称为光电效应。光子的一部分能量把电子从原子中逐出去，剩余的能量则作为电子的动能被带走，于是该电子可能又在物质中引起新的电离。整个光电效应过程如图 5.12 所示。当光子的能量低于 1MeV 时，光电效应是极为重要的过程。另外，光电效应更容易在原子序数高的物质中产生。例如，在铅（$Z = 82$）中产生光电效应的程度比在铜（$Z = 29$）中大得多。

2）康普顿效应

在康普顿效应中，一个光子撞击一个电子时只释放出它的一部分能量，结果光子的能量减弱并在和射线初始方向成 θ 角的方向上散射，而电子则在和初始方向成 φ 角的方向上散射，如图 5.13 所示。这一过程同样服从能量守恒定律，即电子所具有的动能为入射光子的能量和散射光子的能量之差，最后电子在物质中因电离原子而损失其能量。

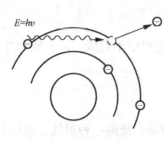 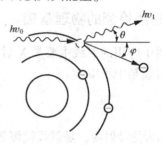

图 5.12　光电效应　　　　　　　　图 5.13　康普顿效应

在绝大多数的轻金属中，射线的能量在 0.2~3MeV 范围内时，康普顿效应是极为重要的效应。康普顿效应随着射线能量的增加而减小，其大小也取决于物质中原子的电子数。在中等原子序数的物质中，射线的衰减主要是由康普顿效应引起的，在射线防护时主要侧重于康普顿效应。

3）电子对的产生

一个具有足够能量的光子释放出它的全部动能而形成具有同样能量的一个电子和一个正电子，这样的过程称为电子对的产生。产生电子对所需的最小能量为 0.51MeV，因此光子能量 $h\nu$ 必须大于或等于 1.02MeV。

光子的能量一部分用于产生电子对，一部分传递给电子和正电子作为动能，另一部分传给原子核。在物质中，电子和正电子都是通过原子的电离而损失动能的，在消失过程中正电子和物质中的电子相互作用成为能量各为 0.51MeV 的两个光子，如图 5.14 所示，它们在物质中又可以通过光电效应和康普顿效应进一步相互作用。

由于产生电子对的能量条件要求不小于 1.02MeV，所以电子对的产生只有在高能射线中才是重要的过程。该过程正比于吸收体的原子序数的平方，因此高原子序数的物质电子对的产生也是重要的过程。

4）汤姆逊效应

射线与物质中带电粒子相互作用，产生与入射波长相同的散射线的现象叫作汤姆逊效应。这种散射线可以产生干涉，能量衰减十分微小，如图 5.15 所示。

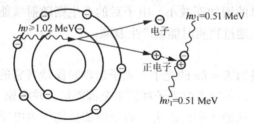 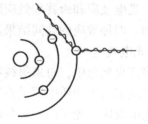

图 5.14　电子对的产生和消失　　　　　图 5.15　汤姆逊效应

2. 射线的衰减规律和衰减曲线

射线的衰减是由于射线光子与物体相互作用产生光电效应、康普顿效应、汤姆逊效应或电子对的产生，使射线被吸收和散射而引起的。由此可知，物质越厚，则射线穿透时的衰减程度也越大。

射线衰减的程度不仅与通过物质的厚度有关，还与射线的性质（波长）、物体的性质（密度和原子序数）有关。一般来讲，射线的波长越小，衰减越小；物质的密度及原子序数越大，衰减也越大。但它们之间的关系并不是简单的直线关系，而是呈指数关系的衰减，如图 5.16 所示。

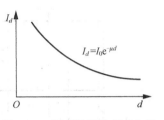

图 5.16　宽束射线的衰减曲线

设入射线的初始强度为 I_0，通过物质的厚度为 d，射线的衰减系数为 μ，那么射线在通过物质以后的强度 I_d 为

$$I_d = I_0 e^{-\mu d} \tag{5-14}$$

因为射线的衰减包括吸收和散射，所以射线的衰减系数 μ 是吸收系数 τ 和散射系数 σ 之和，即 $\mu = \tau + \sigma$。物质密度越大，射线在物质中传播时碰到的原子也越多，因而射线衰减也越大。为便于比较，通常采用质量衰减系数，即

$$\frac{\mu}{\rho} = \frac{\tau}{\rho} + \frac{\sigma}{\rho} \tag{5-15}$$

式中，ρ 为物质的密度；τ/ρ 为质量吸收系数；σ/ρ 为质量散射系数。

射线的质量吸收系数和质量散射系数表示如下。

$$\frac{\tau}{\rho} = \frac{A}{C} Z^4 \lambda^3 \tag{5-16}$$

$$\frac{\sigma}{\rho} = 0.4 \frac{Z}{A} \tag{5-17}$$

式中，C 为常数；A 为元素的原子数；Z 为元素的原子序数；λ 为射线的波长。

当低能射线通过重元素（轻元素和波长很短的射线除外）物质时，射线的衰减主要表现为吸收，由射线散射所引起的衰减可忽略不计，则有

$$\frac{\mu}{\rho} = \frac{\tau}{\rho} = \frac{A}{C} Z^4 \lambda^3 \tag{5-18}$$

5.3.3　X 射线检测

1. X 射线检测的基本原理

X 射线检测是利用 X 射线通过物质的衰减程度与被通过部位的材质、厚度和缺陷的性质有关的特性，使胶片感光成黑度不同的图像来实现的，如图 5.17 所示。

如图 5.18 所示，当一束强度为 I_0 的 X 射线平行通过被检测试件（厚度为 d）后，其强度为

$$I_d = I_0 e^{-\mu d} \tag{5-19}$$

若被检测试件表面有高度为 h 的凸起，则 X 射线强度将衰减为

$$I_h = I_0 e^{-\mu(d+h)} \tag{5-20}$$

又若在被检测试件内有一个厚度为 x、吸收系数为 μ' 的某种缺陷，则射线通过后，强度衰减为

$$I_x = I_0 e^{-[\mu(d-x)+\mu'x]} \tag{5-21}$$

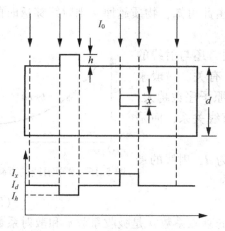

图 5.17 X 射线检测的基本原理

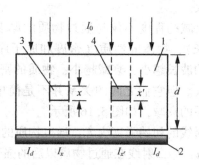

1—被透照试件；2—射线感光胶片；
3—气孔（缺陷）；4—夹渣（缺陷）

图 5.18   X 射线检测的示意图

若缺陷的吸收系数小于被检测试件本身的吸收系数，则 $I_x > I_d > I_h$，于是，在被检测试件的另一面就形成一幅射线强度不均匀的分布图。通过一定方式对这种不均匀的射线强度进行照相或转换为电信号指示、记录或显示，就可以评定被检测试件的内部质量，达到无损检测的目的。

2. X 射线检测方法

X 射线检测常用的方法是照相法，即将射线感光材料（通常用射线胶片）放在被检测试件的背面接受通过试件后的 X 射线，胶片曝光后经暗室处理，就会显示出物体的结构图像。根据胶片上影像的形状及其黑度的不均匀程度，就可以评定被检测试件中有无缺陷及缺陷的性质、形状、大小和位置。此法的优点是灵敏度高、直观可靠、重复性好，是 X 射线检测方法中应用最广泛的一种常规方法。由于生产和科研的需要，还可用放大照相法和闪光照相法以弥补其不足。放大照相法可以检测出材料中的微小缺陷。

3. X 射线照相检测技术

1）照相法的灵敏度和透度计

（1）灵敏度

灵敏度是指发现缺陷的能力，也是检测质量的标志。灵敏度通常用两种方式表示：一是绝对灵敏度，是指在射线胶片上能发现被检测试件中与射线平行方向的最小缺陷尺寸；二是相对灵敏度，是指在射线胶片上能发现被检测试件中与射线平行方向的最小缺陷尺寸占试件厚度的百分数。若以 d 表示被检测试件的材料厚度，x 为缺陷尺寸，则其相对灵敏度为

$$K = \frac{x}{d} \times 100\% \qquad\qquad (5-22)$$

（2）透度计

透度计又称为像质指示器。在透视照相中，要评定缺陷的实际尺寸是困难的，因此要用透度计来作参考比较。同时，还可以用透度计来鉴定照片的质量和作为改进透照工艺的依据。透度计要用与被透照工件材质吸收系数相同或相近的材料制成。常用的透度计主要有以下两种。

① 槽式透度计

槽式透度计的基本设计是在平板上加工出一系列的矩形槽，其规格尺寸如图 5.19 所示。对不同厚度的工件照相，可分别采用不同型号的透度计。

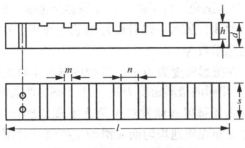

图 5.19　槽式透度计示意图

② 金属丝透度计

金属丝透度计是以一套不同直径的金属丝均匀排列，黏合于两层塑料或薄橡皮中间而构成的，其示意图如图 5.20 所示。为区别透度计型号，在金属丝两端摆上与号数对应的铅字或铅点。金属丝透度计一般分为两类，即透照钢材时用的钢丝透度计和透照铝合金或镁合金时用的铝丝透度计。表 5.2 所示为我国有关标准关于丝型像质计的规定。

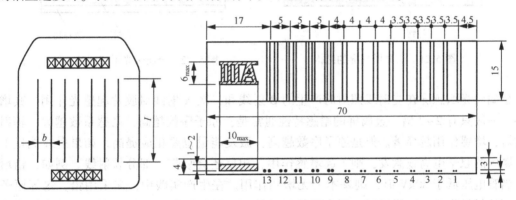

图 5.20　金属丝透度计示意图

表 5.2　我国有关标准关于丝型像质计的规定（CSB 02—1333—2000）

丝　号	1	2	3	4	5	6	7	8
丝径/mm	3. 20	2. 50	2. 00	1. 60	1. 25	1. 00	0. 80	0. 63
偏差/mm	±0. 03				±0. 02			

丝　号	9	10	11	12	13	14	15	16	17	18	19
丝径/mm	0. 50	0/40	0. 32	0. 25	0. 20	0. 16	0. 125	0. 100	0. 080	0. 063	0. 050
偏差/mm	±0. 01						±0. 005		±0. 003		

使用金属丝透度计时，应将其置于被透照工件的表面，并应使金属丝直径小的一侧远离射线束中心，这样可保证整个被透照区的灵敏度达到如下计算数值。

$$K = \frac{\varphi}{d} \times 100\% \qquad (5-23)$$

式中，φ 为观察到的最小金属丝直径；d 为被透照工件部位的总厚度。

2）增感屏及增感方式的选择

（1）增感屏的选择

由于 X 射线和 γ 射线波长短，硬度大，对胶片的感光效应差，一般透过胶片的射线，大约1%就能使胶片中的银盐微粒感光。为了提高胶片的感光速度，利用某些增感物质在射线作用下激发出荧光或产生次级射线，从而加强对胶片的感光作用。在射线透视照相中，所用的增感物质称为增感屏，其增感系数为

$$K = \frac{在摄影密度为 D 时，无增感屏所需曝光量}{产生相同的摄影密度 D 时，用增感屏所需曝光量} \qquad (5-24)$$

荧光增感屏是利用荧光物质被射线激发产生荧光实现增感作用的，其结构如图 5.21 所示。它是将荧光物质均匀地涂布在质地均匀而光滑的支撑物（硬纸或塑料薄板等）上，再覆盖一层薄薄的透明保护膜组合而成的。

金属荧光增感屏是在铅箔上涂一层荧光物质组合而成的，其结构如图 5.22 所示。它具有荧光增感的高增感系数，又有吸收散射线的作用。

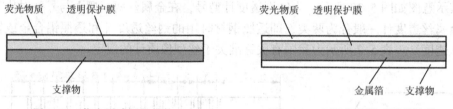

| 图 5.21　荧光增感屏的结构 | 图 5.22　金属荧光增感屏的结构 |

金属荧光增感屏在受射线照射时产生的 β 射线和二次 X 射线对胶片起感光作用，其增感较小，一般只有 2~7 倍。金属屏的增感特性通常是，原子序数越高，增感系数越大，辐射波长越短，增感作用越显著。但是原子序数越高，激发能量也要相应提高，如果射线能量不能使金属屏的原子电离或激发，则不起增感作用，相反还会吸收一部分软射线。例如，铅增感屏，当管电压低于 80kV 时，则基本上无增感作用。在生产实践中，多采用铅、锡等原子序数较高的材料作为金属增感屏，因为铅的压延性好，吸收散射线的能力强。金属增感屏的增感过程如图 5.23所示。

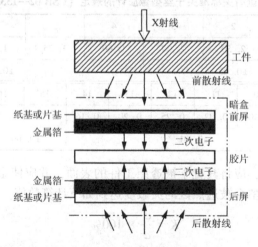

图 5.23　金属增感屏的增感过程

（2）增感方式的选择

增感方式的选择通常考虑三个方面的因素：产品设计对检测的要求、射线能量和胶片类型。

3）曝光参数的选择

（1）射线硬度的选择

射线硬度是指射线的穿透力，由射线的波长决定。波长越短，硬度越大，则穿透力就越强，对某一物质即具有较小的吸收系数。X 射线波长的长短由管电压所决定，管电压越高，波长越短。射线硬度与透照胶片影像的质量有很大关系。因此，选择射线硬度尤为重要。例如，当一束强度为 I_0 的射线，通过被透照厚度为 d 的物体后，其强度将衰减为 I_d；通过一厚度为 x 的缺陷后，其强度为 I_x。I_x/I_d 称为对比度或主因衬度，即

$$\frac{I_x}{I_d} = e^{(\mu - \mu')x} \tag{5-25}$$

假设缺陷内为空气，则 μ' 可忽略不计，因而有

$$\frac{I_x}{I_d} \approx e^{\mu x} \tag{5-26}$$

在工业射线透照中，总是希望胶片上的影像衬度尽可能高，以保证检测质量。因此，射线尽可能选软一些。但是，如果希望在材料的厚薄相邻部分一次曝光，则要选用较硬的射线。

（2）射线曝光量的选择

射线曝光量通常用射线强度 I 和时间 t 的乘积表示，即 $E=It$，E 的单位为 mCi·h（毫居里·小时）。对 X 射线来说，当管压一定时，其强度与管电流成正比，因此 X 射线的曝光量通常用管电流 i 和时间 t 的乘积来表示，即

$$E = it \tag{5-27}$$

这时，E 的单位为 mA·min（毫安·分）或 mA·s（毫安·秒）。在一定范围内，如果 E 为常数，则 i 与 t 存在反比关系：

$$E = i_1 t_1 = i_2 t_2 \tag{5-28}$$

一般在选择管电流和曝光时间时，在射线设备允许范围内，管电流总是取得大一些，以缩短曝光时间并减少散射线的影响。此外，X 射线从窗口呈直线锥体辐射，如图 5.24 所示，在空间各点的分布强度与该点到焦点的距离平方成反比，即

$$\frac{I_1}{I_2} = \frac{(L_2)^2}{(L_1)^2} \tag{5-29}$$

（3）射线照相对比度

射线照片上影像的质量由对比度、不清晰度、颗粒度决定。影像的对比度是指射线照片上两个相邻区域的黑度差。如果两个区域的黑度分别为 D_1、D_2，则它们的对比度为 $\Delta D = D_1 - D_2$。影像的对比度决定了在射线透照方向上可识别的细节，影像的不清晰度决定了在垂直于射线透照方向上可识别的细节尺寸，影像的颗粒度决定了影像可记录的细节最小尺寸。

（4）焦距的选择

焦距是指从放射源（焦点）至胶片的距离。焦距的选择与射线源的几何尺寸和试件厚度有关。由于射线源有一定的几何尺寸，从而产生几何不清晰度 U_g，如图 5.25 所示。由相似三角形关系，可以求出

$$U_g = \frac{\phi b}{F - b} = \frac{\phi b}{a} \tag{5-30}$$

式中，ϕ 为射线源的几何尺寸；F 为焦点至胶片的距离；a 为焦点至缺陷的距离；b 为缺陷至胶片的距离。

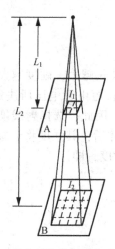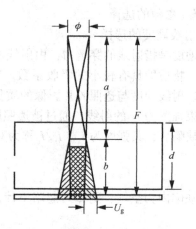

图 5.24　曝光距离与射线强度的关系　　　　图 5.25　透照影像的几何不清晰度

（5）曝光曲线

① 不同管电压下，材料厚度与曝光量的关系曲线。材料厚度 d 与曝光量 x 的关系为

$$x = \mu d + C^n \tag{5-31}$$

式中，μ 为吸收系数，为常数。x 与 d 呈线性关系。若以 x 为纵轴，d 为横轴，当焦距一定时，则给定一个厚度 d，对应于某一管电压可以求得一个 x 值。用各种不同的电压试验时，就可以得出一组斜率逐渐变化的曲线，如图 5.26 所示。

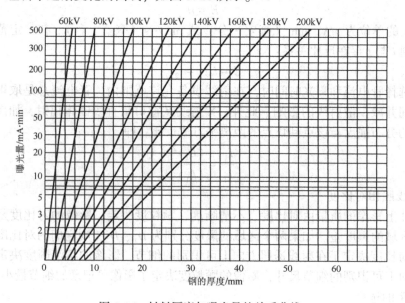

图 5.26　材料厚度与曝光量的关系曲线

② 不同焦距下，材料厚度与管电压的关系曲线。由于底片黑度要求一定，所以 x 为一常数，如果被透照的材料固定，则 d 增大时 μ 必须减小，因此管电压要相应增大。

$$\lambda \sim \frac{1}{U} \tag{5-32}$$

若以材料厚度 d 为横轴，管电压 U 为纵轴，则在一定焦距下的厚度所对应的管电压可以连成一条曲线。用不同的焦距试验时，就可得到一组曲线，如图 5.27 所示。

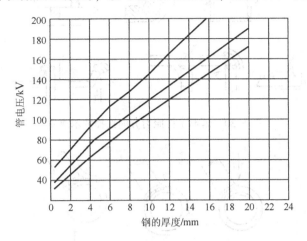

图 5.27　材料厚度与管电压的关系曲线

（6）等效系数

两块不同厚度的不同材料在入射强度为 I_0 的射线源照射下，若得到相同的出射强度 I_x，则称两者为等效。它们的厚度之比称为材料的等效系数。根据等效系数的定义，可以从一条常用材料的曝光曲线上查出另一种材料的等效厚度所对应的管电压。

4）照射方向的选择

（1）平板形工件照射方向选择的示意图如图 5.28 所示。

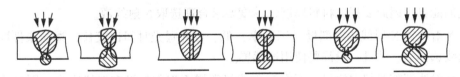

图 5.28　平板形工件照射方向选择的示意图

（2）圆管照射方向选择的示意图如图 5.29 所示。

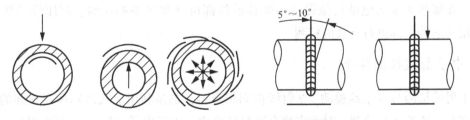

图 5.29　圆管照射方向选择的示意图

（3）角形工件照射方向选择的示意图如图 5.30 所示。

（4）管接头焊缝照射方向选择的示意图如图 5.31 所示。

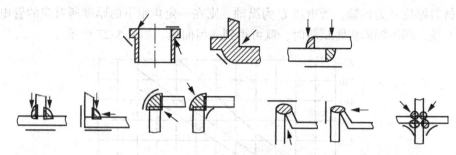

图 5.30　角形工件照射方向选择的示意图

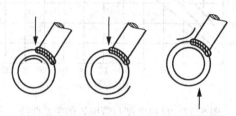

图 5.31　管接头焊缝照射方向选择的示意图

5.3.4　γ射线检测及中子射线检测简介

1.γ射线检测简介

γ射线检测与 X 射线检测的工艺方法基本上是一样的，但是γ射线检测有其独特的地方。

（1）γ射线源不像 X 射线那样，可以根据不同检测厚度来调节能量（如管电压），它有自己固定的能量，因此要根据材料厚度、精度要求合理选取γ射线源。

（2）γ射线比 X 射线辐射剂量（辐射率）低，因此曝光时间比较长，曝光条件同样是根据曝光曲线选择的，并且一般都要使用增感屏。

（3）γ射线源随时都在放射，不像 X 射线机那样不工作就没有射线产生，因此应特别注意射线的防护工作。

（4）γ射线比普通 X 射线穿透力强，但灵敏度比 X 射线低，它可以用于高空、水下及野外作业。在那些无水无电及其他设备不能接近的部位（如狭小的孔洞、高压线的接头等），均可使用γ射线对其进行有效的检测。

2.中子射线检测简介

中子射线检测与 X 射线检测、γ射线检测相类似，都是利用射线对物体有很强的穿透能力来实现对物体的无损检测。对大多数金属材料来说，由于中子射线比 X 射线和γ射线具有更强的穿透力，对含氢材料表现为很强的散射性能等特点，从而成为射线检测技术中又一个新的组成部分。

5.3.5　射线的防护

1.屏蔽防护法

屏蔽防护法是利用各种屏蔽物体吸收射线，以减少射线对人体的伤害，这是射线防护的主要方法。一般根据 X 射线、γ 射线与屏蔽物的相互作用来选择防护材料，屏蔽 X 射线和 γ 射线以密度大的物质为好，如贫化铀、铅、铁、重混凝土、铅玻璃等都可以用作防护材料。但从经济、方便出发，也可采用普通材料，如混凝土、岩石、砖、土、水等。对于中子射线的屏蔽，除能防护 γ 射线之外，还应特别选取含氢元素多的物质。

2. 距离防护法

距离防护法在进行野外或流动性射线检测时是非常经济有效的方法。这是因为射线的剂量率与距离的平方成反比，增加距离可显著地降低射线的剂量率。若离放射源的距离为 R_1 处的剂量率为 P_1，在另一径向距离为 R_2 处的剂量率为 P_2，则它们的关系表示为

$$P_2 = P_1 \frac{R_1^2}{R_2^2} \tag{5-33}$$

显然，增大 R_2 可有效地降低剂量率 P_2，在无防护或防护层不够时，这是一种特别有用的防护方法。

3. 时间防护法

时间防护法是指让工作人员尽可能减少接触射线的时间，以保证检测人员在每一天都不接受超过国家规定的最大允许剂量当量（17mrem）。

人体接受的总剂量 $D = Pt$。其中，P 为人体接受到的射线剂量率；t 为接触射线的时间。由此可见，缩短与射线接触的时间 t 也可达到防护目的。

4. 中子的防护

（1）减速剂的选择。快中子减速作用主要依靠中子和原子核的弹性碰撞，因此较好的中子减速剂是原子序数低的元素，如氢气、水、石蜡等含氢多的物质。它们作为减速剂使用减速效果好，价格便宜，是比较理想的防护材料。

（2）吸收剂的选择。对于吸收剂，要求它在俘获慢中子时放出来的射线能量要小，而且对中子是易吸收的。锂和硼较为适合，因为它们对热中子吸收截面大，分别为 71barn（靶）和 759barn；锂俘获中子时放出的 γ 射线很少，可以忽略，而硼俘获的中子 95% 放出 0.7MeV 的软 γ 射线，比较易吸收，因此常选含硼物或硼砂、硼酸作为吸收剂。

在设置中子防护层时，总是把减速剂和吸收剂同时考虑，如含 2% 的硼砂（质量分数，下同）、石蜡、砖或装有 2% 硼酸水溶液的玻璃（或有机玻璃）水箱堆置即可。特别要注意防止中子产生泄漏。

5.4 磁 粉 检 测

5.4.1 磁粉检测简介

磁粉检测是一种利用漏磁和合适的检验介质发现工件表面和近表面不连续性的方法（GB/T 12604 [1]. 5—1990）。当磁力线穿过铁磁材料及其制品时，在其磁性不连续处将产生漏磁场，形成磁极。此时撒上干磁粉或浇上磁悬液，磁极就会吸附磁粉，产生用肉眼能直接观察的明显磁痕，可借助于该磁痕来显示铁磁材料及其制品的缺陷情况，合适的光照下显

示出不连续性的位置、大小、形状和严重程度，如图 5.32 所示。

磁粉检测可检测露出表面、用肉眼或放大镜不能直接观察到的微小缺陷，也可检测未露出表面、埋藏在表面下几毫米的近表面缺陷。磁粉检测虽然也能探查气孔、夹杂、未焊透等体积型缺陷，但对面积型缺陷更灵敏，更适用于检测因淬火、轧制、锻造铸造、焊接、电镀、磨削、疲劳等引起的裂纹等。

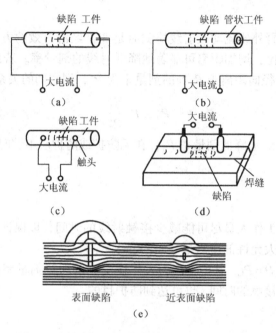

图 5.32　缺陷与磁力线作用产生漏磁的示意图

磁粉检测与超声波检测和射线检测比较，具有灵敏度高、操作简单、结果可靠、重复性好、缺陷容易辨认等优点。但这种方法仅适用于检测铁磁性材料的表面和近表面缺陷，磁粉检测的深度也是有局限性的，属于表面探伤类。

5.4.2　磁粉检测的物理基础

1. 磁介质

能影响磁场的物质都称为磁介质。各种宏观物质都是磁介质。磁介质分为顺磁质、逆磁质（抗磁质）和铁磁质。磁粉检测只适用于铁磁性材料，通常把顺磁性材料和逆磁性材料都列入非磁性材料。

2. 磁畴

铁磁性材料内部自发磁化的大小和方向基本均匀一致的小区域称为磁畴，其体积约为 $10^{-5} \mathrm{cm}^3$。在这个小区域内，含有大约 $10^{12} \sim 10^{15}$ 个原子，若各原子的磁化方向一致，则对外呈现磁性，如图 5.33 所示。

当把铁磁性材料放到外加磁场中去时，磁畴就会受到外加磁场的作用，一是使磁畴磁矩转动，二是使畴壁发生位移，最后全部磁畴的磁矩方向转向与外加磁场方向一致，铁磁性材料被磁化，显示出很强的磁性。

  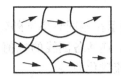

（a）不显示磁性　　　　　（b）磁化　　　　（c）保留一定剩磁

图 5.33　铁磁性材料的磁畴

高温情况下，磁体中分子热运动会破坏磁畴的有规则排列，使磁体的磁性削弱。超过居里点后，磁性全部消失，变为顺磁质。

3. 磁化过程

磁化过程如图 5.34 所示。

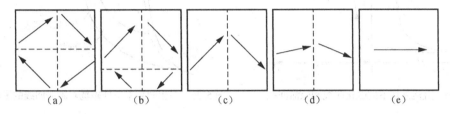

（a）　　　　　（b）　　　　　（c）　　　　　（d）　　　　　（e）

图 5.34　磁化过程

（1）未加外加磁场时，磁畴磁矩杂乱无章，对外不显示宏观磁性，如图 5.34（a）所示。

（2）在较小的磁场作用下，磁矩方向与外加磁场方向一致或接近的磁畴体积增大，而磁矩方向与外加磁场方向相反的磁畴体积减小，畴壁发生位移，如图 5.34（b）所示。

（3）增大外加磁场时，磁矩转动，畴壁继续产生位移，最后只剩下与外加磁场方向比较接近的磁畴，如图 5.34（c）所示。

（4）继续增大外加磁场，磁矩方向转动，与外加磁场方向接近，如图 5.34（d）所示。

（5）当外加磁场增大到一定值时，所有磁畴的磁矩都沿外加磁场方向有序排列，达到磁化饱和，相当于一个微小磁铁或磁偶极子，产生 N 极和 S 极，宏观上呈现磁性，如图 5.34（e）所示。

4. 磁滞回线

当铁磁质达到磁化饱和状态后，如果减小磁场强度 H，则介质的磁化强度 M（或磁感应强度 B）并不沿着起始磁化曲线减小，M（或 B）的变化滞后于 H 的变化，这种现象叫作磁滞。

在磁场中，铁磁体的磁感应强度与磁场强度的关系可用曲线来表示，当磁化磁场作周期的变化时，铁磁体中的磁感应强度与磁场强度的关系是一条闭合线，这条闭合线叫作磁滞回线。

磁滞回线是表达铁磁性材料在磁场下磁化和反磁化行为，即描述磁感应强度（B）或磁化强度（M）与外加磁场强度（H）关系的闭合曲线，反映材料的基本磁特性，是应用铁磁性材料的基本依据。图 5.35 所示为直流磁场下的磁化曲线和磁滞回线。图中标出了铁磁性材料的三个重要参数：M_r（B_r）、H_c（矫顽力）、M_s（饱和磁化强度，即当磁化到饱和时

M 的值）。

图 5.36 表示在相同频率下外磁场对磁滞回线的影响。随着磁场变化，磁滞回线的大小、形状都在变化。连接各回线的幅值（图中的 H_m、B_m）点得到一条通过原点的曲线，称换向磁化曲线或交流磁化曲线。

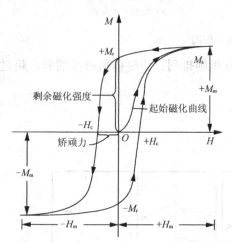

图 5.35　直流磁场下的磁化曲线和磁滞回线

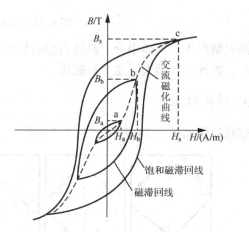

图 5.36　在相同频率下外磁场对磁滞回线的影响

5. 漏磁场

1）漏磁场的形成

所谓漏磁场，就是铁磁性材料磁化后，在不连续性处或磁路的截面变化处，磁感应线离开和进入表面时形成的磁场，如图 5.37 所示。

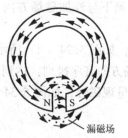

图 5.37　两磁极间漏磁场分布

漏磁场形成的原因是由于空气的磁导率远远低于铁磁性材料的磁导率。如果在磁化了的铁磁性工件上存在着不连续性或裂纹，则磁感应线优先通过磁导率高的工件，这就迫使部分磁感应线从缺陷下面绕过，形成磁感应线的压缩。但是，工件上这部分可容纳的磁感应线数目也是有限的，又由于同性磁感应线相斥，所以，部分磁感应线从不连续性中穿过，另一部分磁感应线遵从折射定律几乎从工件表面垂直地进入空气中去绕过缺陷又折回工件，形成了漏磁场。

2）缺陷的漏磁场分布

缺陷产生的漏磁场可以分解为水平分量 B_X 和垂直分量 B_Y，水平分量与工件表面平行，垂直分量与工件表面垂直。假设有一矩形缺陷，则在矩形中心，漏磁场的水平分量有极大值，并左右对称，而垂直分量为通过中心点的曲线，如图 5.38 所示。图 5.38（a）所示为水平分量，图 5.38（b）所示为垂直分量，如果将两个分量合成，则可得到如图 5.38（c）所示的漏磁场。

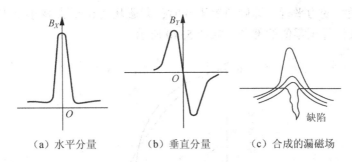

（a）水平分量　　　　（b）垂直分量　　　　（c）合成的漏磁场

图 5.38　缺陷的漏磁场分布

3）漏磁场对磁粉的作用力

漏磁场对磁粉的吸附可看成磁极的作用，如果有磁粉在磁极区通过，那么它将被磁化，也呈现出 N 极和 S 极，并沿着磁感应线排列起来。当磁粉的两极与漏磁场的两极互相作用时，漏磁场对磁粉微粒的作用力方向指向磁感应线最大密度区，即指向缺陷处，磁粉就会被吸附并加速移到缺陷上去，如图 5.39 所示。

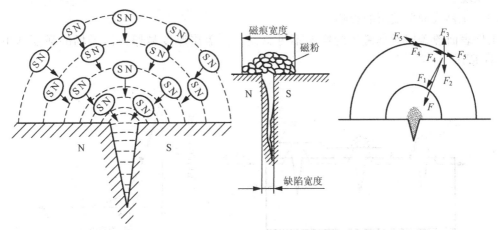

F_1—漏磁场磁力；F_2—重力；F_3—液体介质的悬浮力；F_4—磁力；F_5—静电力

图 5.39　磁粉受漏磁场吸引

漏磁场的宽度要比缺陷的实际宽度大数倍至数十倍，所以磁痕对缺陷具有放大作用，能将目视不可见的缺陷变成目视可见的磁痕使之容易观察出来。

4）影响漏磁场的因素

（1）外加磁场强度的影响

缺陷的漏磁场大小与工件磁化程度有关。一般来说，外加磁场强度一定要大于产生最大磁导率 μ_m 对应的磁场强度 $H_{\mu m}$，使磁导率减小，磁阻增大，漏磁场增大。

当铁磁性材料的磁感应强度达到饱和值的 80% 左右时，漏磁场便会迅速增大。

（2）缺陷位置及形状的影响

缺陷埋藏深度对漏磁场大小影响很大。同样的缺陷，位于工件表面时，产生的漏磁场大；位于工件的近表面时，产生的漏磁场显著减小；位于工件表面很深处时，则几乎没有漏磁场泄漏出工件表面。

缺陷方向对漏磁场也有影响。若缺陷垂直于磁场方向，则漏磁场最大，也最有利于缺陷的检出；若缺陷与磁场方向平行，则几乎不产生漏磁场；当缺陷与工件表面由垂直逐渐倾斜成某一角度，而最终变为平行，即倾角等于 0 时，漏磁场也由最大减小至零，下降曲线类似于正弦曲线由最大值降至零值的部分，如图 5.40 所示。

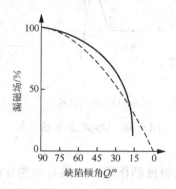

图 5.40　缺陷倾角对漏磁场的影响曲线

缺陷的深宽比也是影响漏磁场的一个重要因素，缺陷的深宽比越大，漏磁场越大，缺陷越容易发现。

（3）工件表面覆盖层的影响

工件表面覆盖层对漏磁场的影响不可忽视，覆盖层厚度越厚，漏磁场的强度越小，如图 5.41 所示。

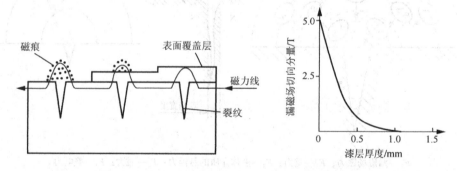

图 5.41　工件表面覆盖层对漏磁场的影响

（4）工件材料及状态的影响

工件材料和状态对工件缺陷的漏磁场的影响包括晶粒大小的影响、含碳量的影响、热处理的影响、合金元素的影响、冷加工的影响等。

5.4.3　磁化方法

1）磁场方向与发现缺陷的关系

磁粉检测的能力，取决于施加磁场的大小和缺陷的延伸方向，还与缺陷的位置、大小和形状等因素有关。工件磁化时，当磁场方向与缺陷延伸方向垂直时，缺陷处的漏磁场最大，检测灵敏度最高，如图 5.42 所示。

2）选择磁化方法应考虑的因素

选择磁化方法应考虑的因素有工件的尺寸大小、工件的外形结构、工件的表面状态、工件过去断裂的情况和各部位的应力分布。根据以上因素分析可能产生缺陷的部位和方向，选择合适的磁化方法。

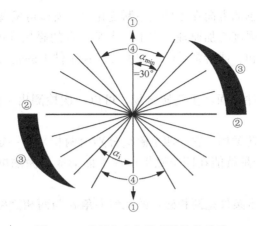

图 5.42　磁场方向与发现缺陷的关系

3）周向磁化方法

根据工件的几何形状、尺寸大小和为了发现缺陷而在工件上建立的磁场方向，将磁化方法一般分为周向磁化、纵向磁化和多向磁化（复合磁化）。周向磁化和多向磁化的分类分别如图 5.43 和图 5.44 所示。

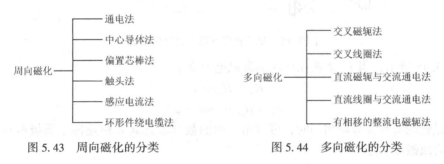

图 5.43　周向磁化的分类　　　　　　　图 5.44　多向磁化的分类

周向磁化是指给工件直接通电，或者使电流流过贯穿空心工件孔中的导体，在工件中建立一个环绕工件的并与工件轴垂直的周向闭合磁场，用于发现与工件轴平行的纵向缺陷，即与电流方向平行的缺陷。

轴向通电法，如果工件截面是圆形，则产生圆形磁场，长方形截面则产生椭圆形磁场，电流方向和磁场方向的关系遵从右手定则。另有直角通电法和夹钳通电法。

中心导体法（芯棒法）是感应磁化，可用于检查空心工件内、外表面与电流平行的纵向不连续性和端面的径向不连续性。

空心件用直接通电法不能检查内表面的不连续性，因为内表面的磁场强度为零，但用中心导体法能更清晰地发现工件内表面的缺陷，因为内表面比外表面具有更大的磁场强度。

导体材料一般用铜棒或铝棒，当采用钢棒时，应避免与工件接触而产生磁泄。

4）磁轭法

磁轭法是用固定式电磁轭两磁极夹住工件进行整体磁化，或用便携式电磁轭两磁极接触工件表面进行局部磁化，用于发现与两磁极连线垂直的不连续性。在磁轭法中，工件不闭合磁路的一部分，在磁极间对工件感应磁化，所以磁轭法也称为极间法，属于闭路磁化。

5）多向磁化

多向磁化，指通过复合磁化，在工件中产生一个大小和方向随时间成圆形、椭圆形或螺旋形变化的磁场。因为磁场的方向在工件上不断变化着，所以可发现工件上所有方向的缺陷。

多向磁化是根据磁场强度叠加原理，在工件中某一点的磁场强度等于几种磁化方法在该点分别产生的磁场的矢量和，或者是不同方向的磁场在工件上的轮流交替磁化。

（1）交叉磁轭法

使用交叉磁轭可在工件表面产生旋转磁场，可以一次检测出工件表面所有方向的缺陷，检测效率高。

交叉磁轭可以形成旋转磁场。它的四个磁极分别由两相具有一定相位差的正弦交变电流激磁，如图 5.45 所示，于是就能在四个磁极所在平面形成与激磁电流频率相等的旋转着的（合成）磁场。

能形成旋转磁场的基本条件是两相磁轭的几何夹角 α 与两相激磁电流的相位差 ϕ 均不等于 0°或 180°。

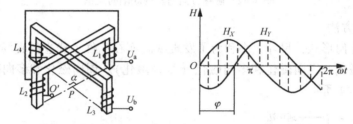

图 5.45　交叉磁轭可以形成旋转磁场

如图 5.45 所示，当 1、2 两相磁轭的激磁电流满足

$$H_X = H_m \sin \omega t \tag{5-34}$$

$$H_Y = H_m \sin(\omega t - \varphi) \tag{5-35}$$

而且两相磁轭的所有参数均相等时，可以用下面的数学表达式来描述四个磁极所在平面几何中心点的合成磁场轨迹。

$$\frac{H_X^2}{\left(2H_m \cos \dfrac{\alpha}{2} \cdot \cos \dfrac{\phi}{2}\right)^2} + \frac{H_Y^2}{\left(2H_m \cos \dfrac{\alpha}{2} \cdot \cos \dfrac{\phi}{2}\right)^2} = 1 \tag{5-36}$$

式中，H_X 为合成磁场在 X 轴方向的分量；H_Y 为合成磁场在 Y 轴方向的分量；H_m 为 H_X 与 H_Y 的峰值；α 为两相磁轭的几何夹角；ϕ 为两相磁轭激磁电流的相位差。

当两相磁轭的几何夹角 α 与两相磁轭激磁电流的相位差 ϕ 均为 90°时，在磁极所在面的几何中心点将形成圆形旋转磁场，即一个周期内其合成磁场轨迹为圆，如图 5.46 所示，而且其幅值始终与 H_m 相等，这就是为什么使用交叉磁轭一次磁化操作就能发现任何方向缺陷的原因。

（2）旋转磁场的形成及其分布规律

① 旋转磁场形成的几何模型

只有具备一定条件，才能在两个正弦交变磁场同时存在的情况下形成旋转磁场。由于磁场是矢量，而且磁力线是不能交叉的，当同一位置存在两个磁场时，其合成磁场是由两个磁场矢量叠加的结果。而正弦交变磁场的大小和方向是随时间而变化的，要想求出某一点的合成磁场，只能按照两个正弦交变磁场在某相位时，各自形成的磁场方向和大小进行矢量叠加，从而求出其瞬时的合成磁场的方向和大小。如果求出若干个不同瞬时（相位）的合成磁场，那么就能描绘出旋转磁场的形成过程。

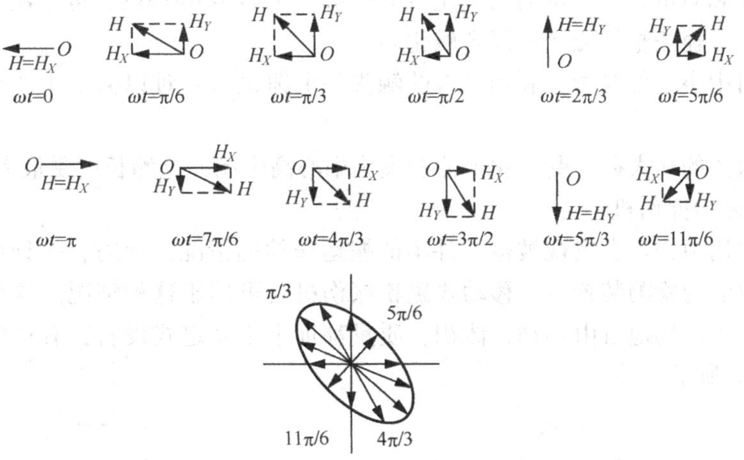

$H=H_X$ $\omega t=0$ $\omega t=\pi/6$ $\omega t=\pi/3$ $\omega t=\pi/2$ $\omega t=2\pi/3$ $\omega t=5\pi/6$

$\omega t=\pi$ $\omega t=7\pi/6$ $\omega t=4\pi/3$ $\omega t=3\pi/2$ $\omega t=5\pi/3$ $\omega t=11\pi/6$

图 5.46　交叉磁轭产生的旋转磁场

② 影响旋转磁场形成的因素及磁场分布

产生旋转磁场的必要条件：一是两相正弦交变磁场必须形成一定的夹角，二是两相交流电必须具有一定的相位差。

评价旋转磁场，通常利用四个磁极所在平面的几何中心点形成的旋转磁场形状进行描述。例如，当两相磁轭的几何夹角 $\alpha=90°$ 且两相激磁电流的相位差 $\phi=90°$ 时，几何中心点就能形成圆形旋转磁场且当 $\alpha\neq90°$ 且 $\phi\neq90°$ 时（但是 $\alpha\neq0°$、$180°$、$\phi\neq0°$、$180°$）将形成椭圆形旋转磁场。从使用角度来说，圆形旋转磁场对各方向缺陷的检测灵敏度趋于一致，而椭圆形旋转磁场则较差，只有在激磁规范足够大时才能确保各方向的检测灵敏度。

只是在几何中心点附近才有标准的旋转磁场存在，其余各处都变形。四个磁极外侧仍然有旋转磁场形成，只是有效磁化范围比较小，但激磁规范足够大时仍然可以检测缺陷。

5.4.4　磁粉检测设备

1. 磁粉检测设备分类

磁粉检测设备又称为磁粉探伤机，磁粉探伤机种类繁多，用途各异，但都由主体装置和附属装置所组成。主体装置也称为磁化装置，有多种形式，如降压变压器式、蓄电器充放电式、可控硅控制单脉冲式、电磁铁和交叉线圈式。附属装置主要包括退磁装置、工件夹持装置、磁悬液喷洒装置、剩磁测定装置和缺陷图像观察装置等。

磁粉探伤机通常按其使用方法分为固定式、移动式和便携式三类。

1）固定式磁粉探伤机

固定式磁粉探伤机也称为卧式磁粉探伤机，这类设备固定在探伤室、实验室场合使用，其整机尺寸和质量都比较大，可对被检工件分别实施周向磁化、纵向磁化和周向纵向联合磁化，还可进行交流或直流退磁，如图 5.47 所示。

常见固定式磁粉探伤机两磁化卡头间最大距离从 1m 到 4.5m。该类设备可进行周向磁化、纵向磁化，有些还可进行复合磁化。该类设备可分别进行交流或直流退磁，或交直流全自动退磁。设备上均装有磁悬液循环和喷洒装置，有的还配有支杆触头，通过软电缆连接，软电缆另外还可实行绕电缆法探伤。

特点：体积和质量大，额定周向磁化电流一般为 1000～10000A，可采用通电法、中心导体法、线圈法、磁轭法整体磁化或复合磁化等。

适用性：对中小工件检测，利用备有的触头和电缆也可对难以搬上工作台的大型工件进行探伤。

局限性：检测的最大截面受磁化电流和夹头中心高限制，检测长度受最大夹头间距限制。

2）移动式磁粉探伤机

在大量的应用中，常会出现被检工件不能搬运送检的情况，此时，一种可移动的、并能提供较大磁化电流的检测装置——移动式磁粉探伤机就可用于这种情况。这种设备可借助小车等运输工具在工作场地自由移动，体积、质量都远小于固定式设备，有良好的机动性和适应性，如图 5.48 所示。

图 5.47　固定式磁粉探伤机

图 5.48　移动式磁粉探伤机

特点：额定周向磁化电流一般为 500～8000A，主体为磁化电源，可提供交流和单相半波整流电的磁化电流。

适用性：借助运输工具运至现场可对大型工件探伤。

3）便携式磁粉探伤机

便携式磁粉探伤机体积和质量小，也称为手提式磁粉探伤机，如图 5.49 所示。这种设备的机动性、适应性最强，可用于各种现场作业，如锅炉、压力容器的内外探伤，飞机的现场维护检查，立体管道的检查，乃至高空、水下作业等。

图 5.49　便携式磁粉探伤机

特点：体积和质量小。

适用性：可用于各种现场作业，特别适合于野外和高空作业，是特种设备检测的最常用仪器。

2. 设备的命名方法

根据国家专业标准 ZBN 70001 的规定，磁粉探伤机应按以下方式命名。

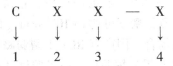

第1部分——C，代表磁粉探伤机。
第2部分——字母，代表磁粉探伤机的磁化方式。
第3部分——字母，代表磁粉探伤机的结构形式。
第4部分——数字或字母，代表磁粉探伤机的最大磁化电流或探头形式。
磁粉探伤机的命名规定如表5.3所示。

表 5.3　磁粉探伤机的命名规定

第1个字母	第2个字母	第3个字母	第4个字母	代 表 含 义
C				磁粉探伤机
	J			交流
	D			多功能
	E			交直流
	Z			直流
	X			旋转磁场
	B			半波脉冲直流
	Q			全波脉冲直流
		X		携带式
		D		移动式
		W		固定式
		E		磁轭式
		G		荧光磁粉探伤
		Q		超低频退磁
			如 1000	最大周向磁化电流为1000A

例如，CJW—4000 型为交流固定式磁粉探伤机，最大周向磁化电流为4000A；CZQ—6000 型为超低频退磁直流磁粉探伤机，最大周向磁化电流为6000A。

3. 磁粉检测测量仪器

（1）特斯拉计（高斯计）：利用霍尔效应制造的、用霍尔元件做成的测量磁场强度的仪器。测量时要转动探头，使指示值最大，读数才正确。常用仪器有 GD—3 型（高斯计）和 CT—3 型（毫特斯计）。

（2）袖珍式场强计（磁场强度计）：利用力矩原理做成的简易测磁计，主要用于测退磁后的剩磁大小。常用仪器有 XCJ—A 型（精度为 0.1mT）、XCJ—B 型（精度为 0.1mT）和

XCJ—C 型（精度为 0.05mT）。在非均匀磁场中，场强计的格数只反映了磁场的强弱程度，不代表具体的值。

（3）磁化电流表：在磁粉设备上表征磁场强度的电流值，至少半年校验一次。

（4）弱磁场测量仪：其基本原理基于磁通门探头，它具有两种探头，均匀磁场探头和梯度探头。这是一种高精度仪器，测量精度可达 $8×10^{-4}$A/m（$10^{-5}O_e$），对磁粉检测来说，仅用于要求工件退磁后的剩磁极小的场合。国产有 RC—1 型弱磁场测量仪。

（5）照度计：有白光照度计和黑光辐照计。白光照度计用于测量被检工件表面的白光照度。常用仪器有两种：①ST—85 型，量程为 $0～1999×10^{2}$lx，分辨力为 0.1lx；②ST—80（C）型，量程为 $0～1.999×10^{5}$lx，分辨力为 0.1lx。黑光辐照计用于测量波长为 320～400nm、中心波长为 365nm 的黑光辐照度。常用仪器为 UV—A 型，量程为 $0～199.9$mw/cm^2，分辨力为 0.1mw/cm^2。表面上一点的辐照度是入射在包含该点的面元上的辐射通量除以该面元面积之商，单位是 W/m^2（瓦[特]/米^2）。

（6）快速断电试验器：为了检测三相全波整流电磁化线圈有无快速断电效应，可采用快速断电试验器进行测试。

（7）磁粉吸附仪：用于检定和测试磁粉的磁吸附性能，来表征磁粉的磁特性和磁导率大小。常用仪器为 CXY 型磁粉吸附仪。

（8）通电时间测量器：可用通电时间控制器（如袖珍式电秒表），用于测量通电磁化时间。

5.4.5 磁粉检测材料

1. 磁粉

1）磁粉的种类

按磁痕观察分类，磁粉可分为荧光磁粉和非荧光磁粉；按施加方式分类，磁粉可分为湿法磁粉和干法磁粉。

荧光磁粉是以磁性氧化铁粉、工业纯铁粉或羰基铁粉为核心，在铁粉外面用树脂粘附一层荧光染料而制成的。荧光磁粉发出的 510～550nm 黄绿荧光，是人眼最敏感的光，其对比度很高，从而可见度也高。纯白和纯黑在明亮环境中的对比系数为 25：1，而黑暗中荧光的对比系数可达 1000：1。荧光磁粉的荧光现象如图 5.50 所示。荧光磁粉一般只适于湿法。

图 5.50　荧光磁粉的荧光现象

非荧光磁粉包括四氧化三铁黑磁粉、三氧化二铁红磁粉、以工业纯铁粉为原料粘附其他颜料的有色磁粉（如白磁粉等）、JCM 系列空心磁粉（铁、铬、铝的复合氧化物，用于高温）共四种。前两种既适于湿法也适于干法，后两种只用于干法。

2）磁粉的性能

（1）磁性。磁粉被磁场吸引的能力称为磁粉的磁性，它直接影响缺陷处磁痕的形成能力。磁粉应具有高磁导率（易被吸附）、低矫顽力（易分散流动）、低剩磁（易分散流动）。

（2）粒度。磁粉的粒度就是磁粉颗粒的大小。粒度细小的磁粉悬浮性好，容易被小缺陷产生的漏磁场磁化和吸附，形成的磁痕显示线条清晰，定位准确。所以，检测工件表面微小缺陷时，宜选用粒度细小的磁粉；检测大缺陷时，宜选用粒度较大一点的磁粉。

（3）形状。要保证磁粉有好的磁吸附性能和流动性能。理想的磁粉应由一定比例的条形、球形磁粉和其他形状的磁粉混合。

（4）流动性。探伤时，磁粉的流动性要好。直流电不利于磁粉的流动，故直流电不适于干法；湿法时，磁粉的流动靠载液带动，故直交流电均可。

（5）密度。磁粉密度对磁吸附性、悬浮性、流动性有影响。湿磁粉（黑、红）密度约为 $4.5 g/cm^3$，干磁粉密度约为 $8 g/cm^3$，荧光磁粉与其组成成分有关。

（6）识别度。这指磁粉的光学性能，包括颜色、荧光亮度、与工件表面颜色的对比度。

2. 载液、磁悬液及其他

1）载液

用来悬浮磁粉的液体称为载液。载液分为油基载液、水载液、乙醇载液（橡胶铸型法）。

（1）油基载液（煤油）。油基载液具有低黏度、高闪点、无荧光、无臭味和无毒性等特点。在一定的使用温度范围内，尤其在较低温度下，若油的黏度小，则磁悬液流动性好，检测灵敏度高。

（2）水载液（添加了润湿剂、防锈油的水）。水载液具有润湿性、分散性、防锈性、消泡性、稳定性。水载磁悬液流动性好，成本低，但黏度小，灵敏度低，适用于一般性要求不高的设备磁粉检测；油载磁悬液黏度高，表面润湿性好，流动性亦较好，但难以清洗，适用于要求稍高的压力容器磁粉检测。

（3）橡胶铸型法。橡胶铸型法是对缺陷磁痕采用室温硫化硅橡胶加固化剂形成的橡胶铸型进行复制，对复制在橡胶铸型上的磁痕进行分析。

2）磁悬液

磁悬液为磁粉和载液按一定比例混合而成的悬浮液体。磁悬液浓度包括配制浓度和沉淀浓度。配制浓度是指每升磁悬液中所含磁粉的质量，单位为 g/L，主要用于不回收的磁悬液。沉淀浓度是指每 100mL 磁悬液中沉淀出磁粉的体积，单位为 mL/100mL，主要用于循环使用的磁悬液。

磁悬液浓度对显示缺陷的灵敏度影响很大，浓度不同，检测灵敏度也不同。浓度太低，影响漏磁场对磁粉的吸附量，磁痕不清晰会使缺陷漏检；浓度太高，会在工件表面滞留很多磁粉，形成过度背景，甚至会掩盖相关显示。磁悬液浓度配置如表 5.4 所示。

表 5.4　磁悬液浓度配置

磁粉类型	配制浓度（g/L）	沉淀浓度（含固体量，mL/100mL）
非荧光磁粉	10~25	1.2~2.4
荧光磁粉	0.5~3.0	0.1~0.4

橡胶铸型法非荧光磁悬液配制浓度推荐为 4~5g/L。

磁悬液配制方法包括水磁悬液和油磁悬液的配制方法。

（1）水磁悬液的配制方法。第一步：将少量的水加入称好的分散剂（水）中，搅拌均匀。第二步：将称好的荧光磁粉倒入与少量水混合的分散剂里，将磁粉全部润湿，搅拌成均匀的糊状。第三步：在徐徐搅拌中加入其余的水量，充分搅拌混合。

（2）油磁悬液的配制方法。第一步：将称好的无味煤油取出少许与磁粉混合，将磁粉全部润湿，搅拌成均匀的糊状。第二步：边搅拌边加入剩余的无味煤油，并充分混合。

3）反差增强剂

反差增强剂是由丙酮、稀释剂、火棉胶、氧化锌粉混合而成的，它是为了提高缺陷磁痕与工件表面颜色的对比度，一般为一层 25~45μm 的白色薄膜。

施加方式有三种，分别为浸涂、刷涂、喷涂。

使用环境：背景不好，或为了检查细小缺陷、应力腐蚀裂纹等。

4）标准试片

（1）标准试片的作用

标准试片的作用主要有以下几个方面。

① 检验设备、磁粉、磁悬液的综合性能（系统灵敏度）。

② 检测磁场方向、有效磁化范围、大致的磁场强度。

③ 考查所用的探伤工艺和操作方法是否妥当。

④ 确定磁化规范。

（2）标准试片的分类

标准试片由 DT4 电磁软铁（低碳纯铁）板制成。常用标准试片分为 A1 型、C 型、D 型、M1 型四种。在所有试片的型号名称中，分数分子代表人工缺陷槽的深度，分母表示试片的厚度，单位为 μm。标准试片的分类和规格如表 5.5 所示。

表 5.5　标准试片的分类和规格

类　　型	规格：缺陷槽深/试片厚度（μm）	图形和尺寸（mm）
A1 型	A1—7/50	
	A1—15/50	
	A1—30/50	
	A1—15/100	
	A1—30/100	
	A1—60/100	
C 型	C—8/50	
	C—15/50	
D 型	D—7/50	
	D—15/50	

类　型	规格：缺陷槽深/试片厚度（μm）		图形和尺寸（mm）
M1 型	φ12mm	M1—7/50	M1 ... 20 / 20 / 7/50
	φ9mm	M1—15/50	
	φ6mm	M1—30/50	

注：C 型标准试片可剪成 5 个小试片分别使用。

① A1 型试片。A1 型试片由退火电磁软铁制造，磁导率较高，用较小磁场就可磁化。它又分为 A1—7/50、A1—15/50、A1—30/50、A1—15/100、A1—30/100、A1—60/100 六种规格，其大小为 20mm×20mm，其中 A1—30/100 规格为常用。

② C 型试片。C 型试片所用材料与 A1 型试片相同，由退火电磁软铁制造。它又分为 C—8/50、C—15/50 两种规格，其大小为 10mm×25mm（5mm/块×5 块），其中 C-15/50 规格为常用。C 型试片是当 A1 型试片使用不方便时采用的，在某种程度上是代替 A1 型试片，如焊缝坡口检测。

③ D 型试片。D 型试片可认为是小型的 A1 型试片。它又分为 D—7/50、D—15/50 两种规格，其大小为 10mm×10mm。D 型试片也是当 A1 型试片使用不方便时为了更准确地推断被检工件表面的磁化状态使用的。

④ M1 型试片。M1 型试片属于多功能试片，由三个深度不同而间隔相等的同心圆人工刻槽组成。磁痕显示差异直观，能更准确地推断出被检工件表面的磁化状态。它又分为 M1—7/50、M1—15/50、M1—30/50 三种规格，其大小为 20mm×20mm。

（3）标准试片使用的注意事项

使用标准试片需要注意以下几个方面。

① 试片只适用于连续法检测，不适用于剩磁法检测。

② 根据工件探伤面的大小和形状，选取合适的试片类型。

③ 使用试片前，应用溶剂清洗。工件表面应打磨平，并除去油污。

④ 试片表面锈蚀或有褶纹时，不得继续使用。

⑤ 将试片有槽的一面与工件受检面接触，用透明胶纸靠试片边缘（间隙应小于 0.1mm），但透明胶纸不得盖住有槽的部位。

⑥ 根据工件探伤所需的有效磁场强度，选取不同灵敏度的试片。需要有效磁场强度较小时，选用分数值较大的低灵敏度试片；需要有效磁场强度较大时，选用分数值较小的高灵敏度试片。

⑦ 也可选用多个试片，同时分别贴在工件上不同的部位，可看出工件磁化后，被检表面不同部位的磁化状态或灵敏度的差异。

⑧ M1 型多功能试片是将三个槽深各异而间隔相等的人工刻槽以同心圆式做在同一试片上，其三种槽深分别与 A1 型试片的三种型号的槽深相同，一片多用，磁痕显示差异很直观，能更准确地推断出被检工件表面的磁化状态。

⑨ 用完试片后，可用溶剂清洗并擦干。干燥后涂上防锈油，放回原装片袋保存。

5）标准试块

标准试块的作用主要是检验设备、磁粉、磁悬液的综合性能（系统灵敏度），以及考查所用的探伤工艺和操作方法是否妥当。但不能确定被检工件的磁化规范，包括磁场方向、有效磁化范围、磁场强度大小及分布，只能对上述参数粗略校验。

常用标准试块分为 B 型试块（直流标准环形试块）、E 型试块（交流标准环形试块）、磁场指示器和自然缺陷标准样件四种。

（1）B 型试块（直流标准环形试块）。该试块由铬工具钢钨锰制成，硬度为 90～95HRB。B 型试块端面钻有 12 个人工通孔，其直径为 0.07 英寸（约等于 1.778mm），每孔距外圆表面距离依次递加 0.07 英寸，如图 5.51 所示。磁化时，检查应达到灵敏度要求的最少孔数。该试块用中心导体法、直流磁化、连续法检查。

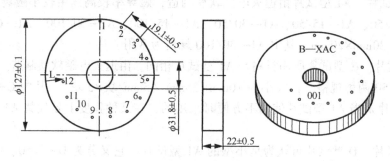

图 5.51　国家标准 B 型试块的形状和要求

（2）E 型试块（交流标准环形试块）。该试块是个组合件，它由钢环、胶木衬套和铜棒组成，如图 5.52 所示。钢环由低碳钢（一般退火的 10#钢锻件）制成，钢环上钻有 3 个直径为 1mm 的通孔，孔中心距铜棒中心的距离分别为 23.5mm、23mm、22.5mm。使用时，将铜棒夹在交流探伤机的电极夹头间，磁化时观察钢环外表面的磁痕显示。

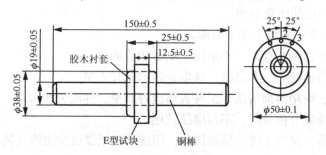

图 5.52　国家标准 E 型试块的形状和要求

（3）磁场指示器。磁场指示器又称八角试块，是 8 块低碳钢三角形薄片（3.2mm）与

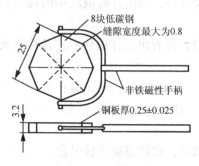

图 5.53　磁场指示器

0.25mm 的铜片焊在一起构成的，如图 5.53 所示。它的用途与 A1 型试片类似，但它是一种粗略的校验工具，粗略校验被检工件表面的磁场方向、有效磁化区及磁化方法是否正确，使用连续法。使用时，将铜面朝上，碳钢面贴近被检工件面。

（4）自然缺陷标准样件。自然缺陷标准样件一般是在以往的磁粉检测中发现的，其材料、状态和外形具有代表性。自然缺陷标准样件的使用应经Ⅲ级人员同意。Ⅲ级人员主要是指持有Ⅲ级资格证的技术负责人或责任工程师。

5.4.6 磁粉检测的应用

1. 焊接件的磁粉检测

1) 焊接过程中的磁粉检测

焊接过程中的磁粉检测主要包括以下几个方面。

（1）层间检测：在焊接的中间过程中，每焊一层用磁粉检测进行一次检测，检测范围是焊缝金属及临近的坡口，发现缺陷后将其除掉。中间过程检测时，由于工件温度较高，不能采用湿法，应该采用高温磁粉干法进行。磁化电流最好采用半波整流电。

（2）电弧气刨面的检测：电弧气刨面检测的目的是检查电弧气刨造成的表面增碳导致产生的裂纹，检测范围应包括电弧气刨面和邻近的坡口。

（3）焊缝表面质量的磁粉检测：焊缝表面质量检测的目的主要是检测焊接裂纹等焊接缺陷，检测范围应包括焊缝金属及母材热影响区。热影响区的宽度大约为焊缝宽度的一半，因此要求检测的宽度应为两倍焊缝宽度。

（4）机械损伤部位的磁粉检测：焊接结构在组装过程中，往往需要在焊接部件的某些位置焊上临时性的吊耳和卡具，施焊完毕后要割掉，这些部位有可能产生裂纹，需要检测。

2) 带摇臂轴的磁粉检测

带摇臂轴是飞机上的重要受力件（如图5.54所示），材料为30CrMnSiNi2A，焊接后进行热处理。

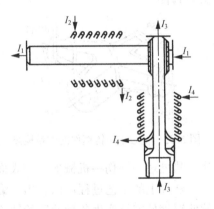

图5.54 带摇臂轴

带摇臂轴磁粉检测的主要程序如下。

（1）焊接前，对摇臂和轴分别进行通电法周向磁化和线圈法纵向磁化，合格后再焊接。

（2）焊接后，在固定式磁粉探伤机上进行两次通电法周向磁化，并用湿连续法检测焊缝及热影响区。

（3）工件热处理后，在固定式磁粉探伤机上进行两次通电法周向磁化，并在线圈内进行两次纵向磁化，用湿剩磁法检测焊缝及整个工件表面。

（4）根据磁痕显示，对焊缝质量进行等级评定。

（5）检测合格后，对工件退磁、标志、记录。

3) 球形压力容器的磁粉检测

球形压力容器磁粉检测的主要程序如下。

（1）检查前，应将球罐检测部位分区并注上编号，标注在球罐展开图上。

（2）预处理时，将焊缝表面的焊接波纹及热影响区表面上的飞溅物用砂轮打磨平整，不允许有凹凸不平和浮锈。

（3）采用交叉磁轭旋转磁场法进行磁化。检测时，注意磁极端面与工件表面之间应保持一定间隙但不宜过大，以使磁轭能在工件上移动行走又不会产生较大的漏磁场。

（4）施加磁悬液，采用水磁悬液，浓度为15g/L，其他添加剂按规定比例均匀混合。磁悬液在通入磁化电流的同时施加，停施磁悬液至少1s后才可停止磁化。

（5）对磁痕进行分析、评定，按照相关标准的规定及按照验收技术文件进行记录和发放检测报告。

2. 大型铸锻件的磁粉检测

1) 铸钢件的磁粉检测

大型铸钢件通常采用支杆法或磁轭法并用干磁粉进行检测。检测时主要注意以下几个问题。

（1）不论用支杆磁化还是用磁轭磁化，每次都应有少量重叠，并进行两次互相垂直方向的磁化和检测。

（2）喷洒磁粉不要太急太快，否则会冲走已形成的显示或无法在不连续处集聚磁粉。

（3）铸钢件由于内应力影响，有些裂纹延迟开裂，所以铸后不宜立即检测，而应等一两天再检测。

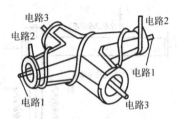

图 5.55 空心十字铸钢件的磁粉检测

空心十字铸钢件的磁粉检测：根据工件的结构特点，为了发现各个方向的缺陷，采用的磁化方法是使用两次中心导体法周向磁化，并使用两次绕电缆法纵向磁化，如图 5.55 所示。磁化电流可采用交流电或整流电。根据钢材磁特性可采用连续法或剩磁法，用湿法检测。

2) 锻钢件的磁粉检测

锻钢件的工艺过程一般为：下料→加热→锻造→探伤→热处理→探伤→机械加工→表面热处理→机械加工→最终探伤→成品。

从以上的工艺过程可以看出，锻钢件经历了冷热加工工序，而且多数工件形状复杂，这就使锻钢件容易产生各种性质的缺陷。

锻钢件产生的缺陷主要有锻造裂纹、锻造折叠、淬火裂纹、磨削及矫正裂纹等，在使用过程中还可能产生应力疲劳引起的裂纹。

（1）曲轴的磁粉检测

曲轴有模锻和自由锻两种，以模锻为多。由于曲轴形状复杂且有一定的长度，一般采用连续法轴通电方法进行周向磁化，线圈分段纵向磁化，如图 5.56 所示。

（2）塔形试样的磁粉检测

塔形试样是用于抽样检测钢棒和钢管原材料缺陷的试验件，磁粉检测的主要目的是检查发纹和非金属夹杂物。塔形试样的磁粉检测如图 5.57 所示。

塔形试样磁粉检测时的工艺要点如下。

① 发纹都是沿轴向或成一夹角，所以只进行轴向通电法检测。

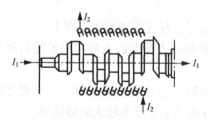

图 5.56 曲轴的磁粉检测

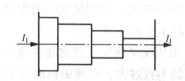

图 5.57 塔形试样的磁粉检测

② 塔形试样都是在热处理前检测，所以采用湿式连续法。

③ 磁化电流可按各台阶的直径分别计算，磁化和检测的顺序是从最小直径到最大直径，逐阶磁化检测，也可按最大直径选择电流检测塔形的所有表面，若发现缺陷，则再按相应直径规定的磁化电流磁化和检测。

（3）在役与维修件的磁粉检测

① 在役与维修件磁粉检测的特点

在役与维修件磁粉检测有以下几个特点。

a. 维修件检测的目的主要是为了检查疲劳裂纹和应力腐蚀裂纹，所以检测前，要充分了解工件在使用中的受力状态、应力集中部位、易开裂部位及裂纹的方向。

b. 疲劳裂纹一般出现在应力最大部位，因此，在许多情况下，只需要进行局部检测。

c. 用磁粉检测时，常用触头法、磁轭法、线圈（及电缆）法等，小的工件也可用固定式磁粉探伤机进行检测。

d. 对一些不可接近或视力不可达部位的检测，可以采用其他检测方法辅助进行。

e. 有覆盖层的工件，根据实际情况采用特殊工艺或去掉覆盖层后进行检测。

f. 磁粉检测后往往需要记录磁痕，定期检查原来就有磁痕的部位，以观察疲劳裂纹的扩展。

② 飞机大梁螺栓孔的磁粉检测

飞机大梁螺栓孔容易在飞机服役过程中产生疲劳裂纹，裂纹的方向与孔的轴线平行，集中出现在孔的受力部位。在飞机定期检测中，对于螺栓孔多采用磁粉检测-橡胶铸型法来检查疲劳裂纹，检测流程如下。

a. 预处理。将螺栓分解下来，用 000 号砂布装到手电钻上对孔壁进行打磨，直到没有任何锈蚀痕迹，然后用干抹布将孔擦拭干净。

b. 磁化工件。用中心导体法磁化螺栓孔，将铜棒穿入孔中，电流取 $I=40D$。

c. 施加磁悬液。用手指堵住孔的底部，将黑色磁粉与无水乙醇配制的磁悬液注入孔内，直至注满，停留 10s 左右，待磁痕形成后，让磁悬液流掉，再用无水乙醇漂洗掉内壁的多余磁粉。

d. 进行橡胶铸型。让孔壁彻底干燥，用胶布或软木塞等将孔的下部堵住，将加入硫化剂的室温硫化硅橡胶注入孔中，直至灌满。

e. 取出铸型。橡胶固化后，可从孔的上端或下端将橡胶铸型拔出，或从孔的底部轻轻地顶出。

f. 观察磁痕。在良好的光线下用 10 倍放大镜检查橡胶铸件，或在实体显微镜下观察。

g. 退磁。

5.5　渗　透　检　测

5.5.1　渗透检测简介

1. 渗透检测的定义

渗透检测是以毛细管作用原理为基础的检查表面开口缺陷的一种常规的无损检测方法。

2. 渗透检测的工作原理

渗透检测的工作原理：零件表面被施加含有荧光染料或着色染料的渗透液后，在毛细管作用下，经过一定时间的渗透，渗透液可以渗进表面开口缺陷中，然后去除零件表面多余的渗透液并干燥后，再在零件表面施加显像剂，同样，在毛细管作用下，显像剂将吸引缺陷中的渗透液，即渗透液回渗到显像剂中，在一定的光源（黑光或白光）下，缺陷处的渗透液痕迹被显示（黄绿色荧光或红色），从而检测出缺陷的形貌及分布状态。

渗透检测涉及的物理基础知识包括液体分子间作用力、表面张力、弯曲液面附加压强、毛细管现象。

采用渗透检测可以检查金属、非金属零件或材料的表面开口缺陷，如裂纹、气孔、分层、缩孔、疏松、冷隔、折叠及其他开口于表面的缺陷，也可检测工件，如铸件、锻件、粉末冶金件、焊接件及各种陶瓷、塑料和玻璃制品等。

3. 渗透检测的优点及局限性

1) 渗透检测的优点

（1）不受被检试件几何形状、尺寸大小、化学成分和内部组织结构的限制，也不受缺陷方位的限制，一次操作可同时检验开口于表面的所有缺陷。

（2）不需要特别昂贵和复杂的电子设备和器械，可以以最小的投资用于检测各类材料和试件的表面缺陷，取得可观的经济效益。

（3）检测的速度快，操作比较简便，大量的零件可以同时进行批量检测。

（4）缺陷显示直观，检测灵敏度高。

2) 渗透检测的局限性

（1）只能检测出试件开口于表面的缺陷，不能显示缺陷的深度及缺陷内部的形状和大小。

（2）无法或难以检测多孔的材料，表面粗糙时，也会使试件表面本底颜色或荧光底色增强，以致掩盖了细小的、分散的缺陷。

（3）由于工序多，难以定量地控制检测操作程序，多凭检测人员的经验、认真程度和视力的敏锐程度。

（4）荧光检测时，需要配备黑光灯和暗室，无法在没有电力和暗室的环境下工作。

4. 渗透检测方法

1) 渗透检测方法的分类

（1）按渗透剂类型来分，渗透检测分为荧光渗透检测和着色渗透检测。

（2）按方法来分，渗透检测分为水洗型渗透检测、后乳化型（亲油的）渗透检测、溶剂去除型渗透检测和自乳化型（亲水的）渗透检测。

渗透检测的种类、适用范围和优缺点如表 5.6 所示。

表 5.6　渗透检测的种类、适用范围和优缺点

类　　型	着色渗透检测		荧光渗透检测	
	适用范围和优点	缺　　点	适用范围和优点	缺　　点
自乳化型	适用于检测表面粗糙的工件，不需暗室和紫外线光源，操作简便，成本低	灵敏度较低	最常用，适用于检测表面较粗糙的工件，清洗简便，适用于中小件批量检测	灵敏度较低，使用条件受限制，渗透液中不能混入水
水洗型	适用于检测不能接触油类的工件	灵敏度很低	适用于检测不能接触油类的工件	灵敏度很低
后乳化型	应用较广，具有高灵敏度，不需暗室和紫外线光源，适用于检测较精密工件	多一道乳化工序	灵敏度最高，适用于检测精密工件，渗透液中若混入少量水分对渗透性能影响不大，且挥发性小，能检测出极细微裂纹和宽而浅的缺陷	多一道乳化工序，不适用于检测表面较粗糙的工件，其应用受设备等条件的限制
溶剂去除型	应用较广，特别是使用制式喷罐，可简化操作，适用于大型工件的局部检测	若无喷罐清洗时，则手工操作不易掌握，不适用于大批量生产，成本较高	灵敏度较高，使用喷罐时，可对大型工件进行局部检测，适用于检测疲劳裂纹等细小裂纹	若无喷罐清洗时，则手工操作不易掌握，不适用于表面较粗糙的工件和批量工件的检测，成本较高

2) 各种渗透检测方法的优缺点

着色渗透检测只需在白光或日光下进行，在没有电源的场合下也能工作；荧光渗透检测需要配备黑光灯和暗室，无法在没电的场合下工作。

水洗型渗透检测适用于检测表面较粗糙的零件（铸造件、螺栓、齿轮、键槽等），操作简便，成本较低，特别适用于批量零件的渗透检测。而水基渗透液可以检测不能接触油类的特殊零件（液氧容器）。

后乳化型渗透检测适用于检测表面光洁、灵敏度要求高的零件，如发动机涡轮片、涡轮盘等，特别是后乳化型荧光法配合速干式显像被认为是灵敏度最高的一种渗透检测方法。

溶剂去除型着色法由于可以在没有水和电的场合使用，因而应用非常广泛，特别是喷罐使用，可简化操作，适用于大型零件的局部检测（如锅炉、压力容器的焊缝检测等）。该法成本较高，不适用于大批量零件的渗透检测。

5.5.2　渗透检测的相关知识

1. 表面张力

自然界存在三种物质形态：气态、液态和固态。人们习惯于把有气相参与组成的相界面叫作表面，其他的相界面称为界面。因此，常称液–气界面为液体表面，称固–气界面为固体表面。在液–气界面，把跟气体接触的液体薄层称为表面层。在液–固界面，把跟固体接触的液体薄层称为附着层。

表面层的分子，一方面受到液体内部分子的作用，另一方面受到气体分子的作用。附着层的分子，一方面受到液体内部分子的作用，另一方面受到固体分子的作用。

在体积一定的几何形体中，球体的表面积最小。因此，一定量的液体从其他形状变为球形时，就伴随着表面积的减小。另外，液膜也有自动收缩的现象。这些都说明液体表面有收缩到最小面积的趋势，这是液体表面最基本的特性。

根据力学知识，液体能够从其他形状变为球形是由于有力的作用。把这种存在于液体表面，使液体表面收缩的力称为液体的表面张力。表面张力一般用表面张力系数表示。

表面张力系数 α 为任意单位长度上的收缩表面的力，也常称为表面张力。它和液体表面相切且垂直于液体边界。它是液体的基本性质之一，以牛顿/米（N/m）为单位。

一定成分的液体，在一定的温度下有一定的表面张力系数 α 值。不同的液体，α 值是不同的。一般液体的 α 值随温度上升而减小，少数金属熔融液体（铜、镉）的表面张力系数随温度上升而增大。容易挥发的液体，其表面张力系数更小，含有杂质的 α 值也小。

每一个到液体表面的距离小于分子作用半径 r 的分子，都受到一个指向液体内部的力的作用，而这些分子组成的表面层，即由表面分子及近表面分子组成的液体表面层，都受到垂直于液面而且指向液体内部的力的作用。这种作用力就是液体表面层对整个液体施加的压力，其实质是液体分子间的作用力。液体表面越小，受到这种力作用的分子数目越少，系统的能量相应越低，系统就越稳定。因此，液体表面有自行收缩的趋势。另外，处于液体表面的分子，分布比较稀疏，表面分子间存在互相吸引的力，这样，就使得液体表面能够实现自行收缩。这些就是液体表面张力产生的机理。因此，液体分子间的相互作用力是表面张力产生的根本原因。

表面过剩自由能是单位面积表面分子的自由能与单位面积内部分子的自由能的差值。

表面张力系数是单位液体表面的过剩自由能，常称为表面过剩自由能，它是将液体表面扩大（缩小）单位面积，表面张力所做的功。

正如液体的自由表面具有表面张力与表面能一样，液-液界面与液-固界面等两相之间的界面也有类似的界面张力与界面能。

对界面而言，两相之间的化学特点越接近，它们之间的界面张力就越小，界面张力总是小于两相各自的表面张力之和，这是因为两相之间总会有某些吸附力。

同液体的表面张力一样，界面张力也有使其界面自发减小的趋势。

2. 润湿现象与接触角

润湿作用是一种表面及界面过程。普遍而言，表面上的一种流体被另一种流体所取代的过程就是润湿。因此，润湿作用必然涉及三相，而其中至少两相为流体。一般情况下，润湿是指固体表面上的气体被液体取代，有时是一种液体被另一种液体所取代。润湿现象是固体表面结构与性质、固-液两相分子间相互作用等微观特性的宏观表现。

润湿液体装在容器里，靠近容器壁处的液面呈凹面，不润湿液体装在容器里，容器壁处的液面呈凸面，容器的内径越小，这种现象越显著，如图 5.58 所示。

在图 5.59 中，将一滴液体滴在固体平面上，可有三种界面，即液-气、固-气及固-液界面，与该三种界面一一对应，存在三种界面张力，液-气界面张力实际上是液滴的表面张力，它力图使液滴表面收缩，用 γ_L 表示；固-气界面存在固体与气体的界面张力，它力图使液滴表面铺开，用 γ_S 表示；液-固界面存在固体与液体的界面张力，它力图使液滴表面收缩，用 γ_{SL} 表示。

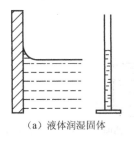
（a）液体润湿固体

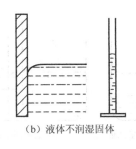
（b）液体不润湿固体

图 5.58　润湿与不润湿

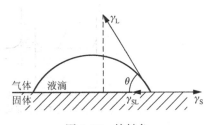

图 5.59　接触角

接触角是指液-固界面经过液体内部到液-气界面之间的夹角，用 θ 表示。当液滴停留在固体平面上时，三种界面张力相平衡，它们之间的关系为

$$\gamma_S - \gamma_{SL} = \gamma_L \cos\theta \tag{5-37}$$

此式是润湿的基本公式，常称为润湿方程。经变换，公式变为

$$\cos\theta = \frac{\gamma_S - \gamma_{SL}}{\gamma_L} \tag{5-38}$$

根据接触角可以把润湿划分为三种方式和四个等级。

润湿的三种方式：当 $\theta \leqslant 180°$ 时，为沾湿润湿；当 $\theta \leqslant 90°$ 时，为浸湿润湿；当 $\theta \leqslant 0°$ 时，为铺展润湿。

润湿的四个等级：①当接触角 θ 为 0°，即 $\cos\theta = 1$ 时，液滴在固体表面接近于薄膜的形态，此情况称为完全润湿；②当接触角 θ 在 0°和 90°之间，即 $0 < \cos\theta < 1$ 时，液滴在固体表面上成为小于半球形的球冠，这种情况称为润湿；③当接触角 θ 在 90°和 180°之间，即 $-1 < \cos\theta < 0$ 时，液滴在固体表面上成为大于半球形的球冠，这种情况称为不润湿；④当接触角 θ 为 180°，即 $\cos\theta = -1$ 时，液滴在固体表面上成为球形，它与固体之间仅有一个接触点，这种情况称为完全不润湿。

同一种液体，对不同的固体而言，它可能是润湿的，也可能是不润湿的。在液体中加入表面活性剂，则液体的表面张力变小，接触角变小，润湿性能提高。

润湿现象所反映的润湿性能由液体的表面张力和接触角两种物理性能指标反映。

3. 弯曲液面的附加压强与毛细现象

1）弯曲液面的附加压强

由于液体表面张力的存在，弯曲的液面会产生附加的压强。液体的表面张力系数越大，弯曲液面的曲率半径越小，则产生的附加压强越大。

2）毛细现象

（1）圆管中的毛细管现象

润湿液体在毛细管中呈凹面并且上升，不润湿液体在毛细管中呈凸面并且下降，这种现象称为毛细管现象，如图 5.60 所示。

毛细管在润湿液体中，由于润湿作用，靠近管壁的液面就会上升，形成表面凹下，在弯曲液面的附加压强下，液体表面向上收缩，而形成平面；随后，润湿作用又起主导作用，靠近管壁的液面又上升，重新形成表面凹下的弯曲液面；弯曲液面在附加压强的作用下又上升，如此循环，使毛细管的液面逐渐上升，一直到向上的弯曲液面附加压强的作用力与毛细管内升高的液柱重量相等时，达到平衡，才停止上升。

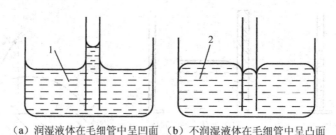

（a）润湿液体在毛细管中呈凹面　（b）不润湿液体在毛细管中呈凸面

图 5.60　毛细管现象

对毛细管中液体的受力分析如图 5.61 所示。

毛细管中上升力 $F_上$ 为毛细管内壁弯曲液面的附加压强产生的压力，即

$$F_上 = \alpha \cdot \cos\theta \cdot 2\pi r \tag{5-39}$$

式中，α 为液体的表面张力系数；θ 为接触角；r 为毛细管内壁半径。

毛细管中下降力 $F_下$ 为

$$F_下 = \pi r^2 \cdot \rho \cdot g \cdot h \tag{5-40}$$

式中，g 为重力加速度；ρ 为液体密度；h 为液体在管中上升的高度。

液面停止上升时，上升力与下降力平衡，$F_上 = F_下$，即

$$\alpha \cdot \cos\theta \cdot 2\pi r = \rho \cdot \pi r^2 \cdot g \cdot h \tag{5-41}$$

整理，得

$$h = \frac{2 \cdot \alpha \cdot \cos\theta}{r \cdot \rho \cdot g} \tag{5-42}$$

从上式可以看出，毛细管曲率半径越小，管子越细，则上升高度越高。

如果液体不润湿管壁，则管内液面是下降的凸液面，该弯曲液面对液体的附加压强指向液体内部，使管内液面低于管外液面，所下降的高度同样可用该公式计算。

（2）渗透检测中的毛细现象

渗透过程中，渗透液对受检表面开口缺陷的渗透作用，显像过程中，渗透液从缺陷中回渗到显像剂中形成缺陷显示痕迹等，实质上都是液体的毛细现象。例如，渗透液对表面点状缺陷（如气孔、砂眼等）的渗透，就类似于渗透液在毛细管内的毛细现象；渗透液对表面条状缺陷（如裂纹、夹渣和分层等）的渗透，就类似于渗透液在间距很小的两个平行板间的毛细现象。

以长 a、宽 c、深 b 的狭长细槽作为零件上的裂纹模型来分析讨论渗透检测时渗透液渗入裂纹的毛细现象。裂纹模型如图 5.62，为开口于零件表面的裂纹，但不穿透。

当渗透液施加于有表面开口裂纹的零件表面时，具有足够润湿性能的渗透液将润湿裂纹内表面，裂纹内将形成向液体内凹陷的弯曲液面，并在弯曲凹面上产生指向液体外部（裂纹）的附加压强 P。裂纹宽度越小，附加压强越大。这个附加压强迫使渗透液向裂纹内渗透的同时，压缩裂纹内已被渗透液封闭的气体。随着渗透液的不断渗透，裂纹内气体体积将越来越小，而气体的反压强 $P_气$ 将越来越大，直到气体的反压强与液面上的附加压强完全平衡时为止。

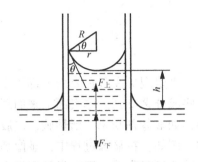

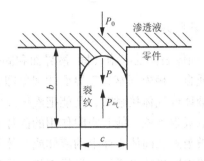

图 5.61　对毛细管中液体的受力分析　　　　图 5.62　渗透液在裂纹模型中的渗透

如果考虑零件外部大气压强 P_0，平衡时有

$$P + P_0 = P_气 \qquad (5-43)$$

要使渗透液完全占有裂纹空间，就必须将裂纹内气体完全排除。

4. 乳化现象

1）乳化现象和乳化剂的定义

由于表面活性剂的作用，使本来不能混合到一块的两种液体（如油、水）能够混合到一起的现象称为乳化现象。具有乳化作用的表面活性剂称为乳化剂。

2）乳化形式

乳状液是一种液体分散于另一种不相溶的液体中形成的胶体分散体系，外观常呈乳白色不透明液状。乳状液中以液滴形式存在的那一相称为分散相（也称内相、不连续相），另一相是连成一片的，称为分散介质（也称外相、连续相）。

常见的乳状液，一般都有一相是水或水溶液，通常称为水相；另一相是与水不相溶的有机相，常称为油相。外相为水、内相为油的乳状液叫作水包油型乳状液（如牛奶），以 O/W 表示；外相为油、内相为水的乳状液叫作油包水型乳状液（如原油），以 W/O 表示。

3）渗透检测中的乳化现象

渗透检测时，使用后乳化型渗透液，去除零件表面多余的渗透液时，一般使用水包油型乳化剂进行乳化清洗。此时，渗透液是乳化的对象，由于乳化的目的是要将零件表面多余的渗透液清洗掉，故乳化剂还应有良好的洗涤作用。H.L.B 值在 11~15 范围内的乳化剂，既具有乳化作用，又有洗涤作用，是比较理想的去除剂。

4）非离子型乳化剂的凝胶现象

利用表面活性剂的凝胶现象可提高渗透检测的灵敏度。非离子型乳化剂与水混合，其黏度随含水量变化，在某一含水量范围内黏度有极大值，此范围称为凝胶区，如图 5.63 所示。清洗时，零件表面接触大量的水，乳状液的含水量超过了凝胶区，黏度小而易被水冲走；缺陷缝隙处接触水量少，含水量在凝胶区，形成凝胶，缺陷内的渗透液不易被水冲走，从而提高了检测灵敏度。

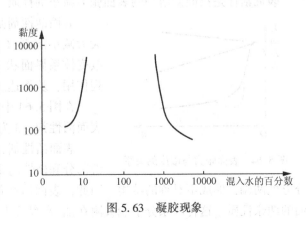

图 5.63　凝胶现象

5. 吸附现象

1）固体表面的吸附（固-液界面和固-气界面）

物质自一相内部富集于界面的现象即为吸附现象。吸附现象在各种界面上都可发生。当固体和液体或气体接触时，凡能把液体或气体中的某些成分聚集到固体表面上来的现象，就是固体的吸附现象。能起吸附作用的固体称为吸附剂，如显像剂粉末、活性碳、硅胶、分子筛等，被吸附在固体表面上的液体或气体称为吸附质。例如，在显像过程中，显像剂粉末吸附从缺陷中回渗的渗透液，显像剂粉末是吸附剂，渗透液是吸附质。用吸附量衡量吸附剂的吸附能力，吸附量是指单位质量的吸附剂所吸附的吸附质质量，有时也指吸附剂单位表面积上所吸附质量。吸附量数值越大，吸附剂吸附能力越强。

固体被用作吸附剂，是因为固体吸附剂有很大的表面积和很大的比表面。

2）液体表面的吸附

吸附现象不仅发生在固体表面，还可发生在液体表面（液-液界面和液-气界面）。在溶液吸附中（溶液是吸附剂），作为吸附质使用最广的是能减小表面张力和界面张力的表面活性剂。

表面活性剂吸附在水表面上（液-气界面）上，能减小水表面的表面张力；表面活性剂吸附在油-水界面上，能减小油-水界面的界面张力。

3）渗透检测中的吸附现象

在显像过程中，显像剂粉末吸附从缺陷中回渗的渗透液，从而形成缺陷显示。此吸附现象属于固体表面（固-液界面）的吸附，显像剂粉末是吸附剂，回渗的渗透液是吸附质。显像剂粉末越细，比表面越大，吸附量越多，缺陷显示越清晰。另外，由于吸附为放热过程，如果显像剂中含有常温下易挥发的溶剂，当溶剂在显像表面迅速挥发时，能大量吸热，从而促进了显像剂粉末对从缺陷中回渗的渗透液的吸附，加快并加剧了吸附显像，可提高显像灵敏度。

在自乳化渗透法和后乳化渗透法中，表面活性剂被当作乳化剂使用，吸附在渗透液-水界面，减小了界面张力，使零件表面多余的渗透液得以顺利乳化清洗。表面活性剂分子的两亲性质，使其能吸附在油-水界面上，减小油-水界面的界面张力，使乳化清洗顺利进行。

6. 表面活性与表面活性剂

表面活性是指能使溶剂的表面张力减小的性质。

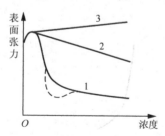

图 5.64　表面张力与浓度的关系

表面活性剂是这样一种物质，它在加入量很少时，能大大减小溶剂（一般为水）表面张力或液-液界面张力，改变体系界面状态，产生润湿、乳化、起泡及加溶等一系列作用，从而达到实际使用的要求。

在图 5.64 中，曲线 1 和 2 为表面活性物质，曲线 1 为表面活性剂，3 为非表面活性物质。

表面活性剂分子一般总是由非极性的亲油疏水的碳氢链部分和极性的亲水疏油的基团共同组成的，而且这两部分分处两端，形成不对称的结构。因此，表面活性剂分子是一种两亲分子，具有既亲水又亲油的两亲性质。这种两亲分子能吸附在油-水界面上，减小油-水界面的界面张力，也能吸附在水溶液表面上，减小水溶液的表面张力。

表面活性剂的亲水性大小是表面活性剂的一项非常重要的指标。

非离子型表面活性剂的亲水性，可用亲水基的分子量大小来表示，称为亲憎平衡值，即 H. L. B 值。

$$H. L. B = \frac{亲水基部分的分子量}{表明活性剂的分子量} \times \frac{100}{5} \qquad (5-44)$$

H. L. B 值越大，亲水性越强。

由于经济上及其他一些方面的原因，工业生产的表面活性剂从来就不可能制备得很纯，其实也没有必要制备得很纯；恰恰相反，表面活性剂中加入另外一种表面活性剂或其他添加剂后，比单一的表面活性剂有更好的效果，而且溶液的物理化学性质也有明显的变化。

几种成分的非离子型表面活性剂混合后，其 H. L. B 值为

$$H. L. B = \frac{ax + by + cz + \cdots}{x + y + z + \cdots} \qquad (5-45)$$

式中，a、b、c……分别为组成混合乳化剂的各表面活性剂的 H. L. B 值；x、y、z……分别为各表面活性剂的质量。

7. 渗透液的渗透特性

（1）静态渗透参量（SPP）表征渗透液渗入缺陷的能力，可用以下公式表示。

$$SPP = \alpha \cdot \cos\theta \qquad (5-46)$$

（2）动态渗透参量（KPP）表征渗透液的渗透速率，即受检零件浸入渗透液时所需要的停留时间。

$$KPP = \alpha \cdot \cos\theta / \eta \qquad (5-47)$$

式中，η 为渗透液的黏度。

在渗透检测中，人们是利用渗透时间即受检零件浸入渗透液所需要的停留时间来表示动态渗透参量的。

5.5.3　渗透检测操作

渗透检测工序安排一般应遵循如下原则。

（1）渗透检测应在喷丸、吹砂、涂层、镀层、阳极化、氧化或其他表面处理工序前进行。表面处理后还需局部加工的，对加工表面应再次进行检测。

（2）凡制造过程中要进行浸蚀检测的零件，渗透检测应紧接在浸蚀工序后进行。

（3）经过多次热处理的零件（焊接件），渗透检测应在温度较高的一次热处理后进行。

（4）无特殊规定要求渗透检测的零件，应在所有加工完成之后，最终进行渗透检测。

（5）铸件、焊接件及热处理后氧化皮的表面，允许在吹砂后进行渗透检测。

（6）使用过的零件，在去除表面积炭层、漆层及氧化层后进行检测。

（7）若渗透检测和磁粉检测或超声波检测都要进行时，应首先采用渗透检测，因为磁粉或耦合剂会阻塞或堵塞表面缺陷而且去除困难。

渗透检测操作遵循六大基本步骤：表面准备和预清洗、渗透、去除、干燥、显像、观察（检测）。

1. 表面准备和预清洗

1）污物的种类及害处

污物分为固体污物和液体污物两大类。固体污物包括铁锈、氧化皮、腐蚀产物、焊接飞溅物、焊渣、毛刺、油漆及涂料等。液体污物包括防锈油、机油、润滑油及含有机成分的其他液体，还包括强酸强碱及包括卤素在内的有化学活性的残留物等。

渗透检测前，必须清除干净任何可能影响渗透检测的污物杂质，以保证渗透检测得以成功。

污物的害处至少有如下几点。

（1）所有污物都会妨碍渗透液对受检零件的润湿，妨碍渗透液渗入缺陷，甚至完全堵塞缺陷。

（2）所有污物都会妨碍显像剂对缺陷中的渗透液的吸附，影响缺陷痕迹显示的效果。

（3）缺陷中的污物会与渗透液混合，甚至发生作用，降低渗透液的灵敏度及其性能；有些污物，如酸和铬酸盐，会影响荧光染料的发光作用。

（4）有些污物会引起虚假显示，有些污物会掩盖显示，所有污物会污染渗透液、显像剂等渗透检测剂。

2）表面准备和预清洗的方法

进行表面准备和预清洗，选择合适的方法是非常重要的，常有的方法有机械清理、化学清洗、溶剂清洗。但是，不论哪一种方法都不是万能的。例如，溶剂清洗剂不能清洗锈蚀、氧化皮、焊瘤、飞溅物及普通无机物；蒸汽去油不能清洗无机型污物（夹渣、腐蚀、盐类等），也不能清除树脂型污物（塑料涂层、清漆、油漆等）。

关于如何选择预清洗方法，如下几点是必须考虑的。

（1）必须了解污物杂质的类别，有针对性地选用合适的预清洗方法，因为没有一种预清洗方法是万能的。

（2）必须了解选用的预清洗方法对受检零件的影响。选用的预清洗方法不得损坏受检零件的工作功能。例如，密封面不得进行酸蚀处理。

（3）必须了解选用的预清洗方法的实用性。例如，大工件不能放在小型除油槽中去进行除油。

2. 渗透

渗透液施加方法应根据零件大小、形状、数量和检测部位来选择。所选方法应保证被检部位完全被渗透液覆盖，并在整个渗透时间内保持润湿，主要有喷涂、刷涂、浇涂、浸涂。

渗透时间一般不少于10min，温度控制在15~50℃，具体按标准要求。

3. 去除

工艺要求从零件表面去除所有的渗透液，又不将渗入缺陷中的渗透液清洗出来。图5.65所示为去除方法与缺陷中渗透液保留程度的关系。

水洗型渗透液用水去除，水喷法的水压不超过0.35MPa，水温不超过40℃，水洗时间在得到合格背景的前提下，越短越好。可以用黑光灯控制荧光液的去除程度。

后乳化型渗透液去除时，先用水预清洗，然后乳化，最后再用水清洗。施加乳化剂时，只能用浸涂、浇涂或喷涂，不能用刷涂。要防止过乳化，控制好乳化时间。

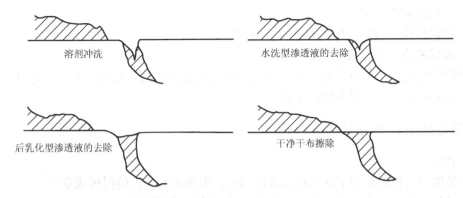

图 5.65　去除方法与缺陷中渗透液保留程度的关系

溶剂去除型渗透液的去除方法是，先用干布（纸）擦，然后再用沾有有机溶剂的布擦干净，不允许直接用有机溶剂冲洗。

4. 干燥

溶剂去除型渗透检测时，不必进行专门的干燥处理，应自然干燥，不得加热干燥。用水清洗的零件，若采用干式或非水基湿式显像，零件在显像前必须进行干燥处理；若采用水基湿式显像，水洗后直接显像，然后进行干燥处理。

干燥一般使用热空气循环烘干装置，干燥温度不能太高，时间不能太长。

5. 显像

显像的过程是用显像剂将缺陷处的渗透液吸附到零件表面，产生清晰可见的缺陷图像。

1）显像的方法

（1）干式显像主要用于荧光法，干燥后立即进行显像，最好用喷粉柜进行喷粉显像。

（2）非水基湿式显像主要采用压力喷罐喷涂。喷涂前应摇动喷罐中的弹子，使显像剂均匀，边喷边形成显像剂薄膜。

（3）水基湿式显像多采用浸涂。涂复后进行滴落，然后再干燥。干燥过程就是显像过程，显像时要不断搅拌，以防显像剂沉淀。

2）显像时间

显像时间不能太长，显像剂不能太厚。一般规定，显像时间一般不少于 7min，显像剂厚度为 0.05~0.07mm。

（1）干式显像时间指从施加显像剂起到开始观察的时间。

（2）湿式显像时间指从干燥起到开始观察的时间，也就是干燥时间。

（3）速干式显像时间指从施加显像剂起到观察完成的时间。

6. 检测

观察的光线要求：着色观察时，被检零件上白光的照度要不小于 500lx；荧光观察时，在距离黑光灯 380mm 处，黑光灯的强度不小于 $1000\mu W/cm^2$。

荧光观察时要完成以下几点。

（1）进入暗室时，进行黑暗适应。

（2）真伪缺陷的判定。

（3）缺陷性质的判定，作出合格与否的判定。

（4）缺陷的表示和记录。

重复检测的规定：一般不进行重复检测，因为渗透检测的重复性不好，着色法不允许复查，荧光法检测的不允许用着色法复查。

7. 渗透检测后工件的清洗和防护

1）清洗

去除显像层的目的是为了保证在渗透检测后，不发生对工件的损坏或危害。

对于干粉显像剂和水悬浮显像剂的去除，应适合显像剂的类型，用水喷洗；对于非水湿显像剂，可用清洁的干布或硬毛刷有效地从表面擦去；为满足要求，在有些情况下，用乳化剂乳化和清洗工件，也是很实用的清洗方法。

2）防护

渗透检测过程全部完成以后，工件表面常常比送检时干净。在一般温度和湿度条件下，几乎马上会在碳钢上出现铁锈，在镁合金工件表面上产生腐蚀，这就要求立即采取防护措施。最廉价和最实用的方法是在渗透检测的最后水洗过程中，加些硝酸钠或铬酸钠化合物。

5.5.4 渗透检测设备

1. 试块

1）试块的作用

试块也称灵敏度试块，是带有人工缺陷或自然缺陷的试件，是用于衡量渗透检测灵敏度的器材。试块的主要作用如下。

（1）灵敏度试验。

（2）工艺性试验，鉴别各种检测试剂的性能，确定渗透检测的工艺参数。

（3）比较不同工艺操作的灵敏度。

2）常用试块

常用到的试块主要有铝合金淬火裂纹试块（A 型）、不锈钢镀铬裂纹试块（B 型）、黄铜板镀镍铬层裂纹试块（C 型）及其他灵敏度试块。

（1）铝合金淬火裂纹试块（A 型）

制作流程：80mm×50mm×10mm 的毛坯→磨光→非均匀加热→水冷淬火产生裂缝→开槽→清理清洗，如图 5.66 所示。

A 型试块的优点是制作简单经济、在同一试块上能提供各种尺寸的裂纹、缺陷天然；其缺点为产生的裂纹尺寸不能控制、多次使用后再现性不良，最主要的缺点是裂纹尺寸较大，不能用于高灵敏度渗透检测剂的性能鉴别。A 型试块通常用于检验渗透检测剂能否满足要求，以及比较两种渗透检测剂性能的优劣，对用于非标准温度下的渗透检测方法进行鉴定。

（2）不锈钢镀铬裂纹试块（B 型）

制作流程：100mm×25mm×4mm 的单面镀铬不锈钢→退火→打三点布氏硬度→按大小排列区位号，如图 5.67 所示。

B 型试块不像 A 型试块可分成两半比较试验，通常与塑料复制品或照片对照使用。其工作流程为在每个工作班开始时，先将试块按正常工序进行处理，观察辐射状裂纹显示情况，如果和复制品或照片一致，则可以认为设备和材料正常。这类试块适用于较高灵敏度的检测。

B 型试块的优点是制作简单、重复性好、裂纹深度可控，其缺点是不便于进行对比试验。B 型试块主要用于检验操作方法与工艺系统的灵敏度，只能与标准工艺的照片或塑件复制品对照使用。

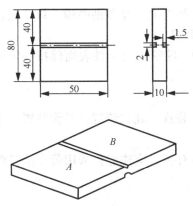
图 5.66 铝合金淬火裂纹试块

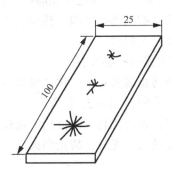
图 5.67 不锈钢镀铬裂纹试块

（3）黄铜板镀镍铬层裂纹试块（C 型）

制作流程：100mm×70mm×4mm 的毛坯→磨光→镀镍→镀铬→反复弯曲→平行分布的疲劳裂纹→开槽，如图 5.68 所示。

C 型试块基体为铜合金薄板，单面镀镍铬，通过镀面弯曲在整个试块工作面上形成近平行的裂纹。由于裂纹的深度即镀层厚度，裂纹宽度也能通过改变弯曲工艺参数控制在一定范围，故这种试块可以标出裂纹的宽、深量。通常这种试块是三块成套，每块试块上裂纹宽、深量不同，以便于进行检测灵敏度对比试验。

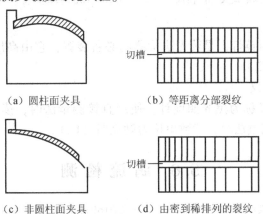

（a）圆柱面夹具　　　　　（b）等距离分部裂纹

（c）非圆柱面夹具　　　　（d）由密到稀排列的裂纹

图 5.68 黄铜板镀镍铬层裂纹试块及弯曲夹具

C 型试块的优点是不同等级的人工缺陷定量化、裂纹深度浅、易清洗，其缺点是试块制作困难。C 型试块适用于渗透检测系统性能检测和确定灵敏度，可用于高灵敏度渗透材料的性能测定。

（4）其他灵敏度试块

吹砂钢试块是由 100mm×50mm×10mm 的退火不锈钢制成的，一面用砂子吹打成毛面状态，主要用于检验去除工件表面渗透液的工艺方法是否妥当。

陶器试块是不上釉的陶器圆盘片，主要用于比较两种过滤性微粒渗透液的性能。

2. 渗透检测装置

1）携带式渗透检测装置

携带式渗透检测装置是由渗透液喷灌、清洗剂喷灌、显像剂喷灌、灯、毛刷、金属刷组成的，如图 5.69 所示。渗透液喷灌内还装有气雾剂。

使用要求：必须远离火源、热源，不能暴晒；喷嘴应与工件表面保持一定距离；遗弃空罐时必须破坏其密封性。

2）固定式渗透检测装置

固定式渗透检测装置是由预清洗装置、渗透装置、乳化装置、显像装置、干燥装置和后处理装置等组成的，如图 5.70 所示。

使用要求：预清洗装置所使用的液体对人体有害，应注意；采用荧光法检测时，必须有暗室，备有便携式黑光灯；禁止烟火。

图 5.69　YX—125A 型携带式荧光探伤仪　　图 5.70　CXG—4000 型环形件荧光磁粉探伤机

3）黑光灯

黑光灯也称为水银石英灯，是荧光法检测的必备装置，它由高压水银蒸气弧光灯、紫外线滤光灯片和镇流器组成。

4）黑光辐照度检测仪

黑光辐照度检测仪又称为黑光照度计。使用直接测量法时，读数单位为微瓦/立方厘米（$\mu W/cm^3$）；使用间接测量法时，读数单位为勒克斯（Lx）。

5.6　涡　流　检　测

涡流检测是以电磁感应原理为基础的一种常用的检测方法，适用于导电材料。在工业生产中，涡流检测是控制各种金属材料及少数非金属导电材料（石墨、碳纤维复合材料等）产品品质的主要手段之一，与其他无损检测方法相比，涡流检测更容易实现自动化，特别是对管、棒和线材等型材有很高的检测效率。

5.6.1　涡流检测的基本原理及涡流的趋肤效应

当导体处在变化的磁场中或相对于磁场运动时，由电磁感应定律可知，其内部会感应出电流。这些电流的特点是，在导体内部自成闭合回路，呈旋涡状流动，因此称之为涡流。例如，在含有圆柱导体芯的螺管线圈中通有交变电流时，圆柱导体芯中将出现涡流，如图5.71所示。

1. 涡流检测的基本原理

当载有交变电流的检测线圈靠近导电试件时，由于激励线圈磁场的作用，试件中会产生涡流。涡流的大小、相位及流动形式受到试件电磁性能的影响。涡流也会产生一个磁场，这个磁场反过来又会使检测线圈的阻抗发生变化。因此，通过测定检测线圈阻抗的变化，就可以判断出被测试件的性能及有无缺陷等。

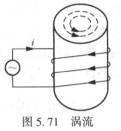

图5.71 涡流

2. 涡流的趋肤效应

当直流电流通过导线时，横截面上的电流密度是均匀的。但当交变电流通过导线时，导线周围变化的磁场也会在导线中产生感应电流，从而会使沿导线截面的电流分布不均匀，表面的电流密度较大，越往中心处越小，尤其是当频率较高时，电流几乎是在导线表面附近的薄层中流动，这种现象称为趋肤效应。

趋肤效应的存在使感生涡流的密度从被检材料或工件的表面到其内部按指数分布规律递减。在涡流检测中，定义涡流密度衰减到其表面密度值的 $1/e$（36.8%）时对应的深度为标准透入深度，也称趋肤深度，用符号 δ 表示，其数学表达式为

$$\delta = \frac{1}{\sqrt{\pi f \mu \sigma}} \tag{5-48}$$

式中，f 为交流电流频率；μ 为材料的磁导率；σ 为材料的电导率。

由式（5-48）可见，频率越高、电导率越大或磁导率越大的材料，趋肤效应越显著。图5.72所示为几种不同材料的标准透入深度与频率的关系。

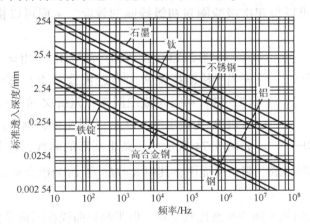

图5.72 几种不同材料的标准透入深度与频率的关系

在实际工程应用中，标准透入深度 δ 是一个重要的数据，因为在被检表面以下 3δ 处的涡流密度一般已经衰减了约95%。工程中，通常将 3δ 作为实际涡流检测能够达到的极限深度。

5.6.2　涡流检测的阻抗分析法

涡流检测的阻抗分析法利用的是检测线圈的阻抗变化来反映被检对象的某些性质。实际涡流检测时，在检测线圈（载流激励线圈）的作用下，被测金属试件中由于电磁感应而感生的涡流宛若在多层密叠在一起的线圈中流过的电流，这就可以把被测试件看作一个与检测线圈交连的副边线圈。因此，可画出涡流检测的等效电路如图 5.73 所示，以便研究被检对象的某些性质与检测线圈电参数之间的关系。

1. 检测线圈的阻抗和阻抗归一化

1）检测线圈的阻抗

设通以交变电流的检测线圈（初级线圈）的自身阻抗为 Z_0，其中忽略了容抗，则

$$Z_0 = R_1 + jX_1 = R_1 + j\omega L_1 \tag{5-49}$$

当初级线圈与次级线圈（被检对象）相互耦合时，由于互感的作用，闭合的次级线圈中会产生感应电流，而这个电流反过来又会影响初级线圈中的电压和电流。这种影响可以用次级线圈的阻抗通过互感 M 反映到初级线圈的折合阻抗来体现。设折合阻抗为 Z_e，则

$$Z_e = R_e + jX_e = \frac{X_M^2}{R_2^2 + X_2^2}R_2 - j\frac{X_M^2}{R_2^2 + X_2^2}X_2 \tag{5-50}$$

式中，R_2 为次级线圈的电阻；X_2 为次级线圈的电抗，$X_2 = \omega L_2$；X_M 为互感抗，$X_M = \omega M$；R_e 为折合电阻；X_e 为折合电抗。

将次级线圈的折合阻抗与初级线圈自身的阻抗的和称为初级线圈的视在阻抗 Z_s，即

$$Z_s = R_s + jX_s = R_1 + R_e + j(X_1 + X_e) \tag{5-51}$$

式中，R_s 为视在电阻；X_s 为视在电抗。

应用视在阻抗的概念，就可认为初级线圈中电流和电压的变化是由于它的视在阻抗的变化引起的，而据此就可以得知次级线圈对初级线圈的效应，从而可以推知次级线圈阻抗的变化。

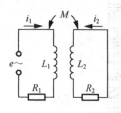

令图 5.73 中次级回路的电阻 R_2 由 ∞（在涡流检测中，这相当于检测线圈尚未靠近被检对象）逐渐递减到 0，则由式（5-51）可得初级线圈视在阻抗 Z_s 的一系列对应变化值。然后以 R_s 为横坐标，以 X_s 为纵坐标，画出这些 Z_s 值，便可得到如图 5.74 所示的一条半圆形的曲线，这条曲线就称为线圈的阻抗平面图，其中 $K = M/\sqrt{L_1 L_2}$ 为耦合系数。

图 5.73　涡流检测的等效电路

2）阻抗归一化

如图 5.74 所示的阻抗平面图虽然比较直观，但半圆形曲线在阻抗平面图上的位置与初级线圈自身的阻抗及两个线圈自身的电感和互感有关。另外，半圆的半径不仅受到上述因素的影响，还随频率的不同而变化。这样，如果要对每个阻抗值不同的初级线圈的视在阻抗，或对频率不同的初级线圈的视在阻抗，或对两线圈间耦合系数不同的初级线圈的视在阻抗作出阻抗平面图时，就会得到半径不同、位置不一的许多半圆形曲线，这不仅给作图带来不便，而且也不便于对不同情况下的曲线进行比较。为了消除初级线圈阻抗及激励频率对曲线位置

的影响，便于对不同情况下的曲线进行比较，通常要对阻抗进行归一化处理。

归一化的方法：将图 5.74 中的曲线向左平移 R_1 的距离，并将曲线纵坐标值除以 X_1，得到如图 5.75 所示的归一化曲线。该曲线仅与耦合系数 K 有关，而与初级线圈自身阻抗和激励频率无关。经归一化处理后得到的阻抗平面具有统一的形式，有很强的通用性和可比性。

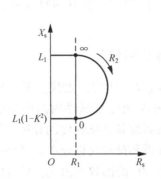
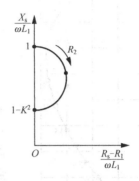

图 5.74　初级线圈的阻抗平面图　　　图 5.75　归一化后的阻抗平面图

2. 有效磁导率和特征频率

涡流检测中的关键问题是对检测线圈阻抗的分析，而阻抗的变化源于磁场的变化，但从剖析线圈磁场变化的角度分析涡流检测中的具体问题则又过于复杂。在长期的涡流检测理论研究和实验分析的基础上，人们提出了有效磁导率的概念，大大简化了分析线圈阻抗的问题。

1）有效磁导率

在半径为 r、磁导率为 μ、电导率为 σ 的长直圆柱导体上，紧贴密绕一螺线管线圈。在螺线管中通以交变电流，则圆柱导体中会产生一交变磁场，由于趋肤效应，磁场在圆柱导体的横截面上的分布是不均匀的。于是，人们提出了一个假想模型：圆柱导体的整个截面上有一个恒定不变的均匀磁场，而磁导率却在截面上沿径向变化，它所产生的磁通等于圆柱导体内真实的物理场所产生的磁通。这样，就用一个恒定的磁场和变化着的磁导率替代了实际上变化着的磁场和恒定的磁导率，这个变化着的磁导率便称为有效磁导率，用 μ_{eff} 表示，同时推导出它的表达式为

$$\mu_{\text{eff}} = \frac{2}{\sqrt{-\text{j}}\,kr} \cdot \frac{J_1(\sqrt{-\text{j}}\,kr)}{J_0(\sqrt{-\text{j}}\,kr)} \tag{5-52}$$

其中，$k = \sqrt{2\pi f \mu \sigma}$。

2）特征频率

定义使式（5-52）中贝塞尔函数变量（$\sqrt{-\text{j}}\,kr$）的模为 1 的频率为涡流检测的特征频率 f_{g}，其表达式为

$$f_{\text{g}} = \frac{1}{2\pi \mu \sigma r^2} \tag{5-53}$$

对于非铁磁性材料，$\mu \approx \mu_0 = 4\pi \times 10^{-9}$（H/cm），可得特征频率 $f_{\text{g}} = 5066 / \sigma d^2$，其中 d 为圆柱导体的直径（单位为 cm）。

因为 $kr = \sqrt{f / f_{\text{g}}}$，所以 μ_{eff} 只与频率比 f / f_{g} 有关。因此，在分析检测线圈的阻抗时，常把实际的涡流检测频率除以特征频率作为一参考值，并且有效磁导率可以用这个频率比作为变量。

图 5.76 所示为有效磁导率与频率比的关系曲线。由图可见，随着频率比 f/f_g 的增大，μ_{eff} 的虚部先增大后减小，实部逐渐减小。

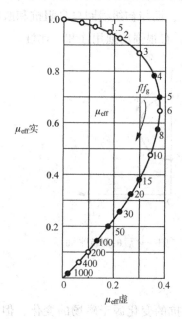

图 5.76 μ_{eff} 与 f/f_g 的关系曲线

应当注意到，对于特定试件，特征频率既非检测频率的上限也非下限，而且也不一定是应采用的最佳检测频率，它只是一个特征参数，含有棒材尺寸和材料性能的信息。

3. 涡流检测的相似律

有效磁导率 μ_{eff} 是一个完全取决于频率比 f/f_g 大小的参数，而 μ_{eff} 的大小又决定了试件内涡流和磁场强度的分布。因此，试件内涡流和磁场强度的分布是随 f/f_g 的变化而变化的。理论分析和推导可以证明，试件中涡流和磁场强度的分布仅仅是 f/f_g 的函数。由此，可得出涡流检测的相似律：对于两个不同的试件，只要各对应的频率比 f/f_g 相同，则有效磁导率、涡流密度及磁场强度的几何分布均相同。

利用涡流检测的相似律，可通过模型试验来推断实际检测结果。例如，模型试验测得的 μ_{eff} 的变化与人工缺陷的深度、宽度及所处位置的依从关系，作为实际涡流检测时评定缺陷的参考。

4. 影响线圈阻抗的因素

1）内含导电圆柱体的穿过式线圈的阻抗分析

内含导电圆柱体的长直载流螺线管线圈为穿过式线圈。有效磁导率的概念也是以这种线圈为基础提出的，而且假定圆柱体的直径 d 和线圈的直径 D 相同。但事实上，检测线圈和工件之间总要留有空隙以保证工件快速通过，因此有线圈填充系数 $\eta = (d/D)^2$，$\eta < 1$。

通过对线圈和导电圆柱体内磁场的分析，利用有效磁导率的概念，推导出单位长度检测线圈的归一化阻抗为

$$\frac{Z}{Z_0} = 1 - \eta + \eta\mu_r\mu_0\mu_{eff} \tag{5-54}$$

式中，Z_0 为线圈空载时的阻抗；Z 为线圈中含有导电圆柱体时的阻抗；μ_r 为导电圆柱体的相对磁导率；μ_0 为真空磁导率。

由式（5-54）可知，只要 η 和 f/f_g 确定，即可由式（5-48）和式（5-49）求得内含导电圆柱体的检测线圈的归一化阻抗，如图 5.77 所示。

通过式（5-54）可分析出影响线圈阻抗的因素是材料自身的性质和线圈与试件的电磁耦合状况，主要包括试件的电导率 σ、磁导率 μ、几何尺寸、缺陷及检测频率等。

（1）电导率 σ

根据式（5-54）可知，电导率的变化对阻抗的影响主要反映在有效磁导率 μ_{eff} 上，即只影响了 μ_{eff} 的参数量 $f/f_g = 2\pi f\mu\sigma r^2$。因而，材料电导率的改变将使检测线圈的阻抗值沿阻抗曲线的切向变化。据此可利用涡流检测来进行材料电导率的测量和材质的分选等工作。

（2）磁导率 μ

对于非铁磁性材料有 $\mu=\mu_r\mu_0\approx\mu_0$，因而一般磁导率对检测线圈的阻抗没有影响。但是对于铁磁性试件就不同了，由于 $\mu_r\neq1$，所以需要考虑磁导率的影响。当填充系数 $\eta=1$ 时，含铁磁性试件线圈的复阻抗平面图如图 5.77 所示。根据式（5-54）可以看出，铁磁性材料的磁导率 μ 对线圈阻抗的影响是双重的：一方面改变了 $f/f_g=2\pi f\mu\sigma r^2$，使阻抗值沿着同一条曲线移到变化后的 f/f_g 点上；另一方面，它还改变了式（5-54）中的 $\eta\mu_r\mu_0\mu_{eff}$ 值，使阻抗值落到新的 μ_r 值的曲线上。这样影响的综合结果是使磁导率变化引起的效应方向发生在如图 5.77 所示的弦向曲线方向上。

为了消除铁磁性材料相对磁导率的变化对检测结果的影响，可以将被检工件先磁化至接近饱和，使其 μ_r 值降至 2~3，此时可把铁磁性材料当作非铁磁性材料进行检测。

（3）几何尺寸

当圆柱体直径改变时，一方面频率比 f/f_g 随之变化，另一方面使填充系数 η 改变，其综合结果是线圈阻抗将沿弦向变化，这和磁导率对阻抗的影响类似。这表明若不采取特殊措施，要想区分磁导率和直径对线圈阻抗的影响是不可能的。

（4）缺陷

缺陷对线圈阻抗的影响可以看作电导率和几何尺寸两个参数影响的综合结果。因此，它的效应方向应该介于电导率和几何尺寸效应之间。由于缺陷的位置、深度和形状等各种因素的综合影响，使缺陷效应的大小很难进行理论计算。所以，通常都是借助模型进行试验来研究缺陷对阻抗的影响，取各种不同材料、形状、尺寸和位置的缺陷，在不同的频率下进行试验，得到的结果制成参考图表，为试验提供依据。

图 5.78 所示为频率比 $f/f_g=15$ 时，根据对不同位置、形状、宽度裂纹的非铁磁性材料圆柱体进行模型试验得出的阻抗测量数据，绘制出的裂纹对线圈视在阻抗影响的曲线。

（5）检测频率

由式（5-54）可以看出，检测频率对线圈阻抗的影响表现在影响 μ_{eff} 的参变量 $f/f_g=2\pi f\mu\sigma r^2$ 上。因此，检测频率 f 和电导率 σ 两者的效应方向在阻抗平面图上是一致的。

在实际的涡流检测中，为了分析各种影响因素，有必要选择最佳的检测频率，而最佳检测频率的选择随检测目的和对象的不同有所不同。通常最佳检测频率要大于特征频率 f_g 若干倍。

2）其他常用类型检测线圈的阻抗分析

（1）内含导电管材的穿过式线圈

对于非铁磁性材料的薄壁管件，特征频率为

$$f_g=\frac{5066}{\mu_r\mu_0\sigma d_i W}\qquad(5-55)$$

式中，d_i 为管件内径；W 为管件壁厚。

管件的填充系数为

$$\eta=(d_a/d_c)^2\qquad(5-56)$$

式中，d_a 为管件外径；d_c 为线圈内径。同样可用式（5-54）来分析各种因素对线圈阻抗的影响。

厚壁管穿过式线圈的阻抗曲线位于圆柱体和薄壁管两者的曲线之间。

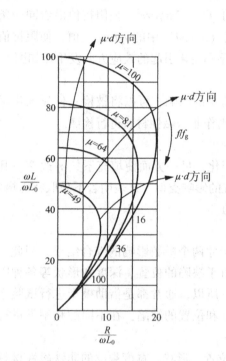

图 5.77　$\eta = 1$ 时，含铁磁性导电圆柱体
线圈的复阻抗平面图

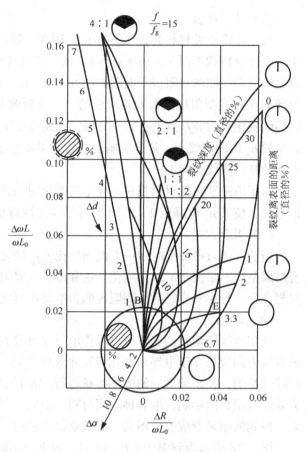

图 5.78　裂纹对线圈视在阻抗
影响的曲线

（2）导电管件的内通式线圈

将线圈插入并通过被检管材（或管道）内部进行检测的线圈为内通式线圈。

对于薄壁管件，用内通式线圈检测薄壁管件时，其线圈阻抗的变化情况可借用穿过式线圈的阻抗图加以分析。

对于非铁磁性材料的厚壁管件，其特征频率为

$$f_{g} = \frac{5066}{\mu_{r}\mu_{0}\sigma d_{i}} \tag{5-57}$$

式中，d_i 为管件内径。

管件的填充系数为

$$\eta = (d_{c}/d_{i})^{2} \tag{5-58}$$

式中，d_c 为线圈直径。同样可用式（5-54）来分析各种因素对线圈阻抗的影响。

（3）放置式线圈

在检测过程中，以轴线垂直于被检工件表面的方位放置在其上的线圈为放置式线圈。用放置式线圈检测板材时，线圈阻抗的变化不仅与材料的电导率、磁导率等因素的变化有关，而且还受线圈至板材表面的距离变化的影响，此即所谓的提离效应。当测定材料表面涂层或镀层厚度时，要利用放置式线圈的提离效应；而为了测量材料的电导率或进行材料检测时，则要设法通过选择频率来减小提离效应的干扰，提高检测结果的准确性和可靠性。

5.6.3 涡流检测装置

涡流检测装置包括检测线圈、信号检出电路、检测仪器和辅助装置，另外还配有标准试样和对比试样。

1. 涡流检测线圈

检测线圈是涡流检测装置的重要组成部分。检测线圈又称探头，它对检测结果的好坏起重要作用。根据检测线圈阻抗的变化推断被检材料或工件的特性是涡流检测的特点。

进行涡流检测要先在被检工件或材料上激励出交变磁场，因而需要一个激励线圈。与此同时，为了计量涡流磁场的变化，还要有一个测量线圈。激励线圈和测量线圈可以分开放置，也可以是一个线圈兼具激励和测量两种功能。在不需要区别线圈功能的场合，可把激励线圈和测量线圈统称为检测线圈。

线圈的结构和形式不同，其性能和适用性有很大差异。涡流检测线圈的分类有多种方法，常用的分类方法有以下三种。

1）按感应方式分类

按照感应方式的不同，检测线圈可分为自感式线圈和互感式线圈（又称为参量式线圈和变压器式线圈），如图5.79所示。

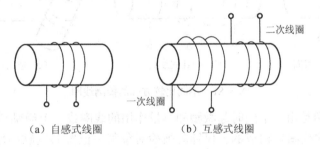

图5.79　不同感应方式的检测线圈

（1）自感式线圈由单个线圈构成，该线圈产生激励磁场，在导电体中形成涡流，同时又是感应、接收导电体中涡流再生磁场信号的测量线圈。

（2）互感式线圈一般由两个或两组线圈构成，其中一个（组）是用于产生激励磁场在导电体中形成涡流的激励线圈（又称为一次线圈），另一个（组）是感应、接收导电体中涡流再生磁场信号的测量线圈（又称为二次线圈）。

2）按应用方式分类

按照应用方式的不同，检测线圈可分为放置式线圈、穿过式线圈、内通式线圈，如图5.80所示。

（1）放置式线圈又称为探头式线圈。在应用过程中，穿过式线圈和内通式线圈的轴线平行于被检工件的表面，而放置式线圈的轴线垂直于被检工件的表面。这种线圈可以设计、制作得很小，而且线圈中可以附加磁芯，从而增强磁场强度和聚焦磁场，因此具有较高的检测灵敏度。这种线圈不仅可用于板材、带材、管材、棒材等原材料的检测，而且可更广泛地用于各种复杂形状零件的检测。

（2）穿过式线圈是将工件插入并通过线圈内部进行检测，广泛用于管、棒、线材的在线涡流检测。对厚壁管材和棒材而言，受涡流趋肤效应的限制，一般仅可对表面和近表面质量

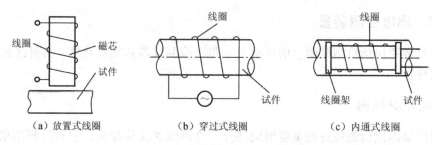

图 5.80 不同应用方式的检测线圈

进行检测。由于形状规则的管、棒、线材可非接触地通过线圈，因此易于实现对批量材料的高速、自动化检测。

（3）内通式线圈是将其插入并通过被检管材（或管道）内部进行检测，广泛用于管材或管道质量的在线涡流检测。

3）按比较方式分类

按照比较方式的不同，检测线圈可分为绝对式线圈和差动式线圈，而差动式线圈又分自比式和他比式两种，如图 5.81 所示。

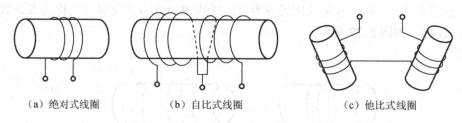

图 5.81 不同比较方式的捡测线圈

（1）绝对式线圈是由一个同时起激励和测量作用的线圈或一个激励线圈（一次线圈）和一个测量线圈（二次线圈）构成的，仅针对被检对象某一位置的电磁特性直接进行检测，而不与被检对象的其他部位或对比试样某一部位的电磁特性进行比较检测。

（2）差动式线圈是两个测量线圈反接在一起进行工作的。自比式线圈由一个激励线圈（一次线圈）和两个测量线圈（二次线圈）构成，对被检对象相邻两处的电磁特性进行比较。他比式线圈对被检对象某一位置的电磁特性与另一对象的电磁特性进行比较，通常这一参比对象是对比试样。

2. 信号检出电路

涡流检测中，通常将涡流检测线圈作为构成平衡电桥的一个桥臂。在正常情况下，可通过调节平衡电桥中的可变电阻实现桥式电路的平衡，如图 5.82 所示。

当检测阻抗发生变化（如线圈的被检零件中出现缺陷）时，桥路失去平衡，这时输出电压不再为零，而是一个非常微弱的信号，其大小取决于被检零件的电磁特性。

$$U = \left(\frac{Z_2}{Z_1 + Z_2} - \frac{Z_4}{Z_3 + \Delta Z_3 + Z_4} \right) U_i \tag{5-59}$$

式中，Z_2、Z_4 为固定桥臂阻抗；ΔZ_3 为检测线圈阻抗的变化。通过测量 U，可间接得到 ΔZ_3。

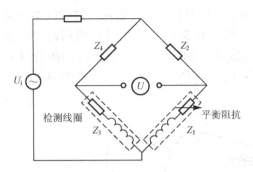

图 5.82 检测线圈作为电桥桥臂之一的平衡电路

3. 涡流检测仪器

涡流检测仪器是涡流检测的核心部分，其作用为产生交变电流供给检测线圈，对检测到的电压信号进行放大，抑制或消除干扰信号，提取有用信号，最终显示检测结果。根据检测对象和目的，涡流检测仪器分涡流探伤、涡流电导仪和涡流测厚仪三种。随着电子技术的发展，还出现了智能型涡流检测仪器。

4. 辅助装置

辅助装置主要包括磁饱和装置、试样传动装置、探头驱动装置、标记装置等。其中，磁饱和装置用来对铁磁性材料进行磁饱和处理，以消除磁性不均匀及增大涡流透入深度。

5. 标准试样和对比试样

标准试样和对比试样用来与被检对象比较，以便评价被检对象的质量。

5.6.4 涡流检测的应用

涡流检测技术以其适用性强、非接触耦合、检测装置轻便，以及易于实现高速、自动化检测等优点而在冶金、化工、电力、航空、航天、核工业等工业部门得到了较广泛的应用。它不仅可以进行缺陷检测，还可用于材质分选、电导率测量、防护层厚度测量等方面。

1. 涡流探伤

涡流探伤能发现导电材料表面和近表面的缺陷。

涡流探伤检测到的信号不仅与缺陷有关，还与被检对象的形状、尺寸等有关，所以，正确、可靠地将缺陷信号从多种干扰因素所产生的噪声信号中分离、提取出来是涡流检测的根本目标。为此，要对全部引起涡流响应的因素及其作用规律进行分析、认识。这些影响因素包括工作频率、电导率、磁导率、边缘效立、提离效应等。

1）管、棒材探伤

用高速、自动化的涡流探伤装置可以对成批生产的金属管材和棒材进行无损检测。首先，自动上料进给装置使管材等速、同心地进入并通过涡流检测线圈，然后，分选下料机构根据涡流检测结果，按质量标准规定将经过探伤的管材分别送入合格品、次品和废品料槽。

用于管材探伤的检测线圈是多种多样的。小直径管材（直径≤75mm）探伤通常采用激励线圈与测量线圈分开的互感型穿过式线圈；当管材为铁磁性材料时，外层还要加上磁饱和线圈（如图 5.83 所示），用直流电对管材进行磁化，这种线圈最适宜检测凹坑、锻屑、折叠和裂纹等缺陷，检测速度一般为 0.5m/s；检测管材的周向裂纹或当管材的直径超过 75mm 时，宜采用小尺寸的探头式线圈（如图 5.84 所示）以检测管材上的短小缺陷，探头数量的多少取决于管径的大小。探头式线圈的优点是提高了检测灵敏度，但其探伤的效率要比穿过式线圈低。

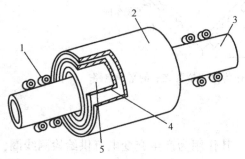

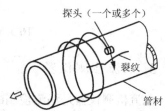

1—V 形滚轮；2—磁饱和线圈；3—管材；4—激励线圈；5—测量线圈

图 5.83　检测管材的穿过式线圈

图 5.84　检测管材的探头式线圈

可采用类似于管材自动探伤的装置对大批量生产的棒材、线材和丝材进行涡流探伤。但为了检出棒材表面以下较深的缺陷，应选用与同直径的管材探伤相比较低一些的工作频率，而金属丝材探伤所选用的频率则要高一些，以获得适当的 f/f_g 值。

2）在役管道的维修检查

涡流探伤的另一个用途是对在役管道进行维修检查。例如，要检测热交换器中管道的腐蚀开裂或腐蚀减薄情况，可采用内通式线圈检测。先将外径略小于被检管件内径的内通式线圈放进一根与被检管件性质相同的校准管中，并记录下该管件上每个人工缺陷显示信号的波幅，然后将该检测线圈送进待检管内直达其底部，再将其匀速拉出，一旦发现缺陷信号，即与校准管的人工缺陷信号比较以确定该缺陷的当量。在这种情况下，需要配备各种用途的内通式线圈和探头传动机构。

3）不规则形状材料和零件探伤

适合采用放置式线圈进行检测的，既包括形状复杂的零件，也包括除管、棒材以外形状不规则的材料和零件，如板材、型材等。

由于这类材料和零件的形状、结构多种多祥，因此放置式线圈的形貌也多种多样。例如，要采用涡流检测完成飞机维修手册所规定的全部检测项目，就要配备笔试探头、钩式探头、平探头、孔探头和异形探头等。

2. 电导率测量和材质分选

电导率的测量是利用涡流电导仪测量出非铁磁性金属的电导率值，而电导率值与金属所含杂质、材料的热处理状态，以及某些材料的硬度和耐腐蚀等性能有关，所以可进行材质的分选。

3. 涡流测厚

用涡流检测可以测量金属基体上的覆层及金属薄板的厚度，利用的是探头式线圈的提离效应。可测量厚度一般在几微米至几百微米的范围。

用涡流检测测量金属薄板的厚度时，检测线圈既可按反射工作方式布置在被检薄板的同一侧，也可按透射方式布置在其两侧，但都是根据在测量线圈上测得的感应电压值来推算金属薄板厚度的。

5.6.5 涡流检测技术的新发展

随着工业的发展，对材料、产品检测要求的不断提高，并由于涡流检测自身的特点，人们逐步认识到常规涡流检测技术的一些局限性，它对解决某些问题显得无能为力。例如，高频磁场激励的涡流，由于极强的趋肤效应，使它对更深层缺陷和材料特性的检测受到限制；由于对提离效应敏感，使得检测线圈与被检试件间精确、稳定的耦合十分困难；干扰信号同有用信号混淆在一起，无法分离、辨别；检测易受工件形状限制等。针对以上这些问题，科学家们提出了很多新的基于电磁原理的检测设想，经过逐步发展，形成了一些相对独立的新的检测方法，如远场涡流、电流扰动、磁光涡流、涡流相控阵检测技术等。它们同常规的涡流检测技术一起组成了电磁涡流检测技术，这些技术方法的分类并不是非常明确的，而是相互融合和交叉的，且各有优势。

5.7 红 外 检 测

5.7.1 红外无损检测基础

红外检测常被称为红外无损检测。近几年，红外无损检测技术发展很快，已经成为传统无损检测技术（如激光全息检测、超声波检测等技术）的补充及替代。该技术也可以与其他检测技术相结合以提高检测的精确度及可靠性。与传统的检测技术相比，该技术的特点如下。

（1）适用于金属和非金属材料，适用范围广。

（2）测量结果具有可视性，可以通过图像显示测量结果。

（3）非接触式测量，不会对试样造成污染。

（4）观测面积很大，对于大型检测对象可对其进行拼接处理。

（5）检测设备便携、可移动，特别适用于现场在线检测。

（6）检测速度快。

红外无损检测技术的优点为操作安全、灵敏度高、检测效率高。由于进行红外无损检测时不需要与被检对象直接接触，所以操作十分安全。这个优点在带电设备、转动设备及高空设备的无损检测中非常突出。现代红外探测器对红外辐射的检测灵敏度很高，目前的红外无损检测仪器可以检测出 0.1℃的温度差，因此能检测出设备或结构件等热状态的细微变化。由于红外探测器的响应速度高达纳秒级，所以可迅速采集、处理和显示被检对象的红外辐射，检测效率高。一些新型的红外无损检测仪器还可与计算机相连或自身带有微处理器，实现数字化图像处理，扩大了其功能和应用范围。另外，红外辐射不受可见光的影响，可昼夜进行测量。大气对某些特定波长范围内的红外线吸收甚少，适用于遥感和遥测。

1. 红外辐射及传输

1）红外辐射

红外辐射是位于可见光中红光以外的光线，故又称红外线。它是一种人眼看不见的光线，其频率和波长范围如图 5.85 所示，波长范围为 0.75~1000μm，相对应的频率范围为 $4×10^{14}$~

$3×10^{11}$Hz。任何物体，只要其温度高于绝对零度就有红外线向周围空间辐射。

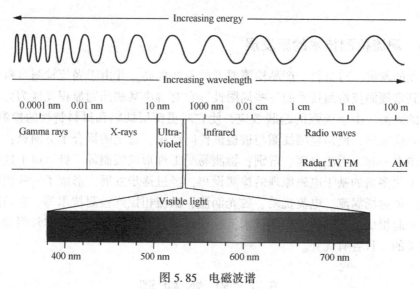

图5.85　电磁波谱

红外线和所有电磁波一样，具有反射、折射、散射、干涉、吸收等特性。能全部吸收投射到它表面的红外辐射的物体称为黑体；能全部反射的物体称为镜体；能全部透过的物体称为透明体；能部分反射、部分吸收的物体称为灰体。严格地讲，在自然界中，不存在黑体、镜体与透明体。

2）红外辐射的传输

和所有电磁波一样，红外辐射是以波的形式在空间直线传播的。它在真空中的传播速度等于光在真空中的传播速度，即

$$c = \lambda f \tag{5-60}$$

式中，λ 为红外辐射的波长；f 为红外辐射的频率；c 为光在真空中的传播速度。

红外辐射在大气中传播时，由于大气中的气体分子、水蒸气，以及固体微粒、尘埃等物质的散射、吸收作用，使辐射在传输过程中逐渐衰减。从红外辐射通过1海里长度大气的透过率曲线（如图5.86所示）可以看出，它在通过大气层时由于大气有选择的吸收使其被分

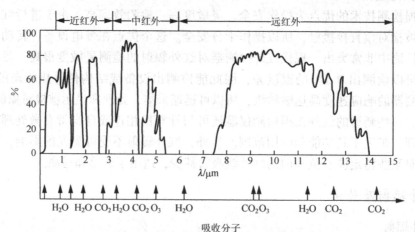

图5.86　红外辐射通过1海里长度大气的透过率曲线

割成三个波段，即$2\sim2.5\mu m$、$3\sim5\mu m$ 和 $8\sim14\mu m$，统称为大气窗口。这三个大气窗口对红

外技术应用特别重要，因此一般红外仪器都工作在这三个窗口之内。

2. 相关物理知识

1）普朗克假说

普朗克（M. Planck）在与实验物理学家鲁本斯讨论热辐射问题中的矛盾后，经过悉心研究后提出，对于频率为 v 的电磁辐射，物体只能以 hv 为单位发射或吸收它，即物体发射或吸收电磁辐射只能以"能量子"方式进行，每个能量子的能量为

$$\varepsilon = hv \tag{5-61}$$

式中，$h = 6.63 \times 10^{-34} J \cdot s$，称为普朗克常数。

$$W_\lambda = \frac{2\pi hc^2}{\lambda^5} \frac{1}{e^{\frac{ch}{\lambda kT}} - 1} \tag{5-62}$$

2）基尔霍夫定律

1860 年，基尔霍夫在研究辐射传输的过程中发现，在任意给定的温度下，辐射通量密度和吸收系数之比，对任何材料都是常数。用一句精炼的话表达，即"好的吸收体也是好的辐射体"。

$$E_R = \alpha E_0 \tag{5-63}$$

式中，E_R 为物体在单位面积和单位时间内发射出的辐射能；α 为物体的吸收系数；E_0 为常数，其值等于黑体在相同条件下发射出的辐射能。

3）斯特藩-玻耳兹曼定律

物体温度越高，发射的红外辐射能越多，在单位时间内其单位面积辐射的总能量 E 为

$$E = \sigma \varepsilon T^4 \tag{5-64}$$

式中，T 为物体的绝对温度（K）；σ 为斯特藩-玻耳兹曼常数，$\sigma = 5.67 \times 10^{-8} W/(m^2 \cdot k^4)$；$\varepsilon$ 为比辐射率，黑体的 $\varepsilon = 1$。

$$M = \int_0^{+\infty} M_\lambda d_\lambda = \sigma T^4 \tag{5-65}$$

4）维恩位移定律

红外辐射的电磁波中，包含着各种波长，其峰值辐射波长 λ_m 与物体自身的绝对温度 T 成反比，即

$$\lambda_m = 2897/T (\mu m) \tag{5-66}$$

峰值辐射波长处有

$$\frac{\partial M_\lambda}{\partial \lambda} = 0 \tag{5-67}$$

图 5.87 所示为不同温度的光谱辐射分布曲线，图中虚线表示了由式（5-66）描述的峰值辐射波长 λ_m 与温度的关系曲线。从图中可以看到，随着温度的升高其峰值波长向短波方向移动，在温度不很高的情况下，峰值辐射波长在红外区域。

光的发射与吸收本质上是电子在原子、分子能级间跃迁的结果，处在低能级的电子，吸收适当能量的光子就会跃迁到高能级。在分子中，不但要考虑电子的轨道运动能级，而且要考虑由于分子的振动和转动附加上的振动能级和转动能级。一般情况下，电子的能量应为

$$E = E_e + E_v + E_r \tag{5-68}$$

而能级跃迁所造成的能量变化为

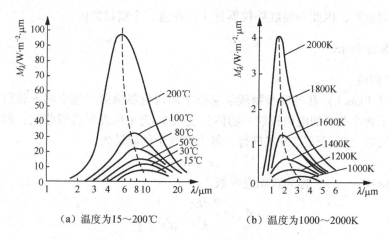

（a）温度为15～200℃　　　　　　（b）温度为1000～2000K

图 5.87　不同温度的光谱辐射分布曲线

$$\Delta E = \Delta E_e + \Delta E_v + \Delta E_r \tag{5-69}$$

物质的分子要发射或吸收红外辐射，必须有合适的振动能级和转动能级，而这些能级的存在实际上是由分子结构决定的。振动能级与对应的光谱范围如图 5.88 所示。

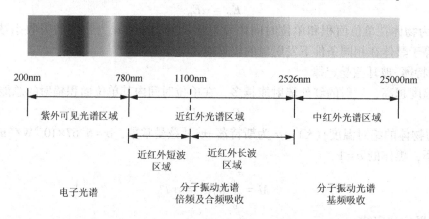

图 5.88　振动能级与对应的光谱范围

3. 红外探测器

红外探测器是能将红外辐射能转换成电能的光敏元件，用来监测物体辐射的红外线。它是红外检测系统中最重要的元件之一。这里简单介绍它的分类和性能参数。

1）常用红外探测器的分类

红外探测器分热电型和光电型两类。这两类探测器不但在性能上有差异，而且在工作原理上也不相同。

热电型红外探测器是利用热电元件、热敏电阻或热电偶等元件的热效应进行工作的。它们一般灵敏度低，响应慢，但有较宽的红外波长响应范围，且价格便宜，常用于温度的测量及自动控制。

光电型红外探测器可直接把红外光能转换成电能，灵敏度高，响应快，但其红外波长响应范围窄，有的在低温条件下才能使用。光电型红外探测器广泛应用在遥测、遥感、成像、测温等方面。

2）红外探测器的性能参数

不同的红外探测器不但工作原理不同，而且其探测的波长范围、灵敏度和其他主要性能都不同。下面的几个参数常用来衡量各种红外探测器的主要性能。

（1）响应率。响应率表示红外探测器把红外辐射转换成电信号的能力，它等于输出信号电压与输入红外辐射能之比。

（2）响应波长范围（光谱响应）。响应波长范围表示探测器的电压响应率与入射波波长之间的关系，一般用光谱响应曲线来表示。对任何波长的红外辐射响应率都相等的红外探测器，称为无选择性探测器；如果红外探测器对不同波长的红外辐射响应率不相等，则称为选择性探测器。热电型探测器一般可认为是无选择性探测器，而光电型探测器为有选择性探测器。一般将响应率最大的值所对应的波长称为峰值波长，而把响应率减小到响应率最大值的一半所对应的波长称为截止波长。响应波长范围也表示红外探测器使用的波长范围。

（3）噪声等效功率。红外探测器的输出电压较低，外界噪声对它的影响很大，因此要用噪声等效功率来衡量红外探测器的性能。噪声等效功率是输出信噪比为 1 时所对应的红外入射功率值，也即红外探测到的最小辐射功率，该值越小，探测器越灵敏。

（4）探测率。探测率为噪声等效功率的倒数。

（5）响应时间。输出信号滞后于红外辐射的时间，称为探测器的响应时间，它反映红外探测器的输出信号随红外辐射变化的速度。

5.7.2　红外无损检测方法

将热量注入工件表面，其扩散进入工件内部的速度及分布情况由工件内部性质决定。另外，材料、装备及工程结构件等在运行中的热状态是反映其运行状态的一个重要方面。热状态的变化和异常，往往是确定被测对象的实际工作状态和判断其可靠性的重要依据。红外无损检测按其检测方式分为主动式和被动式两类。前者是在人工加热工件的同时或加热后经过延迟扫描记录和观察工件表面的温度分布，适用于静态件检测；后者是利用工件自身的温度不同于周围环境的温度，在两者的热交换过程中显示工件内部的缺陷，适用于运行中设备的质量控制。

5.7.3　红外无损检测仪器

1. 红外测温仪

红外测温仪是用来测量设备、结构、工件等表面某一局部区域的平均温度的，通过特殊的光学系统，可以将目标区域限制在 1mm 以内甚至更小，因此有时也将其称为红外点温仪。它主要通过测定目标在某一波段内所辐射的红外辐射能量的总和，来确定目标的表面温度。其响应时间可小于 1s，测温范围可达 $0 \sim 3000 ℃$。

图 5.89 所示为红外测温仪的结构原理图。它由光学系统、调制器、红外探测器、放大器、显示器等部分组成。红外测温仪的主要技术参数有温度范围、工作波段、响应时间、目标尺寸、距离系数和辐射率范围等。

红外测温仪的特点如下。

（1）测量过程不影响被测目标的温度分布，可用于对远距离、带电及其他不能直接接触的物体进行温度测量。

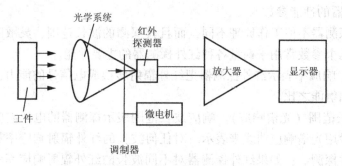

图 5.89　红外测温仪的结构原理图

（2）响应速度快，适宜对高速运动物体进行测量。

（3）灵敏度高，能分辨微小的温度变化。

（4）测温范围宽，能测量的温度范围为 $-10 \sim +1300℃$，比色温度计是不需要修正读数的红外测温计。

2. 红外热像仪

红外无损检测的主要设备是红外热像仪。红外辐射符合几何光学的一些定律，利用红外辐射进行物体成像不需要外加光源，红外成像时需要特殊的光学系统——红外光学系统。红外测温仪所显示的是被测物体的某一局部的平均温度；红外热像仪则显示的是一幅热图，是物体红外辐射能量密度的二维分布图。

要想将物体的热像显示在监视器上，首先需要将热像分解成像素，然后通过红外探测器将其变成电信号，再经过信号处理，在监视器上成像。图像的分解一般采用光学机械扫描方法。目前，高速的红外热像仪可以做到实时显示物体的红外热像。

红外热像仪除了具有红外测温仪的各种优点，还具有以下特点。

（1）快速有效，结果直观。红外热像仪能显示物体的表面温度场，并以图像的形式显示。

（2）分辨力强。现代红外热像仪可以分辨 $0.1℃$ 甚至更小的温差。

（3）显示方式灵活多样。温度场的图像可以采用伪彩色显示，也可以通过数字化处理，采用数字显示各点的温度值。

（4）能与计算机进行数据交换，便于存储和处理。

5.7.4　红外无损检测的应用

1. 红外无损检测在热加工中的应用

在热加工中应用红外无损检测技术的场合比较多。

（1）点焊焊点质量的无损检测。采用外部热源给焊点加热，利用红外热像仪检测焊点的红外热图及其变化情况来判断焊点的质量。无缺陷的焊点，其温度分布是比较均匀的，而有缺陷的焊点则不然，并且移开热源后其温度分布的变化过程与无缺陷焊点将产生较大差异。上述信息可以用来进行焊点质量的红外无损检测。图 5.90 所示为点焊焊点质量的红外无损检测示意图。

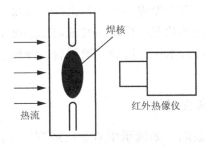

图 5.90 点焊焊点质量的红外无损检测示意图

（2）铸模检测。用红外热像仪测定压铸过程中压铸模外表面温度分布及其变化，并进行计算机图像处理，得到热像图中任意分割线上各像素元点的温度值，然后结合有限元或有限差分方法，用计算机数值模拟压铸模内部的温度场，可给出直观的压铸过程温度场的动态图像。

（3）压力容器衬里检测。利用红外无损检测技术进行压力容器衬里脱落或缺陷检测的方法是：利用红外热像仪从容器表面温度场数据的传热理论分析和用计算机程序的实例计算，推算出容器内衬里层的变化，从而达到对容器内衬里缺陷的定量诊断。

（4）焊接过程检测。在焊接过程中，很多场合都会应用到红外无损检测技术。例如，采用红外点温仪在焊接过程中实时检测焊缝或热影响区某点或多点温度，进行焊接参数的实时修正；采用红外热像仪检测焊接过程中的熔池及其附近区域的红外图像，经过分析处理，获得焊缝宽度、焊道的熔透情况等信息，实现焊接过程的质量与焊缝尺寸的实时控制；在自动焊管生产线上采用红外线阵 CCD 实时检测焊接区的一维温度分布，通过控制焊接电流的大小，保证获得均匀的焊缝成形。

（5）轴承质量检测。被测轴瓦是由两层金属压碾而成的，可能存在中间层或大的体积状、面状缺陷。由于内部有缺陷处与无缺陷处传热速度不同，对工件反面加热，导致有缺陷处温度低于无缺陷处的表面温度，通过红外摄像可获得缺陷的图像和尺寸。用类似方法也可进行轴承滚子表面裂纹的检测。

2. 电气设备的红外无损检测

电气设备和其他设备一样，无论在运行状态还是在停止状态，都具有一定的温度，即处于一定的热状态中。设备在运行中处于何种热状态，直接反映了设备工作是否正常及运行状态是否稳定良好。使用红外热成像装置进行设备的热状态异常检测，国内外都有很多应用实例。例如，在电力系统的设备诊断中，应用红外热像仪检测发电机、变压器、开关、接头、压接管等，能有效地发现不正常的发热点，及时进行处理和检修，防止可能发生的停电事故；此外，在电厂，也将该项技术用于水冷壁管的检测，判断是否存在堵塞现象。

3. 红外泄漏检测

在实际生产中，管束振动、腐蚀、疲劳、断裂等原因将导致换热器壳内或管内介质发生泄漏，从而降低产品质量和生产能力，影响生产的正常运行。换热器泄漏发生及程度的判定，对保证换热器安全运转、节约能源、充分发挥其传热性能及提高经济效益具有重要意义。除了可根据生产工艺参数进行工况分析外，还可以采用红外测温技术监测换热器的运行情况，及时发现其泄漏的性质和部位。

例如，某化工总厂在生产过程中发现一换热器出现高温报警，就采用红外热像仪进行温度检测，获得了换热器的温度分布状况。检测中发现局部温度不正常，通过分析证实了换热器壳侧的氨气已泄漏到管侧的冷却水中，造成气液混合，降低了冷却效果，使出口温度不断升高。

4. 红外无损检测的特殊应用

火车车轮轴承座如果出现缺陷（如轴承中有裂纹或润滑不足等），在列车运行中其相关部位的温度会迅速升高而过热，若不能及时发现，则可能导致车轮卡住或轴承损坏，有可能使列车出轨。

对于上述问题，可采用红外无损检测解决。在指定地点的钢轨两侧安装红外探测器，使过往列车车轮轴承发射的红外辐射恰好入射至红外探测器的物镜上，监测轮轴超过规定温度标准的过热情况。

5.7.5 红外无损检测技术的发展

红外理论的实际应用是从军事方面开始的。应用红外物理理论和红外技术成果对材料、装置和工程结构等进行无损检测与诊断，首先是从电力部门开始的。20 世纪 60 年代中期，瑞典国家电力局和 AGA 公司合作，把红外前视系统加以改进，用于运行中电力设备热状态的诊断，开发出了第一代工业用红外热像仪。与此同时，各种各样的用于无损检测与诊断的红外测温装置也相继出现。这些红外测温仪不仅可以进行温度测量，更重要的是可以应用于设备与构件等的热状态诊断。目前，红外无损检测技术正在和计算机技术、图像处理技术相结合，以期在设备、结构等的无损检测中发挥更大的作用。

思考与练习

1. 无损检测技术的应用特点有哪些？开展无损检测技术研究的意义表现在哪几个方面？
2. 简述无损检测技术的分类和对应的英文简写。简述无损检测技术的发展趋势。
3. 什么是超声波检测？简述超声波检测方法。
4. 简述 X 射线检测的基本原理。
5. 射线检测中应用最多的三种射线是什么？
6. 采用针孔测量焦点尺寸，已知针孔直径为 0.2mm，焦点至针孔的距离为 800mm，针孔至胶片的距离为 400mm，拍摄出焦点影像为 $\phi 2.3$mm，求该 X 射线管的有效焦点尺寸。
7. 简述磁粉检测的原理及其适用范围。
8. 使用交叉磁轭法应注意哪些事项？
9. 简述渗透检测的工作原理和操作步骤。
10. 什么是试块？试块的主要作用是什么？
11. 简述毛细现象产生的机理。
12. 什么叫交流电流的趋肤效应？

第6章
信号的调理及处理

6.1 信号调理电路

信号调理电路是测控系统的组成部分，它的输入是传感器的输出信号，输出为适合传输、显示、记录或能更好地满足后续标准设备或装置要求的信号。例如，传感器的输出信号如果不在$-10\sim +10V$范围内，那么在接入 A/D 转换器前，必须首先经过信号调理电路。信号调理电路通常具有放大、电平移动、阻抗匹配、滤波、调制、解调等功能。另外，从数据域的角度考虑，可以认为信号调理电路能够实现数据域之间的变换。

传感器输出信号通常可以分为模拟量和数字量两类。对模拟量信号进行调整匹配时，传感器的信号调理环节相对复杂一些，通常需要放大电路、调制与解调电路、滤波电路、采样/保持电路、A/D 转换电路等。而对数字量信号进行调整匹配时，通常只需使信号通过比较器电路及整形电路，再用控制计数器计数即可。图 6.1 和图 6.2 所示分别为传感器的输出为模拟量和数字量的信号调理过程示意图。

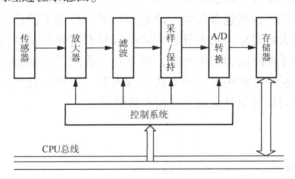

图 6.1　传感器的输出为模拟量的信号调理过程示意图

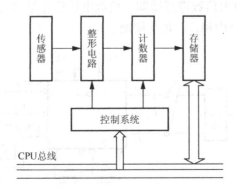

图 6.2　传感器的输出为数字量的信号调理过程示意图

被测物理量经传感环节转换为电阻、电容、电感、电压、电流、电荷等电量的变化，由于在测量过程中不可避免地受到各种内外干扰因素的影响，为了正确使用被测信号，并最后驱动显示、记录、控制等仪器，需进一步将信号输入计算机进行数据处理，以抑制干扰噪声，提高信噪比，使之利于进一步的传输和在后续环节中的处理。检测系统的数据传输过程如图 6.3 所示。

本节将集中讨论一些常用的信号调理电路，如信号放大电路、信号滤波电路、信号转换电路、调制与解调及信号的非线性校正与补偿。

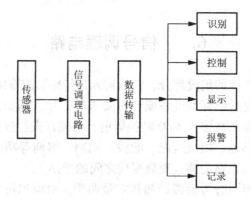

图 6.3　检测系统的数据传输过程

6.1.1　信号放大电路

信号放大电路是指用来放大传感器输出的微弱电压、电流、电荷等信号的电路。在许多场合下，传感器输出的微弱信号包含低频、静电和电磁耦合等干扰信号，有时是完全同相的共模干扰。虽然运算放大器对接入到差分端的共模信号有较强的抑制能力，但简单的反相输入或同相输入接法，由于电路结构的不对称，抗共模干扰的能力很差，故不能用于精密测量场合。因此，在精密测量中常使用另一种形式的放大器，即测量放大器，它广泛用于传感器的信号放大，特别是微弱信号及具有较大共模干扰的场合。

1. 测量放大器

1）基本测量放大器

图 6.4 所示为测量放大器的示意图。差分输入端 U_+ 和 U_- 与信号源相连，外接电阻 R_g 用于粗调放大倍数，R_s 可对放大倍数进行微调。负载电压信号是测量端 S 与参考端 R 之间的电位差。通常 S 端与 U_o 端在外面相连，R 端接地。

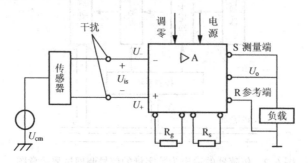

图 6.4　测量放大器的示意图

2）三运放测量放大器

图 6.5 所示为三个运算放大器构成的测量放大器。它由二级放大器串联组成，前级是两个对称同相放大器，输入信号加在 A_1、A_2 的同相输入端，从而具有高抑制共模干扰的能力和高输入阻抗；后级是差分放大器，它不仅将前级共模干扰互相抵消，而且还将双端输入方式变换成单端输出方式，适应对地负载的需要。

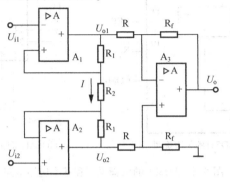

图 6.5　三个运算放大器构成的测量放大器

由图 6.5 可得

$$U_A = U_{i1} , \quad U_B = U_{i2} \qquad (6-1)$$

$$U_{i1} - U_{i2} = \frac{R_2}{2R_1 + R_2}(U_{o1} - U_{o2}) \qquad (6-2)$$

由式（6-2）可得

$$U_{o1} - U_{o2} = \left(1 + \frac{2R_1}{R_2}\right)(U_{i1} - U_{i2}) \qquad (6-3)$$

输出电压为

$$U_o = \frac{R_f}{R}(U_{o2} - U_{o1}) \qquad (6-4)$$

设 $U_{id} = U_{i1} - U_{i2}$，由式（6-3）、式（6-4）得输出电压为

$$U_o = -\frac{R_f}{R}\left(1 + \frac{2R_1}{R_2}\right)U_{id} \qquad (6-5)$$

由式（6-5）可知，当 $U_{i1} = U_{i2} = U_1$ 时，即 $U_A = U_B = U_1$，R_2 中电流为零，则 $U_{o1} = U_{o2} = U_1$，输出电压 $U_o = 0$。由此可见，此电路放大了差模信号，抑制了共模信号。差模放大倍数数值越大，共模抑制比越高，而且当输入信号中含有共模噪声时，也将被抑制。

3）实用测量放大器

在实际应用要求较高的场合下，常采用集成测量放大器。AD521 就是 Analog Devices（美国模拟器件公司）的集成测量放大器，其引脚说明和基本应用电路如图 6.6 所示。其中，1、3 脚分别为同相输入端和反相输入端；7 脚为输出端；4、6 脚为调零端；5、8 脚分别为接负电源和正电源；2、14 脚之间接控制增益电阻 R_g；10、13 脚之间接另一个控制增益电阻 R_s；12 脚为敏感端；11 脚为参考端，若在 11 脚加一固定电压，则可改变输出端 7 的静态输出电压幅值。

AD521 集成测量放大器的放大倍数可调范围为 1～1000，输入阻抗为 3MΩ，共模抑制比可达 120dB，工作电压范围为 5～18V，放大倍数为 1 时的最高频率大于 2MHz。其实际放大倍

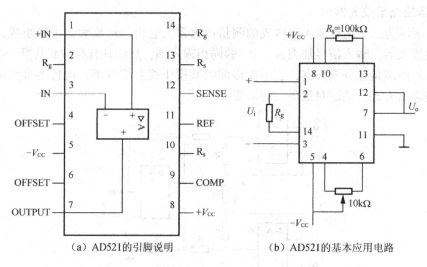

（a）AD521的引脚说明　　　　　　（b）AD521的基本应用电路

图 6.6　AD521 的引脚说明和基本应用电路

数为

$$G = \frac{U_o}{U_i} = \frac{R_s}{R_g} \tag{6-6}$$

值得提醒的是，在使用 AD521 或其他测量放大器时，特别注意应为偏置电流提供回路，为此，输入端 1 或 3 必须与电源地线相连，可直接相连或通过电阻相连，如图 6.7 所示。

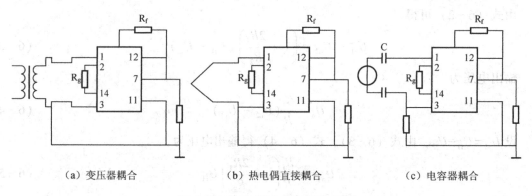

（a）变压器耦合　　　　（b）热电偶直接耦合　　　　（c）电容器耦合

图 6.7　AD521 输入信号耦合方式

2. 隔离放大器

在工业检测控制系统中，被测信号中往往包含高共模电压和干扰。为此，采用隔离放大器，其目的在于使共模电压和干扰信号隔离，同时又放大有用信号。图 6.8 所示为隔离放大器的示意图。它主要由输入部分、输出部分、信号耦合器和隔离电源组成。输入部分将传感器输出的信号滤波及放大，并调制成交流信号，通过隔离变压器耦合到输出部分，再将交流信号解调变成直流信号，经放大后输出 0～±10V 的直流电压。其放大增益范围为 1～1000。

目前，集成隔离放大器有变压器耦合式、光电耦合式和电容耦合式三种。

图 6.9 所示为 AD204 变压器耦合隔离放大器的示意图。1、2、3、4 引脚为放大器的输入引线端，一般可接成跟随器，也可根据需要外接电阻，接成同相比例放大器或反相比例放大器，以便放大输入信号。输入信号经调制器调制成交流信号后，经变压器耦合送到解调器，

然后由 37、38 引脚输出。31、32 引脚为芯片电源输入端，要求为直流 15V 单电源，功耗为 75mW。片内的 DC-DC 电流变换器把输入直流电压变换并隔离，然后将经隔离后的电源供给放大器输入级，同时送到 5、6 引脚输出。这样隔离放大器的输入级与输出级不共地，达到输入、输出隔离的目的。

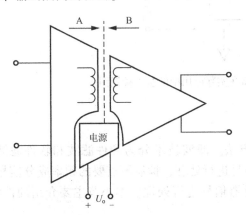

图 6.8　隔离放大器的示意图

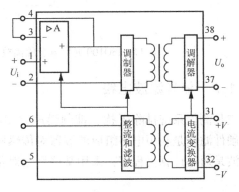

图 6.9　变压器耦合隔离放大器的示意图

图 6.10 所示为 ISO100 光电耦合隔离放大器的标意图。它由两个运放 A_1、A_2 和两个恒流源 I_{REF1}、I_{REF2} 及光电耦合器组成。光电耦合器有一个发光二极管 LED 和两个光电二极管 VD_1、VD_2。两个光电二极管与发光二极紧贴在一起，光匹配性能良好，参数对称。其中，VD_1 的作用是从 LED 的信号中引入反馈；VD_2 的作用是将 LED 的信号进行隔离耦合传送。图 6.11 所示为 ISO100 光电耦合隔离放大器在实际应用中的基本接线图，R 和 R_f 为外接电阻，用来调整放大器的增益。若 VD_1 和 VD_2 所受光照相同，则有

$$U_o = \frac{R_f}{R} U_i \tag{6-7}$$

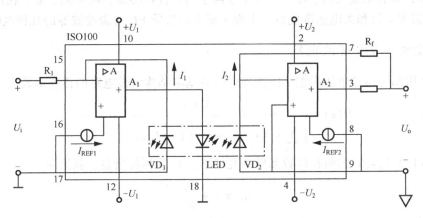

图 6.10　ISO100 光电耦合隔离放大器的示意图

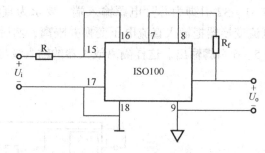

图 6.11 ISO100 光电耦合隔离放大器在实际应用中的基本接线图

6.1.2 信号滤波电路

滤波是测控系统排除干扰、抑制噪声常用的方法。滤波技术分为硬件滤波和软件滤波。其中，硬件滤波是利用电路组成滤波器对传感器信号进行处理，抑制不需要的频率成分信号；软件滤波是通过计算机程序，采用某些算法对传感器信号进行处理。本小节主要介绍硬件滤波技术。

硬件滤波器是一种选频电路，它的功能是让指定频段的信号以固定增益通过，而对其余频段的信号加以抑制或使其极大地衰减。它在测控系统中的作用有两个方面：一方面是滤除噪声，另一方面是分离各种不同的信号。依据不同的方法，滤波器有多种不同分类。根据滤波器处理信号的频带不同，滤波器可分为低通滤波器、高通滤波器、带通滤波器、带阻滤波器及全通滤波器五种；根据处理信号的性质不同，滤波器可分为模拟滤波器和数字滤波器两种；根据滤波器以何种方法逼近理想滤波器，滤波器可分为巴特沃思滤波器、切比雪夫滤波器和贝塞尔滤波器等；根据传递函数的微分方程阶次不同，滤波器可分为一阶滤波器、二阶滤波器和高阶滤波器；根据滤波电路所采用的元件不同，滤波器又可分为有源滤波器和无源滤波器。其中，无源滤波器由 R、L、C 等无源器件构成；有源滤波器通常由运算放大器和RC 网络构成，具有增益较高、输出阻抗小、易于实现各种类型的高阶滤波器、在构成超低频滤波器时无需大电容和大电感等优点。下面主要介绍二阶 RC 有源滤波器的几种电路形式。

1. 压控电压源型滤波电路

图 6.12 所示为压控电压源型二阶滤波电路的基本结构，该电路的传递函数为

$$H(s) = \frac{A_F y_1 y_2}{\left(\sum_{i=1}^{4} y_1\right) y_5 + [y_1 + (1 - A_F) y_3 + y_4] y_2} \tag{6-8}$$

式中，$y_i (i=1,2,3,4,5)$ 为所在位置元件的复导纳；A_F 为压控增益，其值为

$$A_F = 1 + \frac{R_F}{R_f} \tag{6-9}$$

当 $y_i (i=1,2,3,4,5)$ 取为不同的元件时，电路即可构成低通滤波器、高通滤波器和带通滤波器等滤波电路。

（1）低通滤波器。在图 6.12 中取 y_1 和 y_2 为电阻，y_3 和 y_5 为电容，$y_4 = 0$（即对应位置开路），可构成低通滤波器，如图 6.13 所示。

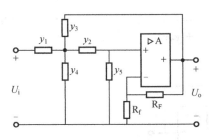

图 6.12 压控电压源型二阶滤波电路的基本结构

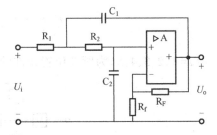

图 6.13 压控电压源型二阶低通滤波器滤波电路

（2）高通滤波器。在图 6.12 中取 y_1 和 y_2 为电容，y_3 和 y_5 为电阻，$y_4 = 0$，可构成高通滤波器，如图 6.14 所示。

（3）带通滤波器。在图 6.12 中取 y_2 和 y_4 为电容，y_1、y_3 和 y_5 为电阻，可构成带通滤波器，如图 6.15 所示。其品质因数 Q 表示为

$$Q = \frac{\omega_0}{\Delta\omega} = \frac{\omega_0}{\alpha\omega_0} \qquad （\Delta\omega \text{ 为带宽}） \qquad (6-10)$$

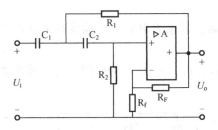

图 6.14 压控电压源型二阶高通滤波器滤波电路

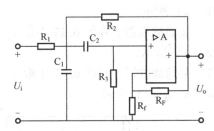

图 6.15 压控电压源型二阶带通滤波器滤波电路

（4）带阻滤波电路。图 6.16 所示为基于 RC 双 T 网络的二阶带阻滤波电路。为满足带阻滤波传递函数的要求，必须有

$$R_1 R_2 C_2 = (R_1 + R_2)(C_1 + C_2)R_3 \text{ 或 } R_3 = R_1 // R_2, \ C_3 = C_1 // C_2 \qquad (6-11)$$

实际只需取 $C_1 = C_2 = \dfrac{C_3}{2} C$ 即可。其品质因数 Q 表示为

$$Q = \frac{\omega_0}{\Delta\omega} = \frac{1}{\alpha} \qquad （\Delta\omega \text{ 为带宽}） \qquad (6-12)$$

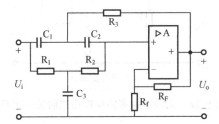

图 6.16 基于 RC 双 T 网络的二阶带阻滤波电路

2. 无限增益多路反馈型滤波电路

图 6.17 所示为无限增益多路反馈型滤波电路的基本结构，该电路的传递函数为

$$H(s) = -\cfrac{y_1 y_2}{\left(\sum_{i=1,2,3,5} y_i\right) y_4 + y_2 y_3} \tag{6-13}$$

式中，$y_i(i=1,2,3,4,5)$ 为所在位置元件的复导纳。

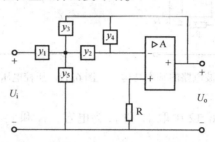

图 6.17　无限增益多路反馈型滤波电路的基本结构

当 $y_i(i=1,2,3,4,5)$ 取为不同的元件时，电路即可构成低通滤波器、高通滤波器和带通滤波器等滤波电路。

（1）低通滤波器。在图 6.17 中取 y_4 和 y_5 为电容，其余为电阻，可构成低通滤波器，如图 6.18（a）所示。

（2）高通滤波器。在图 6.17 中取 y_4 和 y_5 为电阻，其余为电容，可构成高通滤波器，如图 6.18（b）所示。

（3）带通滤波器。在图 6.17 中取 y_2 和 y_3 为电容，y_1、y_4 和 y_5 为电阻，可构成带通滤波器，如图 6.18（c）所示。

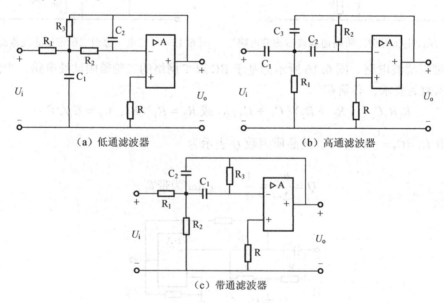

（a）低通滤波器　　　　　　　　（b）高通滤波器

（c）带通滤波器

图 6.18　无限增益多路反馈型二阶滤波电路

3. 双二阶环滤波电路

图 6.19 所示为双二阶环滤波电路的基本结构。它是利用两个以上由加法器、积分放大器等组成的运算放大电路，根据所要求的传递函数，引入适当的反馈构成的滤波电路。其突出特点是灵敏度低、特性稳定、可实现多种滤波。该电路的传递函数为

$$H(s) = -\frac{y_1 y_5 y_8 - y_8 y_9 (y_2 + y_3) - y_4 y_5 y_{10}}{y_6 y_8 (y_2 + y_3) + y_4 y_5 y_7} \qquad (6-14)$$

式中，$y_i(i=1,2,\cdots,10)$ 为所在位置元件的复导纳。当 $y_i(i=1,2,\cdots,10)$ 取为不同的元件时，电路即可构成低通滤波器、高通滤波器、带通滤波器和带阻滤波器等滤波电路。

（1）低通滤波器。在图 6.19 中取 y_2 和 y_6 为电容，$y_9 = y_{10} = 0$（即对应位置开路），其余为电阻，可构成低通滤波器，如图 6.20（a）所示。

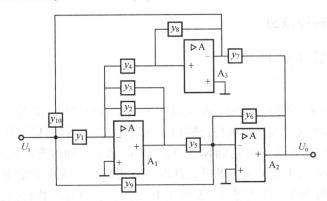

图 6.19 双二阶环滤波电路的基本结构

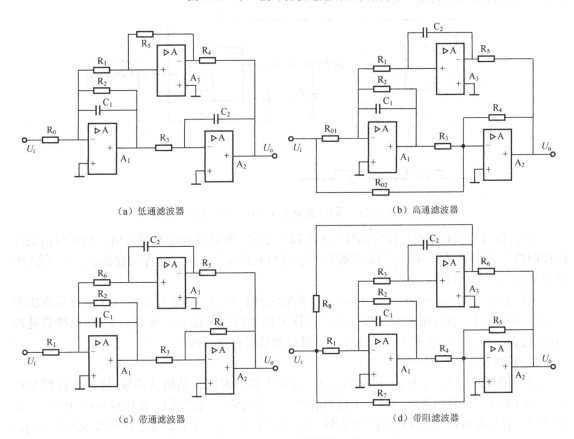

（a）低通滤波器

（b）高通滤波器

（c）带通滤波器

（d）带阻滤波器

图 6.20 双二阶环滤波电路

（2）高通滤波器。在图 6.19 中取 y_2 和 y_8 为电容，$y_{10}=0$（即对应位置开路），其余为电阻，可构成高通滤波器，如图 6.20（b）所示。

（3）带通滤波器。在图 6.19 中取 y_2 和 y_8 为电容，$y_9=y_{10}=0$（即对应位置开路），其余为电阻，可构成带通滤波器，如图 6.20（c）所示。

（4）带阻滤波器。在图 6.19 中取 y_2 和 y_8 为电容，其余为电阻，可构成带阻滤波器，如图 6.20（d）所示。

6.1.3 信号转换电路

1. 采样/保持器（S/H）

1）工作原理

图 6.21 所示为采样/保持器（Sample/Hold，S/H）的原理图。其中，A_1 及 A_2 为理想的同相跟随器，其输入阻抗及输出阻抗均分别趋于无穷大及零。控制信号在采样时使开关 S 闭合，此时存储电容器 C_H 迅速充电达到输入电压 U_x 的幅值，同时充电电压 U_C 对 U_x 进行跟踪。控制信号在保持阶段时使开关 S 断开，此时在理想状态（无电荷泄漏路径），电容器 C_H 上的电压 U_C 可以维持不变，并通过 A_2 送至 A/D 转换器去进行模数转换，以保证 A/D 转换器进行模数转换期间其输入电压稳定不变。

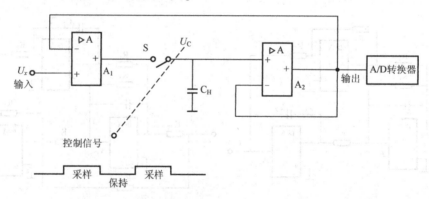

图 6.21 采样/保持器（S/H）的原理图

采样/保持器实现了对一连续信号 $U_x(t)$ 以一定时间间隔快速取其瞬时值，该瞬时值是保持控制指令下达时刻 U_C 对 U_x 的最终跟踪值，该瞬时值保存在记忆元件电容器 C_H 上，供 A/D 转换器进一步进行量化。

采样定理（Shannon Sampling Theorem，香农定理）指出，当采样频率大于信号最高次谐波频率的两倍时，就可用时间离散的采样点恢复原来的连续信号。所以，采样/保持器是以"快采慢测"的方法，实现对快速变化信号进行测量的有效措施。

2）特性及主要性能参数

（1）捕捉时间 T_{AC}（Acquisition Time）：又称为获取时间，是指从采样/保持器接到采样命令的时刻起，其输出所保持的值达到当前输入信号的值（允许误差 ±0.01%~±0.1%）所需的时间。它与电容器 C_H 的充电时间常数、放大器的响应时间及保持电压的变化幅度有关，一般为 350ns~15μs。该时间限制了采样频率的提高，而对转换精度无影响。

（2）孔径时间 T_{AP}（Aperture Time）：又称为孔径延时，是指保持命令下达时刻 t_1 到开关 S 完全断开时刻 t_2 之间的一段时间（10~200ns），使 C_H 上保持电压是 t_2 时刻的 U_x 瞬间值

$U_x(t_2)$，而不是 t_1 时刻的瞬时值 $U_x(t_1)$。实际应用时，可以将保持命令提前 T_{AP} 下达，以消除孔径时间的延时影响。

（3）孔径抖动 T_{AJ}（Aperture Jitter）：又称为孔径不确定性（度），是孔径时间的变化范围。通常 T_{AJ} 是 T_{AP} 的 10%~50%。孔径时间所产生的误差可通过保持指令提前下达而得以消除，但孔径抖动 T_{AJ} 的影响无法消除。

（4）保持建立时间 T_{HS}（Hold Mode Settling Time）：T_{AP} 之后，采样/保持器的输出按一定的误差带（如 $\pm0.01\%$~$\pm0.1\%$）达到稳定的时间。

（5）衰减率（Droop Rate）：反映采样/保持器输出值在保持期间下降的速度。由于实际的保持电容器 C_H 本身漏电及等效并联阻抗并非无穷大，所以电容器 C_H 会慢速放电，引起保持电压的下降。

（6）传导误差（Feedthrough）：又称为馈送或馈通，是指在保持期间，输入信号通过寄生电容耦合到输出端的比例。因此，在保持模式下，输入信号的变化会引起输出信号的微小变化。同时，由于开关结电容的存在，控制电压也将引起保持电容器 C_H 的电容发生微小变化。

2. 模数转换器与数模转换器

在实际检测中，传感器输出的信号大多是模拟信号，要使计算机或数字仪表能识别和处理这些信号，必须首先将这些模拟信号转换为数字信号；而经计算机分析、处理后输出的数字量往往也需要转换为相应的模拟信号才能控制机构。因此，在测控系统中，需要有将模拟信号转换为数字信号或数字信号转换为模拟信号的功能电路，简称为模数（A/D）转换器和数模（D/A）转换器。

1）A/D 转换器

根据不同的要求和分类方法，有很多不同的 A/D 转换器。下面将简要地介绍常用 A/D 转换器，并重点介绍常用的 A/D 转换器芯片及其应用技术。

（1）常用 A/D 转换器

A/D 转换器具有不同工作方式、转换速度、转换精度，可满足不同的使用场合和要求。按其工作原理的不同，A/D 转换器可分为积分型和比较型两大类。

① 积分型 A/D 转换器

积分型 A/D 转换器又称为间接型转换器，这是因为这类转换器是先将输入的模拟量（模拟电压）转换为某种中间量（时间间隔或频率），然后再将此中间量转换为相应的数字量。

积分型 A/D 转换器种类较多，如单积分型、双积分型、四重积分型、电荷平衡型和脉冲宽度调制型等。

应用最广泛的是双积分型 A/D 转换器，国内外的此类产品主要是低速 A/D 转换器产品，如 MC14433、ICL7106/7107、ICL7126/7127、ICL7116/7117、5G14433、DG7126 和 CH7106/7107 等。单积分型 A/D 转换器是积分型 A/D 转换器的早期产品，属于电压/频率转换器，其结构比较简单，但精度低，稳定性差。

双积分型 A/D 转换器是一种电压/时间转换的 A/D 转换器。它先把模拟输入电压按比例转换为时间间隔，然后再把时间间隔转换为数字量。其优点是对对称频率（如工频）抗干扰能力强，精度与内部元器件的固有误差无关，故该转换器的精度比较高；主要缺点是转换速度较慢。

② 比较型 A/D 转换器

比较型 A/D 转换器又称为直接型转换器。这是因为这种转换器是将输入模拟量（模拟电压）与参考电压直接进行比较，再转换为相应的数字量。

比较型 A/D 转换器按内部工作时有无反馈，可分为反馈比较型 A/D 转换器和无反馈比较型 A/D 转换器。

a. 反馈比较型 A/D 转换器，根据控制逻辑电路的不同，又可分为逐次近似型和跟踪比较型。

逐次近似型 A/D 转换器：它是目前应用最为广泛的中高速 A/D 转换器，其最大特点是转换速度较快，而且在售价（成本）、精度和转换速度三个重要的指标之间容易取得较好的平衡。

跟踪比较型 A/D 转换器：它由高速电压比较器、D/A 转换器和计数器等单元组成。可逆计数器的功能是在时钟脉冲输入时，实现二进制计数。

b. 无反馈比较型 A/D 转换器是迄今为止能获得最快转换速度的 A/D 转换器，特别是其中的并行比较型 A/D 转换器。因此，高速 A/D 转换器一般都是无反馈比较型 A/D 转换器。这类 A/D 转换器又分为并行比较型、串行比较型和串-并行比较型三种转换器。

并行比较型 A/D 转换器：图 6.22 所示为并行比较型 A/D 转换器的原理图。并行比较型 A/D 转换器是将输入模拟电压予以量化，并将所得到的所有 2^N 个量化电平与各参考电压进行并行比较，这些参考电压可由一个总的参考电压 U_R 经电阻串联分压后得到，再将比较结果进行编码，从而给出相应的数字量输出。该 A/D 转换器具有 N 位输出数字信号，那么电路中应该有 2^N-1 个电压比较器和 2^N-1 个参考电压。输入模拟量 U_A 同时与各个电压比较器的参考电压 U_{R1}、U_{R2}、U_{R3}、……、$U_{R(2^N-1)}$ 进行比较。与前面介绍的逐次近似型不同的是，这里仅经过一次比较，就可以得到比较结果。所以，并行比较型 A/D 转换器是各类 A/D 转换器中速度最快的（数十毫微秒以内）。实际应用中，可以只用一个参考电压和电阻分压来完成。由此可知，该类转换器的结构较为复杂，使得电路中的元器件数目增加很多。例如，常用的 8 位输出的A/D转换器就需要 $2^8-1=255$ 个精密分压电阻和 255 个电压比较器。所以，并行比较型 A/D 转换器的成本和价格均较高，一般将输出位数限制在 4 位以下。在高速转换场合，而且有多位转换要求时，可将多个并行转换器加以级联组合。

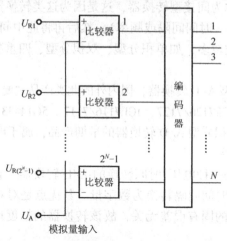

图 6.22　并行比较型 A/D 转换器的原理图

串行比较型 A/D 转换器：图 6.23 所示为串行比较型 A/D 转换器的原理图，它用一些电阻阵列将参考电压 U_R 分成 2^N 挡，将每个电阻均连接到开关解码阵列中。图 6.23 所示为以 3 位（$N=3$）为例介绍其工作原理。当图 6.23 所示的比较器输出不为零时，就通过寄存器的输出 A、$\bar{A}$、B、$\bar{B}$、C、$\bar{C}$ 控制模拟开关 $S_1 \sim S_{14}$，以决定哪一挡电阻所得的分压与模拟输入电压 U_x 进行比较。当比较器输出为零时，表示某相应的一挡电阻分压与 U_x 相等，这时寄存器输出代码就表示对应于该模拟输入电压 U_x 的数字输出量。由于本方案中只有一个比较器，所以这种转换器尽管形式上与并行比较型相似，但它实质上还是属于串行比较型。对于 8 位 A/D 转换器，需要有 256 个电阻组成的阵列。采用 PMOS 工艺时，由于 PMOS 模拟开关和 P 型扩散电阻在工艺上易共容，所以较早地用 PMOS 技术实现了这种结构的 A/D 转换器。这种转换器的集成度可以做得很高，但速度稍慢些。例如，已制成的 8 位 PMOS256R 串行 A/D 转换器，其转换时间约为 40μs。

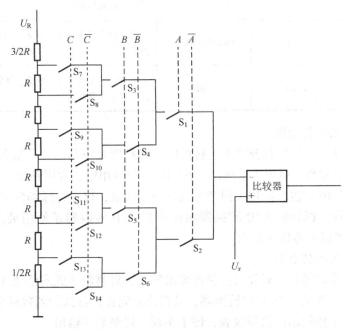

图 6.23　串行比较型 A/D 转换器的原理图

串-并行比较型 A/D 转换器：前面已经提到，并行比较型 A/D 转换器难以达到高位要求，将并行比较型和串行比较型这两种结构结合起来构成的串-并行比较型 A/D 转换器在一定程度上克服了并行或串行比较型 A/D 转换器难以达到高位数的要求。随着半导体技术的发展，目前已有 16 位以上的串-并行比较型高速 A/D 转换器供实际工程采用。

（2）按精度和速度分类的 A/D 转换器应用简介

表 6.1 列出了 A/D 转换器按精度高低进行分类的标准。表 6.2 列出了不同转换速度的 A/D 转换器及主要应用领域。当然，这些划分是相对的，这两个表格仅供在实际应用中参考。

表 6.1　不同转换精度的 A/D 转换器

类　　别	分　辨　率	线性误差
低精度 A/D 转换器	≤8 位	≤0.1%
中精度 A/D 转换器	9~12 位	≤0.01%

续表

类　别	分　辨　率	线　性　误　差
高精度 A/D 转换器	13~16 位	≤0.001%
超高精度 A/D 转换器	>16 位	≤0.0001%

表 6.2　不同转换速度的 A/D 转换器

类　别	转换时间	转换频率	主要应用领域
低速 A/D 转换器	≥1ms	≤1kHz	用于工业电子控制系统、数字电压表、数字万用表、数字电子秤、数字温度计、数字化仪表及低速电子计算机数据采集系统
中速 A/D 转换器	1ms~10μs	1~100kHz	最常用的 A/D 转换器，用于工业控制系统、实验系统及智能化仪器仪表
高速 A/D 转换器	10~1μs	100kHz~1MHz	用于数字通信系统、高频信号测试系统及其他高速测量系统
超高速 A/D 转换器	<1μs	>1MHz	用于数字音视频处理系统、气象数据分析处理系统、数字信号处理瞬态分析等

（3）A/D 转换器选择原则

A/D 转换器的选择是根据其分辨力、转换时间和精度来进行的。一般位数越高，转换误差越小，则测量精度越高，但成本也越高。在实际工程应用中，常用到的转换器位数为 8 位、10 位和 12 位。虽然 16 位也有应用，但考虑到价格等因素，仅在特殊场合用到。而从 A/D 转换器的转换过程来看，积分型 A/D 转换器和比较型 A/D 转换器是使用最多的两类转换器，它们所适用的场合可以参考以下因素。

积分型 A/D 转换器特点如下。

① 精度高，电路较简单，对元器件精度要求较低，容易制作成高位数 A/D 转换器。

② 转换速度低，皆是低速 A/D 转换器，其转换时间在数百微秒到数百毫秒之间。

③ 适用于一般工作控制用仪器仪表，便于实现十进制数字输出。

④ 成本低，售价低廉，噪声小，温漂也较小。

比较型 A/D 转换器特点如下。

① 反馈比较型 A/D 转换器内含一个由 D/A 转换器构成的反馈回路，在实际应用时，为了保证转换精度，在转换器的输入端应连接采样/保持电路；转换速度较高，多属于中速转换器。

② 无反馈比较型 A/D 转换器转换速度最高，高速 A/D 转换器几乎都是无反馈比较型的，价格较高。

③ 元件的线路结构庞杂，难以达到高位要求，常常需要多片级联以满足需要；在使用中应重视系统稳定性、可靠性问题，尤其是在高采样率和高转换精度的场合，必须与系统或相关单元的动态特性同步考虑。

在实际选用 A/D 转换器时，可以不必深入了解器件内部的具体结构，而应该着重了解其使用特性，包括模拟信号输入部分、数字量并行输出部分、启动转换的外部控制信号、转换精度与转换时间、稳定性及抗干扰性能等。

大多数 A/D 转换器芯片都与微处理器是兼容的。实际使用时只要熟悉 A/D 转换器芯片和微处理器芯片各引脚的功能、时序及控制图，就不难实现这些 A/D 转换器芯片与微处理器芯片的连接。但必须注意下面两点。

第一，A/D 转换器芯片的数据输出端如果有三态数据锁存器（如 ADC0804、ADC0809等），可以直接接入 CPU 的数据总线；若没有或不可控（如 AD570），则必须通过 I/O 口（如 8255、8279 等）及单片机上的 I/O 口，才可接入 CPU 的数据总线。

第二，A/D 转换器的控制线（如芯片选通、启动转换、读/写控制、转换结束申请中断）为具体的 A/D 转换器芯片为了完成特定功能所设置的各种控制线，可以依照其功能和逻辑电平的要求分别连接。同时，还要根据 A/D 转换器芯片的时序图，了解该芯片是电位控制启动还是脉冲控制启动，这在设计系统硬件电路和编制控制程序时必须注意。

（4）A/D 转换通道的确定

实际的计算机检测系统中，常常需要采集多个模拟信号。如果这些模拟信号之间没有什么严格的关系，则系统可以一个一个地分别采集；如果这些模拟信号之间存在较严格关系（如相位关系等），则应对这些信号同时采集。所以，系统数据输入通道应根据实际情况区别对待，以确定适合的通道结构。

① 不带采样/保持器的 A/D 转换通道

当被测量变化缓慢甚至是直流量时，通常在 A/D 转换通道可以不用采样/保持器，经调理的信号直接接入 A/D 转换器的输入端。

② 带采样/保持器的 A/D 转换通道

当模拟输入信号的变化率较大时，A/D 转换通道需要采样/保持器。这时模拟输入电信号的最大变化率取决于采样/保持器的孔径时间 T_{AP}，其模拟输入信号的最大变化率为

$$\frac{\mathrm{d}U}{\mathrm{d}t} = \frac{\mathrm{FSR}}{2^n T_{AP}} \tag{6-15}$$

式中，FSR 为 A/D 转换器的满量程电压；n 为输出位数。

如果将保持命令提前发出，并使提前时间等于孔径时间，那么模拟输入信号的最大变化率取决于孔径时间的不稳定度 ΔT_{AP}，即

$$\frac{\mathrm{d}U}{\mathrm{d}t} = \frac{\mathrm{FSR}}{2^n \Delta T_{AP}} \tag{6-16}$$

图 6.24 所示为带采样/保持器的 A/D 转换通道的几种主要结构形式。

每个通道具有独立的采样/保持器和 A/D 转换器的数据采集系统如图 6.24（a）所示。这种系统主要适用于高速数据采集，采集后各通道被测信号是完整的，有利于分析同一时刻多路被测信号的相关关系。

多通道分时共享采样/保持器和 A/D 转换器的数据采集系统如图 6.24（b）所示。这种系统使用芯片数量少，必要时还可加置多路模拟开关（MUX）来扩展通道数，常采用 N 个通道顺序工作的方式。每个通道的采集和转换时间取决于多路模拟开关的工作时间、采样/保持器的孔径时间和 A/D 转换器的转换时间。

现定义 N 个通道的数据采集和转换所需时间 $N T_{ST}$ 的倒数为多通道数据采集系统的数据通过率 f_{ST}（Hz），也就是多通道数据采集系统中，每个通道的采样频率 f_s。在实际测量中，任何通道的测量信号的最高频率分量 f_h 都必须满足采样定理。因此，这种多通道分时共享采样/保持器和 A/D 转换器的数据采集系统，一般只适合测量变化缓慢的信号；而且信号是通过多路模拟开关轮流切换送入采样/保持器和 A/D 转换器的，所以被测信号是断续的，对实

时测量必然引入误差。

多通道共享 A/D 转换器的数据采集系统如图 6.24（c）所示。这种系统也常称为同步数据采集系统。这种系统每通道有一个采样/保持器，并受同一个信号控制，可以保证同一时刻采样各通道信号，有利于对各个通道的信号波形进行相关分析。

主计算机管理的各通道独立转换和预处理的数据采集系统如图 6.24（d）所示。这种系统的各通道都有采样/保持器、A/D 转换器和微处理器或单片机，具有很强的独立性。每个

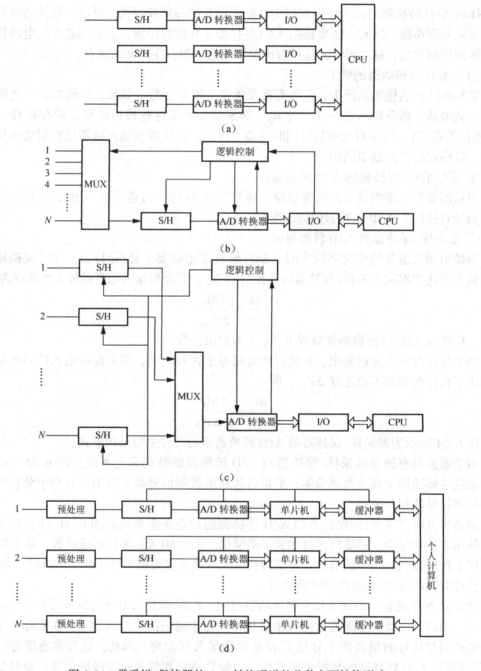

图 6.24　带采样/保持器的 A/D 转换通道的几种主要结构形式

通道都可按各自的检测要求选用采样/保持器和 A/D 转换器芯片，并按各通道具体要求设置微处理器和信号预处理程序，因此可以节省主计算机工时，特别适合于智能化传感技术和远距离传输的要求。这种系统实质上属于由主计算机管理的主从式多机系统范畴。

上述各种通道结构的选择，应根据被采集量的数量、特性（类型、动态范围等）、精度和转换速度的要求，各路模拟信号之间相位差的要求，以及工作环境要求等实际情况而定，达到合理的性能价格比。近年来，采用厚膜混合技术制造的多功能数据采集模块，将数据采集系统的各部分（多路模拟开关、采样/保持器、A/D 转换器、D/A 转换器等）全部集中在一个模块里，并可与微机兼容。在此基础上发展的插卡式数据采集系统和模拟输入/输出插件板，功能强，用途广，不仅可以插入个人计算机内构成个人仪器，而且为一般计算机检测系统的构建提供了极大的方便。

2）D/A 转换器

测控系统的重要组成部分之一是将处理后的数据转换为模拟量（即连续变化的电流或电压）送出。一般来说，模拟量输出通道主要包括 D/A 转换器、多路模拟开关、采样/保持器等部分。其中，D/A 转换器是构成模拟量输出通道的关键器件。随着半导体和计算机技术的快速发展，D/A 转换器芯片种类日渐繁多，与 A/D 转换器一样，D/A 转换器的分类法也很多。要注意的是，同一种 D/A 转换器按照不同的分类方法，可以列入不同的类别中。根据不同的使用场合和具体要求，其输入数字量的位数从 8 位、10 位到 22 位；转换时间从 0.5ns 到几十微秒不等。近年来，由于集成电路技术和工艺的不断完善，D/A 转换器的性能也日益提高，同微型计算机之间接口也越来越方便。下面在简要分析其工作原理的基础上，重点叙述 D/A 转换器与微型计算机间常用的接口技术。

（1）D/A 转换器的工作原理

D/A 转换器的基本功能是将数字量转换为与其大小成正比的模拟量。常用的 D/A 转换器由电阻网络、开关及参考电源等部分组成，目前基本上都已集成于一块芯片上。为了便于接口，有些 D/A 芯片内还含有锁存器。D/A 转换器的组成及原理有多种，采用最多的是 R-2RT 型网络 D/A 转换器，其工作原理如图 6.25 所示。

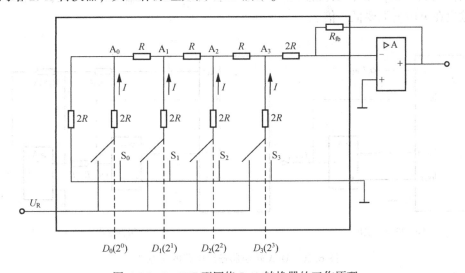

图 6.25　R-2RT 型网络 D/A 转换器的工作原理

从图 6.25 中可以看到，在 D/A 转换器的电阻网络中，电阻的规格仅有 R、$2R$ 两种。U_R

为参考电压，它可由电子开关 S_3、S_2、S_1、S_0 在二进制码 $D=D_3D_2D_1D_0$ 的控制下，分别决定四个支路的接通情况，并使电流各自进入 A_3、A_2、A_1、A_0 节点。这种网络的特点是：任何一个节点的三个分支的等效电阻都是 $2R$。因此，从任何一个分支流入节点的电流都为 $I=U_R/3R$，并且电流将在节点处被平分为相等的两个部分，经另外两个分支流出。

假定数字量输入 $D=0001$，即 S_0 接通，而 S_1、S_2、S_3 断开，则参考电压 U_R 经开关 S_0 流入支路所产生的电流为 $I=U_R/3R$，此电流经过 A_0、A_1、A_2、A_3 四个节点后，经四次平分，有 1/16 的电流注入运算电路，以便将电流信号转换为电压信号。

（2）D/A 转换器的输入与输出形式

D/A 转换器的数字量输入端有不含数据锁存器、含单个数据锁存器、含双数据锁存器三种情况。如果 D/A 转换器的输入端无数据锁存器，则为了维持 D/A 转换器输出的稳定，应在与微型计算机接口时另加上数据锁存器。而在应用多个 D/A 转换器同时转换的场合，使用具有双数据锁存器的 D/A 转换器芯片是较为方便的。

对于 D/A 转换器的输出，则又有单极性和双极性之分，以及某些场合下的偏置输出方式。前两种输出电路的示意图如图 6.26 所示。其中，单极性和双极性输出-输入关系式分别用下式表示。

单极性：
$$U_{OUT} = -\frac{U_{REF}}{2^N} \times D \tag{6-17}$$

双极性：
$$U_{OUT} = -2U_1 - U_{REF} \tag{6-18}$$

式（6-17）中，N 为 D/A 转换器数字量的位数；D 为输入量。

电压输出型 D/A 转换器均为单极性输出方式。对于电流输出型 D/A 转换器，需要外接一个运算放大器作为电流-电压变换电路，此时输出也为单极性输出。从图 6.26 中可以看到，输出电压的极性是由参考电压 U_{REF} 的极性决定的，当运算放大器为反相放大器时，输出电压的极性与参考电压的极性相反。

双极性输出方式是在单极性输出的基础上加上一个运算放大器所构成的。单极性输出的最低有效位 $1LSB = U_{REF}/2^8$，双极性输出的最低有效位 $1LSB = U_{REF}/2^7$。可见，双极性输出比单极性输出在灵敏度上要低一倍。

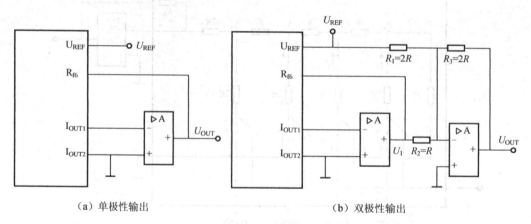

（a）单极性输出   （b）双极性输出

图 6.26 D/A 转换器输出电路的示意图

3. 电压/频率转换电路

电压/频率（U/f）转换是指把电压信号转换为与之成正比的频率信号，其过程实质上是对信号进行频率调制，频率信息可远距离传递并有优良的抗干扰能力，采用光电隔离和变压器隔离时不会损失精度，因而被广泛应用。频率信号是数字信号的一种表现形式，所以 U/f 转换也是 A/D 转换的一种。它应用简单，对外围器件性能要求不高，其 A/D 转换速度不低于双积分型 A/D 转换器，且价格较低。

4. 交流/直流转换电路

在检测中有时需要知道传感器的交流输出信号的幅值或功率。例如，电磁式振动速度传感器或电涡流式振动位移传感器，在其信号处理电路中都需一个交流/直流转换电路，即将交流振幅信号转换为与之成正比的直流信号输出。根据被测信号的频率不同或要求不同，可采用不同的转换方法。目前，常用的转换方法有线性检波电路（半波整流电路）、绝对值转换电路（全波整流电路）、有效值转换电路（方均根/直流转换电路）。

1）线性检波电路

图 6.27 所示为采用反相放大结构的常用半波整流电路及其波形图。当输入电压 u_I 为正极性时，放大器输出 u_{O1} 为负，VD_2 导通，VD_1 截止，输出电压 u_O 为零；当输入电压 u_I 为负极性时，放大器输出 u_{O1} 为正，VD_1 导通，VD_2 截止，电路处于反相比例运算状态，即有

$$u_O = \begin{cases} 0, & u_I \geqslant 0 \\ \dfrac{R_f}{R_1}|u_I|, & u_I < 0 \end{cases} \qquad (6-19)$$

显然，只要运算放大器的输出电压 $|u_O|$ 的值大于整流二极管的正向导通电压，VD_1 和 VD_2 中总有一个处于导通状态，另一个为截止状态，此时电路就能正常检波。此电路能检波的最小输入电压为 U_D/A_{UO}，其中，U_D 为二极管的正向压降，A_{UO} 为运算放大器的开环电压增益。可见，二极管正向压降的影响被削弱了 A_{UO} 倍，大大改善了检波特性。如果需要输出的是负电压，只要把电路中的两个二极管同时反接即可。

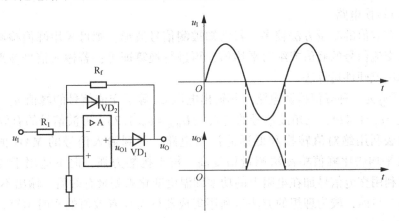

图 6.27　采用反相放大结构的常用半波整流电路及其波形图

2）绝对值转换电路

图 6.28 所示为绝对值转换电路及其波形图。该电路只是在半波整流电路的基础上加了一

级加法运算放大器。它可把输入信号转换为单极性信号，再用低通滤波器滤去交流成分，得到的直流信号称为绝对平均偏差（Mean Absolute Deviation，MAD）。图中的 A_1 组成线性检波器，在 $R_1 = R_2$，$R_3 = R_1//R_2$ 的条件下，u_1 与输入电压 u_I 的关系为

$$u_1 = \begin{cases} 0, & u_I < 0 \\ -u_I, & u_I \geq 0 \end{cases} \qquad (6-20)$$

A_2 组成带权加法器，在 $R_4 = 2R_5 = R_6$，$R_7 = R_4//R_5//R_6$ 的条件下，其输出为

$$u_O = -(2u_1 + u_I) = \begin{cases} -u_I, & u_I < 0 \\ u_I, & u_I \geq 0 \end{cases} \qquad (6-21)$$

值得注意的是，这种电路要实现高精度转换，电阻的阻值必须严格匹配，即 $R_1 = R_2$，$R_4 = 2R_5 = R_6$。在实际应用中，这是较困难且不方便的。另外，这种电路的输入信号是在运算放大器的反相端输入，因而输入电阻较小，仅为 $R_1//R_4$。

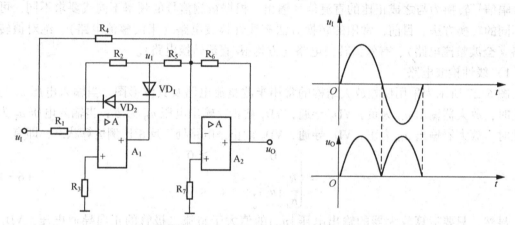

图 6.28 绝对值转换电路及其波形图

由上面分析可知，绝对值转换电路的增益为 1，而增益为 1 的电压跟随器是不要求电阻匹配的。从这点出发，把同相型半波整流电路和反相型整流电路结合起来组成绝对值转换电路，可以减小匹配电阻的数目。

3）有效值转换电路

交流信号有效值的测量方法较多。若已知被测信号波形，则可采用峰值检测法、绝对平均法分别测出交流信号的峰值或绝对平均值，再进行换算即可；若输入信号波形不确定，则可采用热功率法或硬件运算法。

图 6.29 所示为一种峰值检测电路，其输出电压 u_O 等于交流信号的峰值 u_P。正弦波信号的有效值 $U_{RMS} = u_P/1.414$，三角波信号的有效值 $U_{RMS} = u_P/1.73$，方波信号的有效值 $U_{RMS} = u_P$。

绝对平均法利用绝对值转换和低通滤波器电路，得到输入信号的 MAD 值，再换算成 RMS 值。绝对平均法比峰值检测法测量精度高，抗干扰能力强，但不适用于复杂波形的信号。热功率法利用交流信号加在电阻上的功率即温度变化来测量有效值，输出不受波形影响，但响应速度慢。目前，较为理想的方法是利用集成器件实现有效值的实时运算，其电路框图如图 6.30 所示。

由 $U_{RMS} = \sqrt{\dfrac{1}{T}\displaystyle\int_0^T u_I^2(t)\,dt}$ 得 $U_{RMS}^2 = \dfrac{1}{T}\displaystyle\int_0^T u_I^2(t)\,dt$，由此可得

$$U_{\text{RMS}} = \frac{1}{T} \int_0^T \frac{u_{\text{I}}^2(t)}{U_{\text{RMS}}} \, dt \tag{6-22}$$

于是，可将输出端的开平方运算转化为输入端的除法运算。

目前，常用集成有效值转换器有 AD536、AD636、AD637 等。

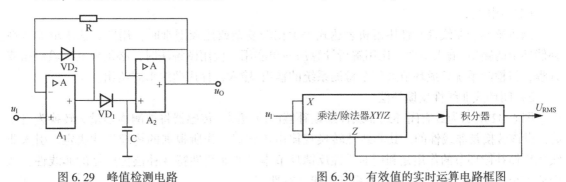

图 6.29 峰值检测电路   图 6.30 有效值的实时运算电路框图

6.1.4 信号的非线性校正与补偿

在实际检测中，为了保证传感器的输出与输入之间具有线性关系，除对传感器本身在设计和制造工艺上采取一定措施外，还必须对输入参数的非线性进行校正与补偿（或称为线性化处理）。目前，线性化处理方法有很多，常用的方法有模拟线性化和数字线性化两类。

1. 模拟线性化

该方法是采用在输入通道中加入非线性补偿环节来进行线性化处理的。线性集成电路的出现为这种线性化方法提供了简单而可靠的物质手段。

1）开环式非线性特性补偿

图 6.31 所示为具有开环式非线性静态特性补偿的原理图。传感器将被测物理量 x 转换为电压 u_1。设传感器具有非线性特性，而实际使用的放大器一般具有线性特性。

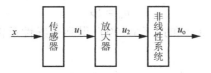

图 6.31 具有开环式非线性静态特性补偿的原理图

在工程上，从已知的传感器静态特性（非线性的 u_1-x 关系）、放大器输出-输入特性（线性的 u_2-u_1 关系）和期望的 u_o-x 线性关系，求取非线性补偿环节静态特性的方法有两种。

（1）解析计算法

在如图 6.31 所示的系统中，传感器输出-输入关系的解析表达式为

$$u_1 = f_1(x) \tag{6-23}$$

放大器输出-输入关系的解析表达式为

$$u_2 = a + Ku_1 \tag{6-24}$$

要求整个系统的方程为

$$u_o = b + Sx \tag{6-25}$$

由式（6-23）、式（6-24）和式（6-25）得到非线性补偿环节输出-输入关系的解析

表达式为

$$u_{\text{o}} = b + SF\left(\frac{u_2 - a}{K}\right) \tag{6-26}$$

式中，F 为 f_1 的反函数。

（2）图解法

当传感器的非线性特性用解析表达式表示比较复杂或比较困难时，用图解法求取非线性补偿环节的输出-输入特性，比用解析计算法简单实用。应用图解法时，必须根据试验数据或方程，将检测系统组成环节及整个检测系统的输出-输入特性用曲线形式给出。

2）闭环式非线性反馈补偿

图 6.32 所示为具有闭环式非线性反馈补偿的原理图。传感器将被测物理量 x 转换为电压 u_1，设该转换是非线性的，其非线性转换规律由传感器工作所根据的物理规律决定。引入非线性反馈补偿环节的作用是利用非线性反馈环节本身的非线性特性补偿传感器的非线性，从而使整个检测系统的输出-输入关系具有线性特性。

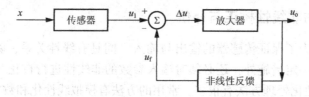

图 6.32　具有闭环式非线性反馈补偿的原理图

在如图 6.32 所示的系统中，传感器输出-输入关系的解析表达式为

$$u_1 = f_1(x) \tag{6-27}$$

放大器输出-输入关系的解析表达式为

$$u_{\text{o}} = K\Delta u \tag{6-28}$$

式中，$\Delta u = u_1 - u_{\text{f}}$。

要求整个系统的方程为

$$u_{\text{o}} = Sx \tag{6-29}$$

由式（6-27）、式（6-28）和式（6-29）得到非线性反馈环节输出-输入关系的解析表达式为

$$u_{\text{f}} = f_1\left(\frac{u_{\text{o}}}{S}\right) - \frac{u_{\text{o}}}{K} \tag{6-30}$$

3）增益控制式非线性补偿

图 6.33 所示为具有增益控制式非线性补偿的原理图。在激励源作用下，传感器将被测物理量 x 转换为电压 u_1，设该转换是非线性的，其非线性转换规律由传感器工作所根据的物理规律决定。放大、整流、滤波环节为线性环节，增益控制电路为非线性环节，将它置于反馈线路上，实现对激励源输出幅值 E 的控制，从而完成对非线性特性的补偿。

在工程上，从已知的传感器非线性特性、放大、整流、滤波环节特性、幅度可控激励源特性和所要求的整个检测系统的线性特性，求取增益控制电路非线性特性的方法有两种。

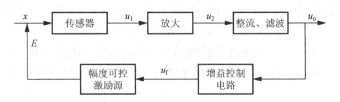

图 6.33 具有增益控制式非线性补偿的原理图

（1）解析计算法

为了更加清楚地表明检测系统中各环节的功能，可绘制如图 6.34 所示的增益控制式非线性补偿功能框图。其中，K 为前向通道（包括放大、整流、滤波环节）电压放大系数，A 为幅度可控激励源输出电压幅值与输入控制电压之比。由图可得，传感器输出-输入关系的解析表达式为

$$u_1 = Ef_1(x) \qquad (6-31)$$

式中，E 为激励源输出电压幅值。

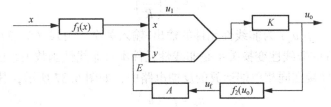

图 6.34 增益控制式非线性补偿功能框图

放大器输出-输入关系的解析表达式为

$$u_o = Ku_1 \qquad (6-32)$$

$$E = Au_f \qquad (6-33)$$

要求整个系统的方程为

$$u_o = B(x_{max} - x) \qquad (6-34)$$

由式（6-31）、式（6-32）、式（6-33）和式（6-34）得到增益控制电路输出-输入关系的解析表达式为

$$u_f = f_2(u_o) = \frac{u_o}{KAf_1(x_{max} - x)} \qquad (6-35)$$

（2）图解法

应用图解法求取增益控制电路的输出-输入特性时，必须将传感器的输出-输入特性用曲线形式给出。

4）实现非线性补偿的具体方法

（1）折线逼近法补偿原理

任何非线性函数关系都可以用折线去近似逼近。其具体实现方法是在特性曲线的不同范围内，分段地用直线拟合非线性特性曲线，只要拟合的精度保证在一定范围内，这些直线的关系就可以代替非线性的函数关系，再用电路来实现这些直线关系，就可以达到目的。

折线逼近法需要非线性元件来产生折线的转折点，例如，利用二极管的导通、截止特性，更普遍的是采用运算放大器和二极管、电阻等组成的模拟电路。将非线性元件与运算放大器进行组合有三种不同方式。

① 将非线性元件接在运算放大器的反相输入端，如图 6.35 所示，其输出-输入关系为

$$u_o = - R_f f(u_i) \qquad (6-36)$$

在图 6.35 中，$i = f(u_i)$ 为非线性元件的输出-输入关系。由式（6-36）可知，对于这种结构方案电路的输出-输入关系，其非线性规律与非线性元件的非线性规律相同。

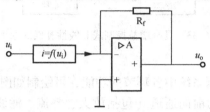

图 6.35　将非线性元件接在运算放大器的反相输入端

② 将非线性元件接在单端反相输入运放的反馈电路中，如图 6.36 所示，其输出-输入关系为

$$u_o = f^{-1}\left(\frac{u_i}{R}\right) \qquad (6-37)$$

在图 6.36 中，$i_f = f(u_o)$ 为非线性元件的输出-输入关系。由式（6-37）可知，对于这种结构方案电路所实现的非线性变换关系是非线性元件本身非线性函数关系的反函数。

③ 将非线性元件接在同相单端运放的反馈电路中，如图 6.37 所示，其输出-输入关系为

$$u_o = f^{-1}(u_i) \qquad (6-38)$$

在图 6.37 中，$u_f = f(u_o)$ 为非线性元件的输出-输入关系。由式（6-38）可知，对于这种结构方案电路所实现的非线性变换关系是非线性元件本身非线性函数关系的反函数。

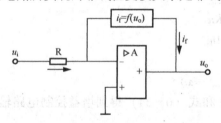
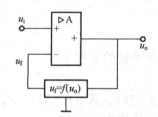

图 6.36　将非线性元件接在单端反相输入　　　　图 6.37　将非线性元件接在同相单端
　　　　　运放的反馈电路中　　　　　　　　　　　　运放的反馈电路中

（2）．非线性电阻网络与运算放大器构成的补偿电路

图 6.38 所示为非线性电阻网络与运算放大器构成的补偿电路，它是由电阻及二极管组合而成的非线性网络设置在运算放大器的反相输入端。非线性网络反馈的电流都与输入电压线性相关。这些电流经运算放大器相加减后，就可以以一系列正切于所需非线性函数曲线的直线段方式逼近任何非线性函数。

2. 数字线性化

随着计算机技术的广泛应用，充分发挥计算机处理数据的能力，用软件进行传感器特性的非线性补偿，使输出的数字量与被测物理量之间呈线性关系。该方法的优点在于：它省略了复杂的补偿硬件电路；可充分发挥计算机的智能作用，提高了检测的准确性和精度；可通过适当改进软件内容用于不同的传感器特性补偿；可利用一台计算机实现对多个通道、多个

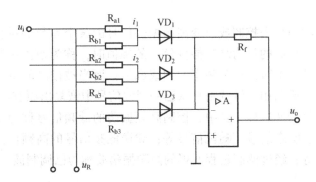

图 6.38　非线性电阻网络与运算放大器构成的补偿电路

参数进行补偿。

用软件实现传感器特性线性化，一般需要进行以下两个方面的工作：首先要将传感器输出的模拟量或频率量转换为数字量；其次要将特性数据表格存于内存，通过微处理器执行程序，对信息进行数据处理，实现特性数据线性化。通常采用软件实现数据线性化的处理方法有计算法、查表法。

1）计算法

当传感器的输入量与输出量之间有确定的数字表达式时，就可采用计算法进行非线性补偿。计算法就是在软件中编制一段完成数字表达式的计算程序，当被测参量经过采样、滤波和转换后，直接进入计算程序进行计算，计算后的数值即为经过线性化处理的输出量。

在工程实际中，被测参量和输出量常常是一组测定的数据，这时可应用数学上曲线拟合的方法。通常采用"误差平方和为最小"的方法，求得被测参量和输出量的近似表达式，随后利用计算法进行线性化处理。

2）查表法

当某些参数计算非常复杂，或被测量与输出量没有确定的关系，或不能用某种函数表达式进行拟合时，通常采用查表法。其方法是把测量范围内参量变化分成若干等分点，然后由小到大顺序计算或测量出这些等分点相对应的输出数值，这些等分点和其对应的输出数据就组成一张表格，把这张数据表格存放在计算机的存储器中。软件处理方法是在程序中编制一段查表程序，当被测量经采样、滤波和转换后，通过查表程序，直接从表中查出其对应的输出数值。

在实际测量时，输入参量往往并不正好与表格数据相等，一般介于某两个表格数据之间，若不作插值计算，仍以其最相近的两个数据所对应的输出数值作为结果，将会产生较大的误差。因此，查表法多用于测量范围较窄、对应的输出量间距比较小的列表数据（如室温用数字式温度计），或者用于测量范围较大但对精度要求不高的情况。通常，在工程上采用插值法代替单纯查表法，以减少标定点，对标定点之间的数据采用各种插值计算，以减少误差，提高精度。

6.1.5　调制与解调

当传感器输出微弱的直流或缓变信号时，信号可能会受到外部低频干扰和放大器漂移的影响，将测量信号从含有噪声的信号中分离出来通常比较麻烦。因此，在实际测量中，往往将缓变信号调制成高频的交流信号，然后经放大处理后再通过解调电路从高频信号中将缓变信号提取出来。

调制是指利用某种信号来控制或改变高频振荡信号的某个参数的过程，这些参数包括幅值、频率和相位。当被控制的量为高频振荡信号的幅值时，称为幅值调制或调幅；当被控制的量为高频振荡信号的频率时，称为频率调制或调频；而当被控制的量为高频振荡信号的相位时，则称为相位调制或调相。解调则是从已调制波信号中恢复出原有低频调制信号的过程。调制与解调是一对信号变换过程。其中，控制高频振荡的低频信号称为调制波，包括正余弦信号、一般周期信号、瞬态信号、随机信号等；载送低频信号的高频振荡信号称为载波，如正弦信号、方波信号等；经过调制过程所得的高频振荡波称为已调制波。

6.2　多传感器信息融合

随着智能检测系统的飞速发展，特别是军事上的迫切要求，多传感器信息融合技术引起了世界范围内的普遍关注，也在工业与民用方面得到广泛应用。如何把多种传感器集中于一个检测控制系统，综合利用来自多传感器的信息，获得对被测对象一致性的可靠了解和解释，以利于系统作出正确的响应、决策和控制，成为现代测控系统中亟待解决的问题。信息融合作为消除系统不确定因素、提供准确观测结果与新的观测信息的智能化处理技术已成为一个新兴的研究方向。

6.2.1　信息融合的基本概念

1. 信息融合的目的和意义

多传感器信息融合概念是 20 世纪 70 年代提出的，80 年代以后，特别是进入 21 世纪后，多传感器信息融合技术在理论、方法、性能等方面获得了很大的提高，各种面向复杂应用背景的多传感器系统大量涌现。在多传感器系统中，由于信息表现形式的多样性、信息数量的巨大性、信息关系的复杂性及要求信息处理的及时性，已大大超出了人脑的信息综合处理的能力。而且军事、工业等领域中不断增长的复杂性使得军事指挥人员或工业控制环境面临数据频繁、信息超载等一系列问题，迫切需要新的技术途径对多种信息进行消化、解释和评估。因此，多传感器信息融合技术越来越受到人们的普遍欢迎，并广泛地应用于军事和非军事领域。

信息融合本身并不是一门单一的技术学科，而是一门跨领域的综合理论与方法。信息融合的另一种常用说法是数据融合，但就信息和数据的内涵而论，用信息融合一词更广泛，更确切，更具有概括性。一般认为，信息不仅包含数据还包含知识，故本书多称为信息融合。

信息融合的目的是通过出现在输入信息中的任何个别元素数据组合，推导出更多的信息，得到最佳协同作用的结果，即利用多个传感器共同或联合操作的优势，提高传感器系统的有效性，消除单个或少量传感器的局限性。

多传感器信息融合的主要作用可归纳为以下几点。

（1）提高信息的准确性和全面性。与一个传感器相比，多传感器信息融合处理可以获得有关周围环境更准确、更全面的信息。

（2）降低信息的不确定性。一组相似的传感器采集的信息存在明显的互补性，这种互补性经过适当处理后，可以对单一传感器的不确定性和测量范围的局限性进行补偿。

（3）提高系统的可靠性。某个或某几个传感器失效时，系统仍能正常运行。

（4）提高系统的实时性。

使用多传感器信息融合技术将使测控系统具有如下优势。

（1）增加测量维数，增加置信度，提高容错功能，提高系统的可靠性和可维护性。当一个甚至几个传感器出现故障时，系统仍可利用其他传感器获取环境信息，以维持系统的正常运行。

（2）提高精度。在传感器测量中，不可避免地存在各种噪声，而同时使用描述同一特征的多个不同信息，可以降低这种由测量不精确所引起的不确定性，显著提高系统的精度。

（3）扩展了空间和时间的覆盖，提高了空间分辨率及环境的适应能力。多种传感器可以描述环境中多个不同特征，这些互补的特征信息，可以减少对环境模型理解的歧义，提高系统正确决策能力。

（4）改进探测性能，提高响应的有效性，降低对单个传感器的性能要求，提高信息处理的速度。在等数量的传感器下，各传感器分别单独处理与多传感器信息融合处理相比，由于多传感器信息融合中用了并行结构，采用分布式系统并行算法，可显著提高信息处理的速度。

（5）降低信息获取的成本。信息融合提高了信息的利用效率，可以用多个较廉价的传感器获得与昂贵的单一高精度传感器同样甚至更好的效果，因此可大大降低系统的成本。

2. 信息融合的定义

美国国防部 JDL（Joint Directors of Laboratories）从军事应用的角度将信息融合定义为这样一个过程，即把来自许多传感器和信息源的信息进行联合、相关、组合和估值的处理，以达到精确的位置估计与身份估计，以及对战场情况和威胁及其重要程度进行适时的完整评价。

有的专家对上述定义进行了修改，其中比较确切的定义为：充分利用不同时间与空间的多传感器信息资源，采用计算机技术按时序获得的多传感器观测信息在一定准则下加以自动分析、综合、支配和使用，获得对被测对象的一致性解释与描述，以完成所需要的决策和估计任务，使系统获得比它的各组成部分更优越的性能。

因此，多传感器系统是信息融合的硬件基础，多源信息是信息融合的加工对象，协调优化和综合处理是信息融合的核心。

3. 信息融合的时间性和空间性

分布在不同空间位置上的多传感器在对运动目标进行观测时，各传感器不同时间的和不同空间的观测值将不同，从而形成一个观测值集合。例如，s 个传感器在 n 个时刻观测同一个目标可以有 $s \times n$ 个观测值，则

$$Z = \{Z_j\} \qquad (j = 1, 2, \cdots, s)$$
$$Z_j = \{Z_j(k)\} \qquad (k = 1, 2, \cdots, n) \qquad (6-39)$$

式中，Z_j 为第 j 号传感器的观测值的集合；$Z_j(k)$ 为第 j 号传感器在 k 时刻的观测值。

对于目标运动状态的观测，存在信息融合的时间性与空间性问题。信息融合的时间性表示按时间先后对观测目标在不同时间观测值进行融合。利用单传感器在不同时间的观测结果进行信息融合时，要考虑信息融合的时间性。信息融合的空间性表示对同一时刻不同空间位置的多传感器观测值进行融合。利用多传感器在同一时刻的观测结果进行信息融合时，要考虑信息融合的空间性。

在实际应用中，为获得观测目标的准确状态，往往需要同时考虑信息融合的时间性与空间性。具体情况如下。

（1）先对每个传感器在不同时间的观测值进行融合，得出每个传感器对目标状态的估计，然后将各个传感器的估计进行空间融合，从而得到目标状态的最终估计。

（2）先对同一时间不同空间位置的各传感器的观测值进行融合，得出各个不同空间位置的观测目标估计，然后对不同时间的观测目标估计按时间顺序进行融合，得出最终状态。

（3）同时考虑信息融合的时间性与空间性，即上述（1）和（2）同时进行，这样可以减少信息损失，提高信息融合系统的实时性，但难度加大，只适合大型多计算机的信息融合系统。

6.2.2 信息融合的基本原理

多传感器信息融合是人类和其他生物系统中普遍存在的一种基本功能，类似人脑综合信息处理系统。人类能非常自然地运用人体的各种功能器官（眼、耳、鼻、口、肢体等）将外部世界的信息（包括图像、声音、气味、味道、触觉）组合起来，并使用先验知识去分析、理解、推测和判定周围环境和正在发生的事件。由于人类感觉器官具有不同的度量特征，因而可测出不同空间范围内的各种物理现象。这一过程极为复杂，人类对事物的综合认识、判断与处理过程具有自适应性，但这需要大量不同的智能化处理，而且需要足够丰富的适用于解释组合信息含义的知识库——先验知识。人的先验知识越丰富，综合信息处理能力越强。

一个智能化的测控系统要想获得对周围环境的认识，必须应用传感器技术。因此，传感器是智能系统感知外部世界信息的"感觉器官"，具有信息融合能力的智能系统，是对人类高智能化信息处理能力的一种模仿。

多传感器信息融合与经典信号处理方法存在本质的区别，其关键在于信息融合所处理的多传感器信息具有更复杂的形式，而且可以在不同的信息层次上出现，实际上是对人脑综合处理复杂问题的一种功能模拟。其基本原理就是充分利用多个传感器资源，通过对这些传感器及其观测信息的合理支配和使用，把多个传感器在空间或时间上的冗余或互补信息依据某种准则来进行组合，以获得比起各组成部分的子集所构成的系统更优越的性能。其目的是通过信息组合而不是出现在输入信息中的个别元素，推导出更多的信息，得到最佳协同作用的结果，即利用多个传感器共同或联合操作的优势，提高传感器系统的有效性，消除单个或少量传感器的局限性。

1. 信息融合的结构形式

信息融合的结构有串行融合、并行融合和混合融合三种形式。

（1）图6.39所示为串行融合方式的原理图。在融合时，当前传感器要接受前一级传感器的输出结果，每个传感器既有接收信息、处理信息的功能，又有信息融合功能。各传感器的处理同前一级传感器输出的信息形式有很大关系，最后一个传感器综合了所有前级传感器输出的信息，其输出为串行融合系统的结果。

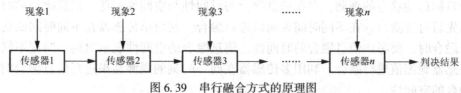

图6.39　串行融合方式的原理图

（2）图 6.40 所示为并行融合方式的原理图。在融合时，每个传感器直接将各自的输出信息传输到传感融合中心，各传感器之间没有影响，融合中心对各信息按适当方法综合处理后，输出最终结果。

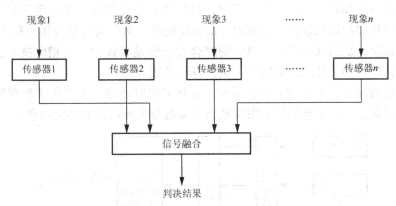

图 6.40　并行融合方式的原理图

（3）混合融合是将串行、并行方式结合在一起，总体为串行，局部为并行，或者总体为并行，局部为串行。

2. 信息融合的层次

按照信息抽象的三个层次，信息融合可分为像素级（或数据级）融合、特征级融合和决策级融合三个层次。

1）像素级融合

图 6.41 所示为像素级融合（或数据级融合）的示意图，它是对传感器的原始信息及预处理各阶段上产生的信息分别进行融合处理。

它尽可能多地保留了原始信息，能够提供其他两个层次融合所不具有的细微信息。其局限性如下。

（1）由于所要处理的传感器信息量大，代价高。

（2）融合是在信息最低层进行的，由于传感器的原始信息的不确定性、不完全性和不稳定性，要求在融合时有较高的纠错能力。

（3）由于要求各传感器信息之间具有精确到一个像素的配准精度，故要求传感器信息来自同质传感器。

（4）通信量大。

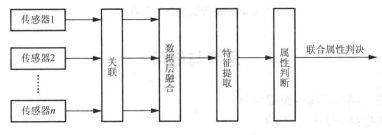

图 6.41　像素级融合（或数据级融合）的示意图

2）特征级融合

图 6.42 所示为特征级融合的示意图，它是先对来自传感器的原始信息进行特征提取（特征可以是被测对象的各种物理量），然后对特征信息进行综合分析和处理。特征级融合可分为目标状态信息融合和目标特征融合。其中，目标状态信息融合主要应用于多传感器目标跟踪领域，首先对传感器数据进行预处理以完成数据配准，然后实现参数相关和状态矢量估计；目标特征融合就是特征层联合识别，具体的融合方法仍是模式识别的相应技术，只是在融合前必须先对特征进行相关处理，对特征矢量进行分类组合。

特征级融合的优点在于实现了信息压缩，有利于实时处理；并且由于所提取的特征直接与决策有关，因而，融合结果能最大限度地给出决策分析所需要的特征信息。

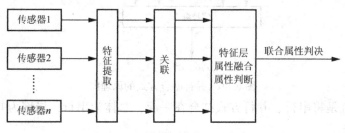

图 6.42　特征级融合的示意图

3）决策级融合

图 6.43 所示为决策级融合的示意图，它是对每个信息源都执行一个变换以得出一个独立的身份估计，然后对这些身份估计进行融合，并由此进行目标识别。它是一种高层次融合，是从具体决策问题出发，充分利用特征级融合的最终结果，直接针对具体决策目标，融合结果直接影响决策水平。其结果为检测、控制、指挥、决策提供依据。

决策级融合的主要优点是实时性最好、数据量小、系统对信息传输带宽要求较低；另外，对传感器的依赖性小，当一个或几个传感器出现错误时，通过适当的融合，系统还能获得正确的结果（即容错性好）。决策级融合的缺点是，先要对原传感器信息进行预处理以获得各自的判定结果，预处理代价较高。

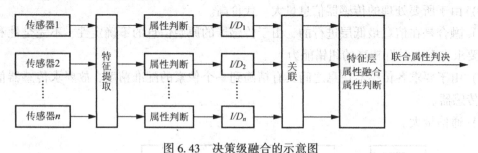

图 6.43　决策级融合的示意图

思考与练习

1. 信号调理电路包括哪些组成部分？
2. 信号放大电路是怎样工作的？
3. 信号滤波电路应用的范围包括哪些？
4. 简述信号滤波电路的工作过程。

5. 信号转换电路是怎样工作的？画图说明。

6. 怎样进行非线性校正与补偿？画图说明。

7. 什么叫信号调制、信号解调？

8. 怎样进行信号的调制与补偿？

9. 多传感器信息融合的基本概念是什么？

10. 怎样进行信息融合？

第7章

抗干扰技术

7.1 常见干扰源分析

7.1.1 干扰的定义及来源

1. 干扰的定义

干扰是指对系统的正常工作产生不良影响的内部或外部因素。从广义上讲，机电一体化系统的干扰因素包括电磁干扰、温度干扰、湿度干扰、声波干扰和振动干扰等。

电磁干扰是指在工作过程中受环境因素的影响，出现的一些与有用信号无关的，并且对系统性能或信号传输有害的电气变化现象。

2. 形成干扰的三个要素

(1) 干扰源：产生干扰信号的设备被称为干扰源，例如，变压器、继电器、微波设备、电机、无绳电话和高压电线等都可以产生空中电磁信号。

(2) 传播途径：传播途径是指干扰信号的传播途径。

(3) 接收载体：接收载体是指受影响的设备的某个环节，该环节吸收了干扰信号，并转化为对系统造成影响的电气参数。

3. 干扰的来源

干扰的来源是多方面的，有时甚至是错综复杂的。有的干扰来自外部，有的来自内部。

1) 外部干扰

外部干扰由使用条件和外部环境因素决定。外部干扰环境如图7.1所示。外部干扰如下。

(1) 天电干扰，如雷电或大气电离作用及其他气象引起的干扰电波。

(2) 天体干扰，如太阳或其他星球辐射的电磁波。

(3) 电气设备的干扰，如广播电台或通信发射台发出的电磁波，以及动力机械、高频炉、电焊机等产生的干扰。

此外，荧光灯、开关、电流断路器、过载继电器、指示灯等具有瞬变过程的设备也会产生较大的干扰，来自电源的工频干扰也可视为外部干扰。

2) 内部干扰

内部干扰则是由系统的结构布局、制造工艺所引入的。内部干扰环境如图7.2所示。内部干扰如下。

(1) 分布电容、分布电感引起的耦合感应，电磁场辐射感应，长线传输造成的波反射。

(2) 多点接地造成的电位差引入的干扰。

(3) 装置及设备中各种寄生振荡引入的干扰，以及热噪声、闪变噪声、尖峰噪声等引入

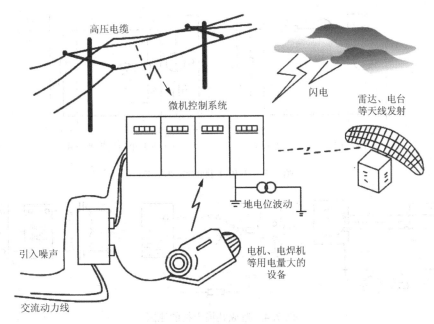

图 7.1　外部干扰环境

图 7.2　内部干扰环境

的干扰，甚至元器件产生的噪声等。

7.1.2　干扰的类型

干扰进入检测电路有两种方式，即差模干扰和共模干扰。

1. 差模干扰

差模干扰又称为串联干扰，是干扰信号与有用信号叠加在一起，特点是信号接收器的两个输入端的电位发生变化。图 7.3 所示为差模干扰的两种方式。

2. 共模干扰

共模干扰是在信号接收器的两个输入端同时出现的干扰，特点是不影响有用信号电压。当信号接收器的输入参数不对称时，对检测结果产生影响。

造成共模干扰的原因如图 7.4 所示。图 7.5 所示为共模干扰的等效电路。

共模干扰抑制比是表征系统对共模干扰的抑制能力的量，表达式为

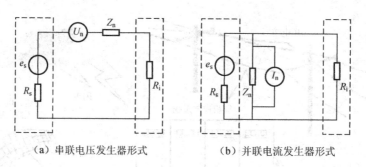

（a）串联电压发生器形式　　　（b）并联电流发生器形式

图 7.3　差模干扰的两种方式

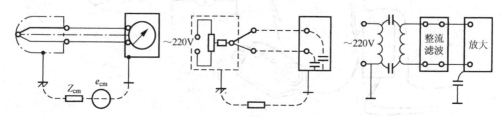

图 7.4　造成共模干扰的原因

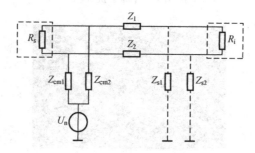

图 7.5　共模干扰的等效电路

$$K_{CMR} = 20\lg \frac{U_{cm}}{U_{cd}} \tag{7-1}$$

共模干扰抑制比也可以定义为系统的差模增益与共模增益之比，即

$$K_{CMR} = 20\lg \frac{K_d}{K_c} \tag{7-2}$$

共模干扰抑制比越高，对共模干扰抑制能力越强。

7.1.3　干扰信号的耦合方式

干扰信号进入检测装置的途径称为耦合方式。干扰耦合主要有以下几种方式：静电电容耦合、电磁耦合、共阻抗耦合及漏电流耦合。

（1）静电电容耦合是两个电路间存在寄生电容，产生静电效应使一个电路的电荷变化影响到另一个电路，如图 7.6 所示。

（2）电磁耦合是干扰信号通过电路间存在的互感耦合，如图 7.7 所示。

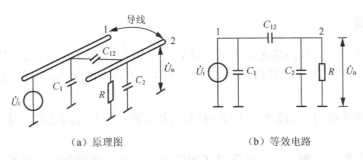

（a）原理图　　　　　　　　　（b）等效电路

图 7.6　静电电容耦合的原理图及等效电路

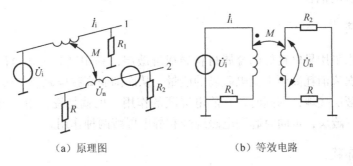

（a）原理图　　　　　　　　　（b）等效电路

图 7.7　电磁耦合的原理图及等效电路

（3）共阻抗耦合是干扰信号通过两个电路存在的公共阻抗耦合，其等效电路如图 7.8 所示。

（4）漏电流耦合是绝缘不良，流经绝缘电阻的漏电流引起的干扰，其等效电路如图 7.9 所示。U_i 为干扰源电势，R 为漏电阻，Z_i 是被干扰电路的输入阻抗，U_n 为干扰电压。

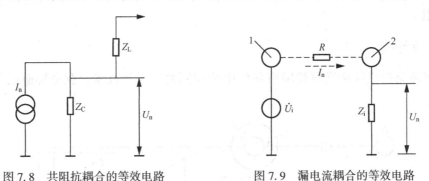

图 7.8　共阻抗耦合的等效电路　　　　　图 7.9　漏电流耦合的等效电路

7.2　常用的抑制干扰措施

抗干扰技术是检测技术中一项重要的内容，它直接影响检测工作的质量和检测结果的可靠性，因此，抗干扰技术是指消除干扰或削弱干扰的影响，使其降到最低程度的全部技术措施。

7.2.1　屏蔽抗干扰技术

利用导体或磁性材料将要防护的部分包起来，隔断电磁场的耦合通道，这种技术称为屏蔽。屏蔽的目的是隔断电磁场的耦合通道，抑制各种场的干扰。

1. 静电屏蔽

在静电场作用下，导体内部无电力线，即各点等电位。静电屏蔽就是利用与大地相连接的导电性良好的金属容器，使其内部的电力线不向外传，同时也不使外部的电力线影响其内部。

静电屏蔽能防止静电场的影响，用它可以消除或削弱两个电路之间由于寄生分布电容耦合而产生的干扰。

在电源变压器的一次侧、二次侧绕组之间插入一个梳齿形薄铜皮，并将它接地，可以防止两个绕组间的静电耦合。

2. 电磁屏蔽

电磁屏蔽是指采用导电良好的金属材料做成屏蔽层，利用高频干扰电磁场在屏蔽体内产生涡流，再利用涡流消耗高频干扰电磁场的能量，从而削弱高频电磁场的影响。

若将电磁屏蔽层接地，则同时兼有静电屏蔽的作用。也就是说，用导电良好的金属材料做成的接地电磁屏蔽层，可同时起到电磁屏蔽和静电屏蔽两种作用。

3. 低频磁屏蔽

低频磁屏蔽是指采用高导磁材料做成屏蔽层，将干扰限制在屏蔽体内部的抗低频磁干扰的技术。

在低频磁场干扰下，采用高导磁材料做成屏蔽层以便将干扰磁力线限制在磁阻好的磁屏蔽体内部，防止低频磁场的干扰。

通常，坡莫合金类材料是对低频磁通具有高导磁系数的材料，但使用时要有一定的厚度，以减少磁阻。

4. 驱动屏蔽

驱动屏蔽是指使屏蔽层与被屏蔽导体电位相同的抗干扰技术。驱动屏蔽的原理图如图7.10所示。

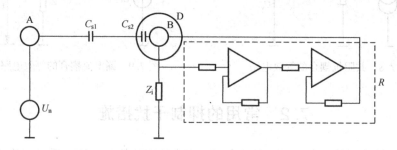

图 7.10 驱动屏蔽的原理图

7.2.2 隔离抗干扰技术

隔离是指把干扰源与接收系统隔离开来，使有用信号正常传输，而干扰耦合通道被切断，从而达到抑制干扰的目的。常见的隔离方法有光电隔离、变压器隔离和继电器隔离等。

1. 光电隔离

光电耦合器以光作为媒介在隔离的两端传输信号。由于光电耦合器在传输信息时，不是将其输入和输出的电信号进行直接耦合，而是借助于光作为媒介物进行耦合的，因而具有较强的隔离和抗干扰能力。图 7.11 所示为一般的光电耦合器组成的输入–输出线路。在控制系统中，它既可以用作一般输入–输出的隔离，也可以代替脉冲变压器起线路隔离与脉冲放大作用。由于光电耦合器具有二极管、三极管的电气特性，使它能方便地组合成各种电路；又由于它靠光耦合传输信息，使它具有很强的抗电磁干扰的能力，因而在机电一体化产品中获得了极其广泛的应用。

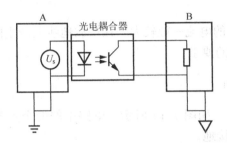

图 7.11　光电耦合器组成的输入–输出线路

2. 变压器隔离

对于交流信号的传输，一般使用变压器隔离干扰信号的办法。隔离变压器也是常用的隔离部件，用来阻断交流信号中的直流干扰和抑制低频干扰信号的强度。图 7.12 所示为变压器耦合隔离电路。隔离变压器把各种模拟负载和数字信号源隔离开来，也就是把模拟地和数字地断开。传输信号通过变压器获得通路，而共模干扰由于不形成回路而被抑制。

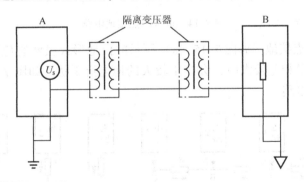

图 7.12　变压器耦合隔离电路

3. 继电器隔离

继电器线圈和触点仅有机械上的联系，而没有直接的电的联系，因此可利用继电器线圈接收电信号，而利用其触点控制和传输电信号，从而实现强电和弱电的隔离，如图 7.13 所示。同时，继电器触点较多，其触点能承受较大的负载电流，因此应用非常广泛。

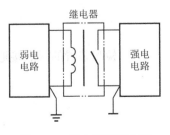

图 7.13　继电器隔离电路

7.2.3 接地抗干扰技术

接地技术是抑制干扰的一种重要措施，选择合理的接地方式能够有效地抑制干扰。

1. 电测系统的接地

（1）安全接地：将装置的机壳和底盘接大地，接地电阻在 10Ω 以下（计算机房等要求 4Ω 以下）。

（2）信号接地：信号接地是使电测装置的零电位（基准电位）接地线，不一定接大地。

（3）信号源接地：信号源地线是传感器的零电位电平基准，传感器与其他检测设备在接地上有不同要求。

（4）负载接地：负载中的电流一般较大，在负载地线上产生的干扰也较大，故对负载地线与检测仪器的地线有不同的要求。

2. 电路一点接地准则

（1）单级一点接地准则：如图 7.14 所示，电路中的七个点若分别接地，不同接地点间会产生干扰电压，应在一点接地。

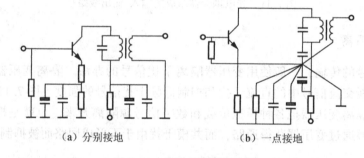

（a）分别接地　　　　　　　　（b）一点接地

图 7.14　单级一点接地电路

（2）多级电路一点接地：如图 7.15（a）所示的接地形式虽然避免了多点接地可能产生的干扰，但当各级电平相差较大时，会产生较大的地电流干扰。如图 7.15（b）所示的分别接地方式适用于低频电路。

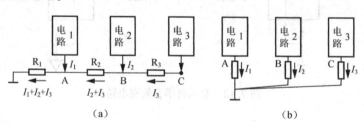

（a）　　　　　　　　　　　　（b）

图 7.15　多级电路一点接地电路

（3）检测装置的两点接地：图 7.16 所示为检测装置的两点接地电路及等效电路。

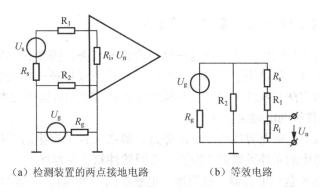

(a) 检测装置的两点接地电路　　　　(b) 等效电路

图 7.16　检测装置的两点接地电路及等效电路

3. 检测系统的接地

先将系统内部电路分割成模拟、数字、功率等几个独立接地的系统，然后再将几个系统合并成一个接地系统连接至参考点，如图 7.17 所示。

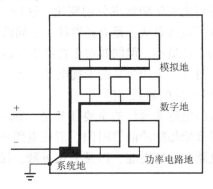

图 7.17　检测系统的接地电路

7.3　电 磁 兼 容

7.3.1　电磁兼容性的含义

电磁兼容性（Electromagnetic Compatibility，EMC）是指设备或系统在其电磁环境中符合要求运行并不对其环境中的任何设备产生无法忍受的电磁干扰的能力。因此，电磁兼容性包括两个方面的要求：一方面是指设备在正常运行过程中对所在环境产生的电磁干扰不能超过一定的限值；另一方面是指器具对所在环境中存在的电磁干扰具有一定程度的抗扰度，即电磁敏感性。

7.3.2　电磁兼容性设计

要保证电子设备或电子系统真正实现电磁兼容性，必须采取综合措施或采取特殊的设计技术、工艺和方法。

1. 在不同等级上保证电磁兼容性的方法

保证电子设备或系统的电磁兼容性是一项综合性的任务，需要在不同等级上采用不同的方法和措施。从元件级、部件级、设备级、系统级和业务级保证电磁兼容性，方法主要包括设计工艺、电路技术方法、系统工程方法和利用专业技术组织机构四大类方法。

1）保证设备元件级的电磁兼容性

保证设备元件级的电磁兼容性的主要任务是，解决元件上产生的干扰及减小元件上由外界感应的电平。设备中的元件可以分成两类：无源器件和有源器件。

（1）无源器件主要包括电容器、电阻器、电感线圈（变压器）、连接导线及各种连接器。在分析无源器件的电磁兼容性问题时，最关键的就是要分析它产生电磁问题的原因，包括元件参数，元件的末端引线电感，元件上的各种寄生电容、寄生电感等电路上的分布参数，必须考虑由这些参数和电路元件所组成的新的等效电路。

（2）对有源器件而言，它工作时会产生电磁辐射，也会以传导电流的方式成为干扰源。由于隔离不完善及耦合电感、耦合电容的存在，使有源器件影响其他元件或电路功能的实现。在含有非线性元件的电路中还可能发生频谱成分的变化，这种变化会引起电磁干扰。继电器接触点、开关的火花效应和电弧也可以认为是有源器件。不同的有源器件的特性不同。例如，发射极耦合的逻辑元件产生的干扰最小，但同时对干扰作用却最敏感；互补 MOS 逻辑电路的元件最不容易受干扰，但是本身却产生相当高的干扰电平。

2）保证设备级或设备部件级的电磁兼容性

保证设备级或设备部件级的电磁兼容性的主要任务是，减弱元件、部件范围以外的由干扰源产生的干扰电平。可以采取增加脉冲前沿时间、消除电路中的谐波和信号的谐波、限制干扰的传播途径、改善设备电路元件的性能，以及采用屏蔽、接地、滤波等方法和措施减小振荡电平，减小干扰。

3）保证系统级的电磁兼容性

通过系统工程的方法保证系统级的电磁兼容性时，应充分利用空间区域分布、频率资源及时间因素，以获得最佳的电磁兼容效果。

2. 减小导线之间的耦合

最常见的改善电磁兼容性的措施之一，就是要尽量减小设备电路的内部导线之间，或者各种部件间连接导线之间的耦合。为了减小导线之间的耦合，最为有效的办法就是对导线进行屏蔽，但在进行导线屏蔽时，屏蔽接地的方式非常重要。

（1）若信号线与屏蔽层相接，但与地隔离，则这种情况对电容耦合的屏蔽效果很差。

（2）若采用导线扭绞的方式达到屏蔽作用，当两根导线扭绞起来时，则两根导线中的感应电动势恰好相反，可以抵消大部分，此时两端都接地的情况对电磁干扰的敏感程度就比一端接地的情况严重。

（3）若将两根导线扭绞之后再加上同轴导体屏蔽，则能够获得最大的屏蔽效果，这种方式也是实际上广泛采用的综合方法。在这种情况中，尽量达到对称是减小各种部件连接导线之间耦合的有效措施，要求两根导线及所有连接在它们上面的电路具有相同的阻抗，此时回路中的干扰电流将等于零，而且与耦合的性质无关。

（4）若导线很多，不可能屏蔽每一对导线，则必然会产生干扰。这种干扰与干扰源的性质、干扰源与被干扰元件或设备之间的耦合性质有关，应采用分组的方法削弱成束导线产生的干扰。首先把承载大功率的干扰源有关的导线与对电磁干扰敏感的设备有关的导线分开编组，然后再把每一组的导线组成束。

（5）进行布线时，应将强信号导线离开弱信号电路导线而单独布置或两者垂直布置；将对干扰敏感的元件避开干扰源或采取立体交叉的方式；互不影响的兼容设备可以放在一起；不敏感的元件和不产生干扰的元件安排在感应源和感受器之间，构成去耦屏障。

3. 接地

1）接地的功能

接地是电子设备和电子系统的重要组成部分，是十分复杂的技术，与电子系统的具体结构有关系，与所要防护的系统的工作电流、频率及波形有密切关系，与构成"地"的材质和电磁特性有关，更与接地元件及工艺有关。接地主要完成以下功能。

（1）地表表面是良好的导电表面，其电位被看作零电位，并作为各种电位信号的比较基准。

（2）接地表面作为各种信号电路的返回电流的通道和电源回路的一部分。

（3）接地用来配合各种屏蔽系统功能，作为各种频率的干扰电流的通道。

（4）接地作为零电位基准，连接裸露的设备金属外壳以保护操作人员不受到伤害。

2）接地产生的电磁干扰。

接地会产生以下两种电磁干扰。

（1）接地系统存在电阻，就会产生电压降，电压降与接地系统上的电流成正比。这个电压将造成电磁干扰的干扰电动势（公共阻抗效应）。

（2）接地系统存在回路，外部电磁干扰源通过电磁波作用在接地回路中产生感应干扰电动势。接地母线电阻越大，接地回路的面积越大，接地导线的复阻抗越大，则接地系统产生的电磁干扰就越大。

3）接地应该遵守的原则

接地应该遵守以下几条原则。

（1）接地导线及公共母线的阻抗应尽可能小。接地导线应该具有最小的阻抗和自感。接地导线的长度应该尽量短，应比波长短得多。

（2）接地导线应该采用横截面为管形的接地线，因管形的接地线同其他具有同样截面积的导线相比，具有最小的全阻抗。

（3）应控制接地线的电气连接质量，保证接地连接点始终具有最小的接触电阻。布线时尽量避免利用公共导线。

（4）应选用合适的接地方式。根据具体情况采用单点串联接地、单点并联接地和多点并联接地等方式。单点串联接地最简单，但具有最大的干扰电平，干扰的大小取决于沿接地电路公共段流过的电流。单点并联接地导线长度大大增加，难以保证接地段的小阻抗要求，会产生明显的接地导线间的电磁耦合，增大干扰。多点并联接地容易形成接地回路，必须采取专门的措施来消除由于接地回路面积大而引入的很大的电感耦合干扰。实际的接地方案要综合考虑所有的因素和效果，通常在低频时多采用单点接地，系统在高频时采用多点接地系统。低频屏蔽原理基于电流对消原理，故用作电源电路的返回电流的接地线和用作信号电路的返回电流的接地线，要各自独立连接。

4. 屏蔽

1）屏蔽衰减

电磁屏蔽要完成的功能主要在于，如果屏蔽体内部有干扰源，则屏蔽的目的是减小内部干扰源对周围空间的电磁干扰；如果屏蔽体内部没有干扰源，则屏蔽的目的是减小外界电磁干扰对屏蔽体内部电路的作用，并且降低设备的电磁敏感性。屏蔽的防护作用常用屏蔽衰减表示。

2）屏蔽效能的频率特性

在低频时，交变电磁场作用在屏蔽体上，电场作用类似于静电场，电荷分布在屏蔽体外表面，屏蔽体内没有场，电场屏蔽衰减可以认为是无穷大。在频率的作用下，感应电荷不断改变符号，感应电荷符号的交变使屏蔽体上产生交变电流。频率的进一步增高会伴随着在屏蔽体内出现交变电场。因为屏蔽体的电导率的限制，使得电场屏蔽的效果降低。当频率再升高时，会出现趋肤效应，电流则只集中在屏蔽体表面，屏蔽体内的场将再次减弱，屏蔽效能会逐渐增高。屏蔽层越厚，材料电导率越大，屏蔽效能越好。

在磁屏蔽中，一般物质的磁导率很小，在恒定磁场中的磁力线虽然在屏蔽体中集中，但由于磁导率很小，这种磁力线集中的作用很小，因而磁屏蔽效能很低。在低频时，随着频率的增高在屏蔽体内会产生涡流，其结果是消耗了磁场能，磁屏蔽效能有所提高。继续升高频率时，由于趋肤效应的作用能透入屏蔽体进入内部的磁场很少，磁屏蔽效能大大提高。在高频时，电场或磁场都有很强的趋肤效应，透入深度很小，能透入屏蔽体内部的电场和磁场都很小，屏蔽效能将大大提高。

3）影响屏蔽效果的因素

任何屏蔽都不可能做到对电磁场完全封闭，屏蔽体上总会有缝隙、通风口、门窗结构和电缆线进入，这些结构会降低屏蔽效能。

5. 滤波

滤波是为了预防电磁干扰经传导渠道传播到系统或仪表内部，通过滤波可以把有用信号频谱以外的能量加以抑制。以下的情况应考虑采取滤波措施。

（1）在高频系统中，为了抑制工作频带以外的频带上的干扰，应采取滤波措施。

（2）在信号电路中，为了消除无用的或无关的频谱成分，可以采用吸收滤波器等。

（3）在电源电路、操纵电路、控制电路及转换电路中，采用滤波器减小干扰源产生的干扰作用和保护干扰敏感设备。

6. 电子设备空间布局

各种电子设备的接收特性及干扰源设备的辐射特性，都具有一定的方向性和一定的作用距离，利用这些特性适当安排电子设备在空间的位置可以避免干扰。电子设备空间布局就是要合理地确定电子设备之间的空间距离和位置的格局，使得彼此产生的干扰在允许的范围内。应考虑电子设备的信号功率、辐射的电磁干扰、电磁敏感度及系统结构，电子设备空间布局应当能使系统的性能最佳。合理布局应考虑系统设备内各单元之间的相对位置和电缆走线，其基本原则是使感受器和干扰源尽可能分离、输出与输入端口妥善分隔、高电平电缆及脉冲引线与低电平电缆分别铺设。

7. 优化信号设计

电信号在传输信息时需占据一定的频谱，为减小干扰，信号占用的频谱不应大于信息所必需的频谱宽度，即应对有用信号规定必要的最小带宽，同时必须优化信号波形。

8. 完善线路设计

进行线路设计或选用时，应设计和选用自身发射功率小、抗干扰能力强的电子线路（包括集成电路）作为电子设备的基本电路单元。

7.3.3 电磁干扰滤波器

1. 需要电磁干扰滤波器的原因

只要有电子信号的存在，在其附近使用的电子产品就有可能存在电磁干扰（EMI）的问题。电磁干扰是一个常见于日常生活中的问题，如电视噪声、收音机杂音，以及飞机起降时容易受到电子产品所发出电磁波信号影响而导致电子仪表不正常的情形等。随着科技的日益进步，电子产品日益普及和多样化，日常生活中的电磁噪声随之越来越多，电磁干扰的问题也更加复杂。因此，电子产品在电路板及系统设计时，就应考虑电磁干扰的问题，以免产品出售后无法正常使用，或因严重影响其他电子产品的操作而遭到顾客退货。

随着电子产品集成度越来越高，所包含的功能越来越多，且售价越来越低，电子产品所遇到电磁干扰的问题自然也就更加严重。电子产品为实现质量小、体积小巧的目标，以迎合消费者易于携带的需求，在电路板的设计上以高集成度为设计导向，采用相同功能但体积或面积更小的组件，拿掉原本用作电磁干扰防护的金属屏蔽，改用更细的地线或更小块的地平面用作接地等。这些措施能达到使产品外形轻巧的目的，也能节省许多产品开发的费用及量产后的成本，但却极不利于电磁干扰问题的解决。

2. 电磁干扰滤波器的功能

电磁干扰滤波器的功能就是保持电子设备内部产生的噪声不向外泄漏，同时防止电子设备外部的交流线路产生的噪声进入设备。

3. 电磁干扰滤波器的组成

电磁干扰滤波器通常由无源电子元件的网络组成，这些元件包括电容和电感，它们组成LC电路。

4. 电磁干扰滤波器的工作原理

因为有害的电磁干扰的频率要比正常信号的频率高得多，所以电磁干扰滤波器是通过选择性地阻拦或分流有害的高频来发挥作用的。基本上，电磁干扰滤波器的感应部分被设计作为一个低通器件使交流线路频率通过，同时它还是一个高频截止器件，电磁干扰滤波器的其他部分使用电容来分路或分流有害的高频噪声，使这些有害的高频噪声不能到达敏感电路。这样，电磁干扰滤波器显著降低或衰减了所有要进入或离开受保护电子器件的有害噪声信号。

5. 电磁干扰滤波器的基本电路

电磁干扰滤波器的基本电路如图 7.18 所示。该五端器件有两个输入端、两个输出端和一个接地端，使用时外壳应接通大地。电路中包括共模扼流圈（也称为共模电感）L、滤波电容 $C_1 \sim C_4$。L 对串模干扰不起作用，但当出现共模干扰时，由于两个线圈的磁通方向相同，经过耦合后总电感量迅速增大，因此对共模信号呈现很大的感抗，使之不易通过，故称为共模扼流圈。它的两个线圈分别绕在低损耗、大磁导率的铁氧体磁环上，当有电流通过时，两个线圈上的磁场就会互相加强。L 的电感量与电磁干扰滤波器的额定电流 I 有关，如表 7.1 所示。需要指出，当额定电流较大时，共模扼流圈的线径也要相应增大，以便能承受较大的电流。此外，适当增加电感量，可改善低频衰减特性。C_1 和 C_2 采用薄膜电容，电容量范围大致是 $0.01 \sim 0.47 \mu F$，主要用来滤除串模干扰。C_3 和 C_4 跨接在输出端，并将电容的中点接地，能有效地抑制共模干扰。C_3 和 C_4 也可并联在输入端，仍选用陶瓷电容，电容量范围是 $2200 pF \sim 0.1 \mu F$。为减小漏电流，电容量不得超过 $0.1 \mu F$，并且电容中点应与大地接通。$C_1 \sim C_4$ 的耐压值均为 630V DC 或 250V AC。

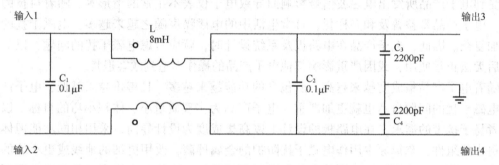

图 7.18　电磁干扰滤波器的基本电路

表 7.1　电感量范围与额定电流的关系

额定电流 I/A	1	3	6	10	12	15
电感量范围/mH	8~23	2~4	0.4~0.8	0.2~0.3	0.1~0.15	0.0~0.08

图 7.19 所示为一种两级复合式电磁干扰滤波器的内部电路，由于采用两级（也称为两节）滤波，因此滤除噪声的效果更佳。

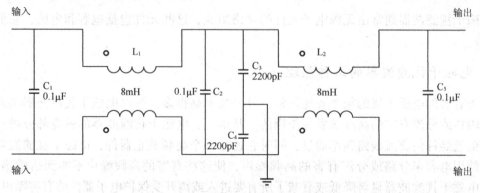

图 7.19　两级复合式电磁干扰滤波器的内部电路

针对某些用户现场存在重复频率为几千赫兹的快速瞬态群脉冲干扰的问题，国内外还开发出群脉冲滤波器（也称为群脉冲对抗器），能对上述干扰起到抑制作用。

7.3.4 抑制开关电源中的电磁干扰

近年来，开关电源以其效率高、体积小、输出稳定性好的优点而迅速发展起来。但是，由于开关电源工作过程中的高频率、高 di/dt 和高 du/dt 使得电磁干扰问题非常突出。国内已经以新的 3C 认证取代了 CCIB 和 CCEE 认证，使得对开关电源在电磁兼容性方面的要求更加详细和严格。如今，如何降低甚至消除开关电源的电磁干扰问题已经成为全球开关电源设计师及电磁兼容设计师非常关注的问题。下面讨论开关电源电磁干扰产生的原因及常用的电磁干扰抑制方法。

1. 开关电源的干扰源分析

开关电源产生电磁干扰最根本的原因，就是其在工作过程中产生的高 di/dt 和高 du/dt，它们产生的浪涌电流和尖峰电压形成了干扰源。工频整流滤波使用的大电容充电放电、开关管高频工作时的电压切换、输出整流二极管的反向恢复电流都是这类干扰源。开关电源中的电压电流波形大多为接近矩形的周期波，如开关管的驱动波形、MOSFET 漏源波形等。对于矩形波，周期的倒数决定了波形的基波频率；两倍脉冲边缘上升时间或下降时间的倒数决定了这些边缘引起的频率分量的频率值，典型的值在兆赫范围，而它的谐波频率就更高了。这些高频信号都对开关电源基本信号，尤其是控制电路的信号造成干扰。

开关电源的电磁干扰从干扰源来说可以分为两大类：一类是外部干扰，如通过电网传输过来的共模和差模干扰、外部电磁辐射对开关电源控制电路的干扰等；另一类是开关电源自身产生的电磁干扰，如开关管和整流管的电流尖峰产生的谐波及电磁辐射干扰。

如图 7.20 所示，电网中含有的共模和差模干扰对开关电源产生影响，开关电源在受到电磁干扰的同时也对电网中其他设备及负载产生电磁干扰（如图中的返回噪声、输出噪声和辐射干扰）。进行开关电源电磁兼容性设计时，一方面要防止开关电源对电网和附近的电子设备产生干扰，另一方面要加强开关电源本身对电磁干扰环境的适应能力。下面具体分析开关电源电磁干扰产生的原因和途径。

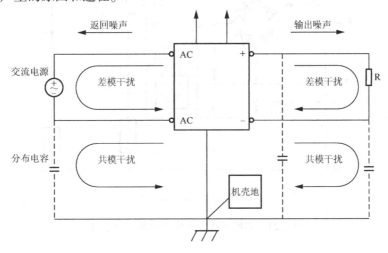

图 7.20 开关电源电磁干扰的类型

1）电源线引入的电磁干扰

电源线引入的电磁干扰是电网中各种用电设备产生的电磁干扰沿着电源线传播所造成的。电源线引入的电磁干扰分为两大类：共模干扰、差模干扰。共模干扰定义为任何载流导体与参考地之间的不希望有的电位差；差模干扰定义为任何两个载流导体之间的不希望有的电位差。两种干扰的等效电路如图 7.21 所示。图中，C_{P1} 为变压器初、次级之间的分布电容，C_{P2} 为开关电源与散热器之间的分布电容（即开关管集电极与地之间的分布电容）。

如图 7.21（a）所示，开关管 VT_1 由导通变为截止状态时，其集电极电压突升为高电压，这个电压会引起共模电流 I_{cm2} 向 C_{P2} 充电和共模电流 I_{cm1} 向 C_{P1} 充电，分布电容的充电频率即开关电源的工作频率，则线路中共模电流总大小为（$I_{cm1}+I_{cm2}$）。如图 7.21（b）所示，当 VT_1 导通时，差模电流和信号电流 I_L 沿着导线、变压器初级、开关管组成的回路流通。由等效电路可知，共模干扰电流不通过地线，而通过输入电源线传输，而差模干扰电流通过地线和输入电源线回路传输。所以，设置电源线滤波器时要考虑差模干扰和共模干扰的区别，在其传输途径上使用差模或共模滤波元件抑制它们的干扰，以达到最好的滤波效果。

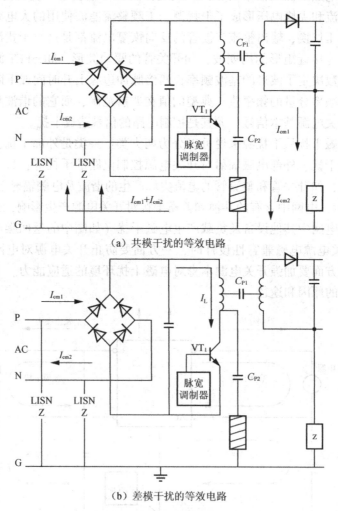

（a）共模干扰的等效电路

（b）差模干扰的等效电路

图 7.21　共模干扰、差模干扰的等效电路

2）输入电流畸变造成的干扰

开关电源的输入普遍采用桥式整流、电容滤波型整流电源。如图 7.22 所示，在没有功率因数校正（PFC）功能的输入级，由于整流二极管的非线性和滤波电容的储能作用，使得二极管的导通角变小，输入电流 i 成为一个时间很短、峰值很高的周期性尖峰电流。这种畸变的电流实质上除包含基波分量以外还含有丰富的高次谐波分量。这些高次谐波分量注入电网，将引起严重的谐波污染，对电网上其他的电器造成干扰。为了控制开关电源对电网的污染及实现高功率因数，PFC 电路是不可或缺的部分。

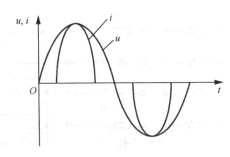

图 7.22　未加 PFC 电路的输入电流和电压波形

3）开关管及变压器产生的干扰

主开关管是开关电源的核心器件，同时也是干扰源，其工作频率直接与电磁干扰的强度相关。随着开关管的工作频率升高，开关管电压、电流的切换速度加快，其传导干扰和辐射干扰也随之增加。此外，主开关管上反并联的钳位二极管的反向恢复特性不好，或者电压尖峰吸收电路的参数选择不当也会造成电磁干扰。

开关电源工作过程中，由初级滤波大电容、高频变压器初级线圈和开关管构成了一个高频电流环路。该环路会产生较大的辐射噪声。开关回路中开关管的负载是高频变压器初级线圈，它是一个感性的负载，所以开关管通断时在高频变压器的初级两端会出现尖峰噪声，轻者造成干扰，重者击穿开关管。主变压器绕组之间的分布电容和漏感也是引起电磁干扰的重要因素。

4）输出整流二极管产生的干扰

理想的二极管在承受反向电压时截止，不会有反向电流通过。而实际二极管正向导通时，PN 结内的电荷被积累，当二极管承受反向电压时，PN 结内积累的电荷将释放并形成一个反向恢复电流，它恢复到零点的时间与结电容等因素有关。反向恢复电流在变压器漏感和其他分布参数的影响下将产生较强烈的高频衰减振荡。因此，输出整流二极管的反向恢复噪声也成为开关电源中一个主要的干扰源。可以通过在二极管两端并联 RC 缓冲器，以抑制其反向恢复噪声。

5）分布及寄生参数引起的干扰

开关电源的分布参数是多数干扰的内在因素，开关电源和散热器之间的分布电容、变压器初级和次级之间的分布电容与漏感都是噪声源。共模干扰就是通过变压器初、次级之间的分布电容及开关电源与散热器之间的分布电容传输的。变压器绕组间的分布电容与高频变压器绕组的结构、制造工艺有关，可以通过改进绕制工艺和结构、增加绕组之间的绝缘、采用法拉第屏蔽等方法来减小绕组间的分布电容。而开关电源与散热器之间的分布电容与开关管的结构及开关管的安装方式有关，采用带有屏蔽的绝缘衬垫可以减小开关管与散热器之间的分布电容。

如图 7.23 所示，在高频工作下的元件都有高频寄生特性，对其工作状态产生影响。高频工作时导线变成了发射线，电容变成了电感，电感变成了电容，电阻变成了共振电路。观察图 7.23 中的频率特性曲线可以发现，当频率过高时各元件的频率特性产生了相当大的变化。为了保证开关电源在高频工作时的稳定性，设计开关电源时要充分考虑元件在高频工作时的特性，选择使用高频特性比较好的元件。另外，在高频时，导线寄生电感的感抗显著增加，由于电感的不可控性，最终使其变成一根发射线，也就成为了开关电源中的辐射干扰源。

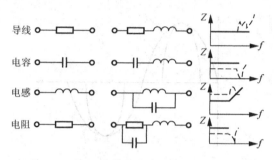

图 7.23　高频工作下的元件频率特性

2. 开关电源电磁干扰的抑制措施

电磁兼容的三要素是干扰源、耦合通路和敏感体，抑制以上任何一项都可以减少电磁干扰问题。开关电源工作在高电压、大电流的高频开关状态时，其引起的电磁兼容性问题是比较复杂的。但是仍符合基本的电磁干扰模型，可以从三要素入手寻求抑制电磁干扰的方法。

1）抑制开关电源中各类电磁干扰源

为了解决输入电流波形畸变和降低电流谐波含量，开关电源需要使用 PFC 技术。PFC 技术使得电流波形跟随电压波形，将电流波形校正成近似的正弦波，从而降低了电流谐波含量，改善了桥式整流电容滤波电路的输入特性，同时也提高了开关电源的功率因数。

软开关技术是减小开关器件损耗和改善开关器件电磁兼容性的重要方法。开关器件开通和关断时会产生浪涌电流和尖峰电压，这是开关管产生电磁干扰及开关损耗的主要原因。使用软开关技术使开关管在零电压、零电流时进行开关转换可以有效地抑制电磁干扰。使用缓冲电路吸收开关管或高频变压器初级线圈两端的尖峰电压也能有效地改善电磁兼容性。

输出整流二极管的反向恢复问题可以通过在输出整流管上串联一个饱和电感来抑制，饱和电感 Ls 与二极管串联工作。饱和电感的磁芯是用具有矩形 BH 曲线的磁性材料制成的。同磁放大器使用的材料一样，这种磁芯做的电感有很大的磁导率，该种磁芯在 BH 曲线上拥有一段接近垂直的线性区并很容易进入饱和。实际使用中，在输出整流二极管导通时，使饱和电感工作在饱和状态下，相当于一段导线；当二极管关断反向恢复时，使饱和电感工作在电感特性状态下，阻碍了反向恢复电流的大幅度变化，从而抑制了它对外部的干扰。

2）切断电磁干扰传输途径——共模、差模电源线滤波器设计

电源线干扰可以使用电源线滤波器滤除。一个合理有效的开关电源电磁干扰滤波器应该对电源线上差模干扰和共模干扰都有较强的抑制作用。差模滤波元件和共模滤波元件分别对差模干扰和共模干扰有较强的衰减作用。

共模电感是在同一个磁环上由绕向相反、匝数相同的两个绕组构成的，通常使用环形磁

芯，漏磁小，效率高，但是绕线困难。当市网工频电流在两个绕组中流过时为一进一出，产生的磁场恰好抵消，使得共模电感对市网工频电流不起任何阻碍作用，可以无损耗地传输。如果市网中含有共模噪声电流通过共模电感，这种共模噪声电流是同方向的，流经两个绕组时，产生的磁场同相叠加，使得共模电感对干扰电流呈现出较大的感抗，由此起到了抑制共模干扰的作用。共模电感的电感量与电磁干扰滤波器的额定电流 I 有关，具体关系如表 7.1 所示。

差模干扰抑制器通常使用低通滤波元件构成，最简单的就是一个滤波电容接在两根电源线之间而形成的输入滤波电路，只要电容选择适当，就能对高频干扰起到抑制作用。该电容对高频干扰阻抗很小，故两根电源线之间的高频干扰可以通过它，它对工频信号的阻抗很大，故对工频信号的传输毫无影响。该电容的选择主要考虑耐压值，只要满足功率线路的耐压等级，并能承受可预料的电压冲击即可。为了避免放电电流引起的冲击危害，电容容量不宜过大，一般为 $0.01\sim0.1\mu F$。电容类型为陶瓷电容或聚酯薄膜电容。

3）使用屏蔽降低电磁敏感设备的敏感性

抑制辐射噪声的有效方法就是屏蔽。可以用导电性能良好的材料对电场进行屏蔽，用磁导率大的材料对磁场进行屏蔽。为了防止变压器的磁场泄漏，使变压器初、次级耦合良好，可以利用闭合磁环形成磁屏蔽。例如，罐型磁芯的漏磁通就明显比 E 型的小很多。开关电源的连接线、电源线都应该使用具有屏蔽层的导线，尽量防止外部干扰耦合到电路中。或者使用磁珠、磁环等电磁兼容性元件，滤除电源及信号线的高频干扰。但是，要注意信号频率不能受到电磁兼容性元件的干扰，也就是信号频率要在滤波器的通带之内。整个开关电源的外壳也需要有良好的屏蔽特性，接缝处要符合电磁兼容性规定的屏蔽要求。通过上述措施保证开关电源既不受外部电磁环境的干扰也不会对外部电子设备产生干扰。

如今在开关电源体积越来越小、功率密度越来越大的趋势下，电磁干扰问题成为了开关电源稳定性的一个关键因素，也是一个最容易忽视的方面。开关电源的电磁干扰抑制技术在开关电源设计中占有很重要的位置。实践证明，电磁干扰问题越早考虑，越早解决，费用越小，效果越好。

7.3.5 计算机系统中的电磁兼容技术

计算机的干扰源广泛存在，它们轻则增加电磁噪声干扰使计算机信息出错产生丢"1"、冒"1"现象，重则使计算机元器件击穿，设备损坏。

计算机外部干扰源主要有电气干扰、射频干扰、雷电干扰及静电干扰等。

1. 电气干扰

一般计算机电源取自工频交流电，电源中的高频瞬态电压、浪涌电压、谐波畸变、电压不足及掉电等都会沿电源线进入计算机，严重影响计算机设备的安全及系统的稳定性和可靠性。防止电气干扰的根本办法是采用稳定可靠的电源。UPS 电源是一种比较理想的供电设备，它可以对付各种突发脉冲、噪声、电源电压降低及停电等，并具有滤波和隔离措施。

2. 射频干扰

各种通信、科学、工业、医疗等大功率无线电发射设备及高频大电流设备产生的电磁场会以电磁波辐射的形式对计算机产生干扰。当电场强度超过 5V/m 和磁场强度超过 800A/m

时，计算机系统就可能出错。因此，计算机应远离这些干扰设备，若空间不允许，则应采取一定的屏蔽措施将干扰屏蔽。

3. 雷电干扰

雷电放电有电流强度大、感应电压高等特点，它的干扰频谱主要在30MHz以下。它产生的浪涌电压、浪涌电流一旦进入计算机将会严重威胁计算机设备的安全。

计算机雷电危害的防护措施如下。

（1）计算机应摆放在LPZOA区内。

（2）计算机应摆放在距离建筑物顶四层以下。

（3）计算机摆放位置应避开建筑物内作为防雷引下的钢筋。

（4）计算机应有良好的屏蔽与接地。

（5）电源线、信号线若需要应安装避雷器。

4. 静电干扰

静电是计算机、半导体器件的大敌。在计算机机房中，机房机构、人员衣着、家具和工具的移动、灰尘的积累等都会使物体带电。静电累积到一定程度时将会放电造成计算机误动作、逻辑元件击穿、显示器画面紊乱等故障。由于计算机的总线结构、并行线多、相互间阻抗高的特点，极易积累静电且不易泄放，因此线间故障率极高。

计算机防静电可以从两个方面着手解决：一方面通过采取各种措施使环境产生静电的能力降到最低；另一方面要提高计算机抗静电干扰的能力。

防静电产生的措施如下。

（1）地板要求导静电，且防静电地面与建筑物地面之间应用导电胶连接。

（2）工作桌面及桌椅垫均要求导静电。

（3）机房内不允许有与大地绝缘的导体。

（4）保持环境为一定的温度和湿度，湿度保持在40%~60%，温度保持在3℃~21℃。

（5）保持环境清洁，防止灰尘积聚。

（6）导静电地面、地板、工作桌面、垫套均要接地。

（7）接地连接线有足够的强度和化学稳定度。

7.4 软件抗干扰措施

7.4.1 数字滤波技术

所谓数字滤波，就是通过一定的计算或判断程序减少干扰在有用信号中的比例，所以其实质是一种程序滤波。

1. 数字滤波器的优点

与模拟滤波器相比，数字滤波器有以下的优点。

（1）数字滤波是用程序实现的，不需要增加硬件设备，所以可靠性高，稳定性好。

（2）数字滤波器可以对频率很低（如0.01Hz）的信号实现滤波，克服了模拟滤波器的缺陷。

（3）数字滤波器可以根据信号的不同，采用不同的滤波方法或滤波参数，具有灵活、方便、功能强的特点。

2. 数字滤波的主要方法

（1）算术平均法。公式为 $Y_K = (X_1 + X_2 + X_3 + \cdots + X_n)/n$，在一个周期内的不同时间点取样，然后求其平均值。这种方法可以有效地消除周期性的干扰。同样，这种方法还可以推广成为连续几个周期进行平均。

（2）中位值滤波法。这种方法的原理是将采集到的若干个周期的变量值进行排序，然后取排好顺序的值的中间的值。这种方法可以有效地防止受到突发性脉冲干扰的数据进入。在实际使用时，排序的周期的数量要选择适当。选择的数量过小，可能起不到去除干扰的作用；选择的数量过大，会造成采样数据的时延过大，造成系统性能变差。

（3）低通滤波法。公式为 $Y_K = QX_K + (1 - Q)Y_{K-1}$，截止频率为 $f = K/2\pi T$。这种滤波方法相当于使采集到的数据通过一次低通滤波器。来自现场的往往是 4～20mA 信号，它的变化一般比较缓慢；而干扰一般带有突发性的特点，变化频率较高，而低通滤波器就可以滤除这种干扰，这就是低通滤波法的原理。实际使用时要选择合理的 Q 值，过大过小都不能达到目的。

（4）滑动滤波法。滑动滤波法是从一阶低通滤波法推广过来的，原理是信号不会出现突变。这种方法也有其局限性，即将所有的信号的突变都看作干扰。但这种方法可以应用在一些比较特殊的场合，使用时相应的数据处理过程也要进行变化，如 PID 的参数。滑动滤波法的公式为 $Y_n = Q_1X_n + Q_2X_{n-1} + Q_3X_{n-2}$，其中 $Q_1 + Q_2 + Q_3 = 1$ 且 $Q_1 > Q_2 > Q_3$。

7.4.2 指令冗余技术

当计算系统受到外界干扰时，破坏了 CPU 正常的工作时序，造成程序计数器 PC 的值发生改变，跳转到随机的程序存储区。当程序跑飞到某一单字节指令上时，程序便自动纳入正轨；当程序跑飞到某一双字节指令上时，有可能落到其操作数上，则 CPU 会误将操作数当操作码执行；当程序跑飞到三字节指令上时，因它有两个操作数，出错的概率会更大。

可在程序中人为地插入一些空操作指令 NOP 或将有效的单字节指令重复书写，此即指令冗余技术。由于空操作指令为单字节指令，且对计算机的工作状态无任何影响，这样就会使失控的程序在遇到该指令后，能够调整其 PC 值至正确的轨道，使后续的指令得以正确地执行。

但不能在程序中加入太多的冗余指令，以免降低程序正常运行的效率。一般，在对程序流向起决定作用的指令之前都应插入两三条 NOP 指令，还可以每隔一定数目的指令插入 NOP 指令以保证跑飞的程序迅速纳入正确轨道。

7.4.3 软件陷阱技术

指令冗余使跑飞的程序安定下来是有条件的，首先跑飞的程序必须落在程序区，其次必须能执行到冗余指令。当跑飞的程序落在非程序区（如 EPROM 中未使用的空间、程序中的数据表格区）时，则采取的措施就是设立软件陷阱。

软件陷阱，就是在非程序区设置拦截措施，使程序进入陷阱，即通过一条引导指令，强行将跑飞的程序引向一个指定的地址，在那里有一段专门对程序出错进行处理的程序。如果把这段程序的入口标号称为 ERROR 的话，那么软件陷阱为一条 JMP ERROR 指令。为加强其捕捉效果，一般还在它前面加上两条 NOP 指令，因此真正的软件陷阱由三条指令构成，即

NOP

NOP

JMP ERROR

软件陷阱安排在以下四种地方：未使用的中断向量区、未使用的大片 ROM 空间、程序中的数据表格区及程序区中一些指令串中间的断裂点处。

由于软件陷阱都安排在正常程序执行不到的地方，故不影响程序的执行效率，在当前 EPROM 容量不成问题的条件下，还应多多安插软件陷阱指令。

7.4.4 程序运行监视系统

1. 程序运行监视系统的工作原理

为了保证程序运行监视系统运行的可靠性，监视系统中必须包含一定的硬件部分，且应完全独立于 CPU 之外，但又要与 CPU 时刻保持联系。因此，程序运行监视系统是硬件电路与软件程序的巧妙结合。图 7.24 所示为程序运行监视系统（watchdog，俗称"看门狗"）的原理图。

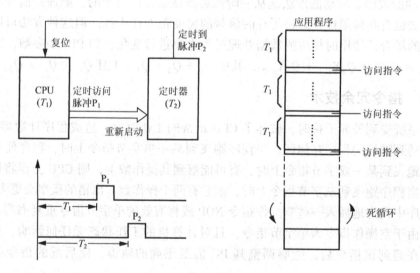

图 7.24　程序运行监视系统的原理图

CPU 可设计成由程序确定的定时器 1，程序运行监视系统被设计成另一个定时器 2，它的计时启动将因 CPU 的定时访问脉冲 P_1 的到来而重新开始，定时器 2 的定时到脉冲 P_2 连到 CPU 的复位端。两个定时周期必须是 $T_1 < T_2$，T_1 就是 CPU 定时访问定时器 2 的周期，也就是在 CPU 执行的应用程序中每隔 T_1 时间安插一条访问指令。

在正常情况下，CPU 每隔 T_1 时间便会定时访问定时器 2，从而使定时器 2 重新开始计时而不会产生溢出脉冲 P_2；而一旦 CPU 受到干扰陷入死循环，就不能及时访问定时器 2，那么定时器 2 会在 T_2 时间到达时产生定时溢出脉冲 P_2，从而引起 CPU 的复位，自动恢复系统的正常运行程序。

2. 程序运行监视系统的实现方法

以前的程序运行监视系统硬件部分是用单稳态电路或自带脉冲源的计数器构成的,一是电路有些复杂,二是可靠性有些问题。美国 Xicor 公司生产的 X5054 芯片,集"看门狗"功能、电源监测、EEPROM、上电复位四种功能于一体,使用该器件将大大简化系统的结构并提高系统的性能。

思考与练习

1. 屏蔽抗干扰技术有哪几种形式?各起什么作用?
2. 按产生干扰的物理原因,通常可将干扰分成哪几类?分别采取什么抑制措施?
3. 干扰的类型有哪些?分别说明它们产生的原因。
4. 干扰信号的耦合方式有哪几种形式?
5. 常见的隔离抗干扰技术有哪些?简单叙述其隔离原理。
6. 开关电源中产生电磁干扰的根本原因是什么?
7. 计算机外部干扰源主要有哪些?分别简单说明。
8. 数字滤波器相比于模拟滤波器有哪些优点?
9. 简要说明指令冗余技术和软件陷阱技术。
10. 程序运行监视系统的工作原理是什么?

第8章

检测系统的可靠性技术

8.1 可靠性技术基础

8.1.1 可靠性的定义及特点

所谓可靠性，就是指产品在规定条件下、规定时间内，完成规定功能的能力。可靠性技术是研究如何评价、分析和提高产品可靠性的一门综合性的边缘科学。可靠性技术与数学、物理、化学、管理科学、环境科学、人机工程及电子技术等各专业学科密切相关并相互渗透。研究产品可靠性的数学工具是概率论和数理统计学；暴露产品薄弱环节的重要手段是进行环境试验和寿命试验；评价产品可靠性的重要方法是收集产品在使用或试验中的信息并进行统计分析；分析产品失效机理的主要基础是失效物理；提高产品可靠性的重要途径是开展可靠性设计和可靠性评审，通过产品的薄弱环节进行信息反馈，应用可靠性技术改进产品的可靠性设计、制造。与此同时，还需要开展可靠性管理。

产品的可靠性是一个与许多因素有关的综合性的质量指标。它具有质量的属性又有自身的特点，大致可归纳如下。

1. 时间性

产品的技术性能指标可以通过仪器直接测量，如灵敏度、重复性、精度等。从可靠性的定义可知，产品的可靠性是指产品在使用过程中这些技术性能指标的保持能力，保持的时间越长，产品的使用寿命越长。由此可见，产品的可靠性是时间的函数。有人将可靠性称为产品质量的时间指标。产品出厂前检测、考核产品的质量是产品使用时间 $t = 0$ 时的质量，而可靠性是产品使用时间 $t > 0$ 时的质量。

2. 统计性

产品的可靠性指标与产品的技术性能指标之间有一个重要区别，即产品的技术性能指标（如灵敏度、非线性、重复性、迟滞性、长期稳定性和综合精度等）可以经过仪器直接测量得到，而产品的可靠性指标则是通过产品的抽样试验（试验室或现场），利用概率统计理论估计整批产品的可靠性得到的，它不针对某单一产品，而是整批的统计指标。例如，某批产品某时刻 t 的可靠性指标可靠度为 90%，则表示该批产品在规定条件下，工作到规定时间时，有 10%的产品丧失规定功能，90%的产品能够完成规定的功能。

3. 两重性

产品可靠性指标的综合性决定了可靠性工作内容的广泛性；可靠性指标的时间性及统计性决定了产品可靠性评价和分析的特殊性。影响产品可靠性的因素是多方面的，既与零件、材料、加工设备和产品设计等技术性问题有关，也与科学管理水平有关。可靠性工作具有科学技术和科学管理的双重性，可靠性技术和可靠性管理是可靠性工作中两个不可缺少的环节。有人形象地把可靠性技术与管理比作一架车的两个轮子，缺一不可。

4. 可比性

从可靠性的定义可以看出，一个产品的可靠性受三个"规定"的限制。

（1）"规定条件"，是指因产品使用工况和环境条件的不同，可靠性水平有很大差异。

（2）"规定时间"，是指产品使用时间的长短不同，其可靠性也不同。一般来说，经可靠性筛选过的合格产品的功能、性能都有随工作时间的增长而逐步衰减的特点，工作时间越长，可靠性越低。同一种产品不同的使用时间其可靠性水平不同。当然，这里时间的定义是广义的，可以是统计的日历小时，也可以是工作循环次数、作业班次或行驶里程等，可根据产品的具体特征而定。

（3）"规定功能"，是指产品的功能判据不同，将得到不同的可靠性评定结果。也就是说，同一产品规定功能不同，其可靠性也不同。

所以，评估产品可靠性时，应明确产品的规定条件、规定时间和完成的规定功能。否则，其可靠性指标将失去可比性。

5. 突出可用性

产品的可靠性与产品的寿命有关，但它和传统的寿命概念不同。提高产品的可靠性并不是笼统地要求长寿命，而是突出在规定使用时间内能否充分发挥其规定功能，即产品的可用性。

6. 指标体系

为了综合反映出产品的耐久性、无故障性、维修性、可用性和经济性，可以用各种定量的指标表示，这就形成了一个指标系列。具体的一个产品采用什么指标要根据产品的复杂程度和使用特点而定。

一般，对于可修复的复杂系统和设备，常用可靠度、平均无故障工作时间（Mean Time between Failures，MTBF）、平均修复时间（Mean Time to Repair，MTTR）、可用度和经济性等指标；对于不可修复产品或不予修复产品的可靠性，如耗损件、电子元件及传感器（不是所有的传感器），常常采用可靠度、可靠寿命、故障（失效）率、失效前平均工作时间（Mean Time to Failures，MTTF）。材料可靠性往往采用性能均值和均方差等特性作为指标。

8.1.2　可靠性特征量

可靠性是指产品在规定条件下和规定时间内，完成规定功能的能力。我们把表示和衡量产品可靠性的各种数量指标统称为可靠性特征量。

可靠性特征量包括可靠度、积累失效概率、失效概率密度、故障（失效）率、平均寿命等。

1. 可靠度

1）可靠度的定义

可靠度是指产品在规定条件下和规定时间内，完成规定功能的概率。它是时间的函数，

记作 $R(t)$。

设 T 为产品寿命的随机变量，则可靠度函数为

$$R(t) = P(T > t) \qquad (0 < t < \infty) \tag{8-1}$$

式中，t 为规定时间；T 为产品寿命；$R(t)$ 为产品在规定条件下和规定时间内完好的概率。

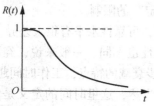

图 8.1　可靠度与时间的关系曲线

可靠度与时间的关系曲线如图 8.1 所示。$R(t)$ 表示产品寿命 T 超过规定时间 t 的概率，即产品在规定时间 t 内完成规定功能的概率。

根据可靠度的定义，可以得出：$R(0) = 1, R(\infty) = 0$。即开始使用时，所有产品都是好的，只要时间充分大，全部产品都会失效。

2）可靠度的估计值

（1）对于不可修复产品，可靠度的估计值是指在规定时间区间 $(0, t)$ 内，能完成规定功能的产品数 $n_s(t)$ 与在该时间区间内开始投入工作的产品数 n 之比。

$$\hat{R}(t) = \frac{n_s(t)}{n} = \frac{n - n_f(t)}{n} \tag{8-2}$$

式中，$n_f(t)$ 为在规定时间区间内未完成规定功能的产品数，即失效数。

（2）对于可修复产品，可靠度的估计值是指一个或多个产品的无故障工作时间达到或超过规定时间 t 的次数 $n_s(t)$ 与观测时间内无故障工作总次数 n 之比。

$$\hat{R}(t) = \frac{n_s(t)}{n} = \frac{n - n_f(t)}{n} \tag{8-3}$$

式中，$n_f(t)$ 为无故障工作时间未达到规定时间的次数。

【例 8-1】　如图 8.2 所示，求可靠度的估计值。

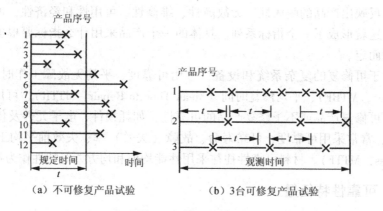

（a）不可修复产品试验　　　　　（b）3台可修复产品试验

图 8.2　例 8-1 图

解：

（a）$\hat{R}(t) = \dfrac{n_s(t)}{n} = \dfrac{n - n_f(t)}{n} = \dfrac{12 - 7}{12} \approx 0.4167$

（b）$\hat{R}(t) = \dfrac{n_s(t)}{n} = \dfrac{5}{12} \approx 0.4167$

2. 积累失效概率

1）积累失效概率的定义

积累失效概率是指产品在规定条件下和规定时间内失效的概率，也可说是产品在规定条件下和规定时间内完不成规定功能的概率，故也称为不可靠度。它同样是时间的函数，记作 $F(t)$，有时也称为积累失效分布函数（简称失效分布函数）。其表示式为

$$F(t) = P(T \leqslant t) = 1 - P(T > t) = 1 - R(t) \tag{8-4}$$

由此可见，$R(t)$ 和 $F(t)$ 互为对立事件。失效分布函数 $F(t)$ 与时间的关系曲线如图 8.3 所示。

从上述定义可以得出：$F(0) = 0$，$F(\infty) = 1$。

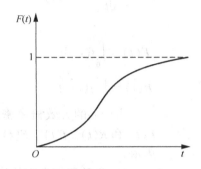

图 8.3 失效分布函数 $F(t)$ 与时间的关系曲线

2）积累失效概率的估计值

积累失效概率的估计值用 $\hat{F}(t)$ 表示，其定义为

$$\hat{F}(t) = 1 - \hat{R}(t) = \frac{n_f(t)}{n} \tag{8-5}$$

【例 8-2】 在某观测时间内对 4 个可修复产品进行试验，试验结果如图 8.4 所示，图中"×"为产品出现故障的时间点，求该产品在规定时间 t 时的可靠度与积累失效概率（不可靠度）。

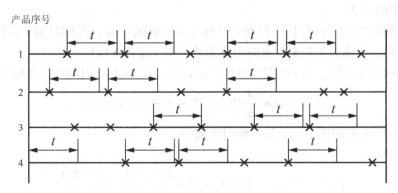

图 8.4 例 8-2 图

解：由图统计得，$n = 23$，$n_s(t) = 14$，$n_f(t) = 9$，则该产品的可靠度与不可靠度的估计值分别为

$$\hat{R}(t) = \frac{n_s(t)}{n} = \frac{14}{23} \approx 0.609$$

$$\hat{F}(t) = \frac{n_f(t)}{n} = \frac{9}{23} \approx 0.391$$

3. 失效概率密度

1）失效概率密度的定义

失效概率密度是指积累失效概率对时间的变化率，记作$f(t)$。它表示产品寿命落在包含t的单位时间内的概率，即产品在单位时间内失效的概率。其表示式为

$$f(t) = \frac{dF(t)}{dt} = F'(t) \tag{8-6}$$

即

$$F(t) = \int_0^t f(t)\,dt \tag{8-7}$$

$$R(t) = \int_t^{\infty} f(t)\,dt \tag{8-8}$$

当产品的失效概率密度函数$f(t)$已确定时，可知$F(t)$和$R(t)$。$f(t)$、$F(t)$、$R(t)$之间的关系可用图8.5表示。

2）失效概率密度的估计值

用n表示开始投用的产品数，Δt表示时间间隔，$\Delta n_f(t)$为t时刻时间间隔Δt内发生的故障数，则可用失效概率密度的估计值表示，即

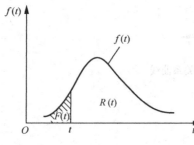

图8.5 $f(t)$、$F(t)$、$R(t)$之间的关系

$$\hat{f}(t) = \frac{F(t + \Delta t) - F(t)}{\Delta t} = \frac{1}{n}\frac{\Delta n_f(t)}{\Delta t} \tag{8-9}$$

式中，$\Delta n_f(t)$为在$(t, t+\Delta t)$时间间隔内失效的产品数。

4. 故障（失效）率

1）失效率的定义

失效率（瞬时失效率）是指工作到t时刻尚未失效的产品，在该时刻t后的单位时间内发生失效的概率，也称为失效率，有时也称为故障率，记为$\lambda(t)$。

由失效率的定义可知，在t时刻完好的产品，在$(t, t+\Delta t)$时间内失效的概率为

$$\lambda(t) = \lim_{\Delta t \to 0} \frac{1}{\Delta t} P(t < T \le t + \Delta t \mid T > t) \tag{8-10}$$

它反映t时刻失效的速率，又称为瞬时失效率。

由条件概率

$$P(t < T < t + \Delta t \mid T > t) = \frac{P(t < T < t + \Delta t)}{P(T > t)} \tag{8-11}$$

有

$$\lambda(t) = \lim_{\Delta t \to 0} \frac{P(t < T \le t + \Delta t)}{P(T > t)\Delta t} = \lim_{\Delta t \to 0} \frac{F(t + \Delta t) - F(t)}{R(t)\Delta t} = \frac{dF(t)}{dt} \cdot \frac{1}{R(t)} \tag{8-12}$$

即

$$\lambda(t) = \frac{F'(t)}{R(t)} = -\frac{R'(t)}{R(t)} \tag{8-13}$$

失效率的常用单位有%/h、%/kh、菲特（Fit）等。$1\text{Fit} = 10^{-9}/\text{h}$。

工程实际中，失效率与时间的关系曲线有各种不同的形状，但典型的失效率曲线呈浴盆状，该曲线有明显的三个失效期，如图8.6所示。

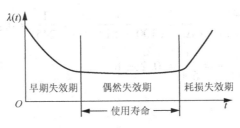

图8.6　浴盆曲线

第一段曲线是元件的早期失效期，表明元件开始使用时，它的失效率高，但迅速降低。第二段曲线是元件的偶然失效期，其特点是失效率低且稳定，往往可近似看成一个常数。第三段曲线是元件的耗损失效期，失效率随时间延长而急剧升高。这三段曲线的特征如表8.1所示。

表8.1　浴盆曲线三个阶段的特征

曲　线　段	失　效　时　期	失　效　特　征	失　效　类　型
第一段曲线	早期失效期	失效率随时间降低	递减型
第二段曲线	偶然失效期	失效率低且平稳	恒定型
第三段曲线	耗损失效期	失效率随时间升高	递增型

重要规律：偶然失效期设 $\lambda(t) = \lambda$，系统的可靠度为

$$R(t) = \mathrm{e}^{-\int_0^t \lambda(t)\,\mathrm{d}t} = \mathrm{e}^{-\lambda t} \tag{8-14}$$

2）失效率的估计值

失效率的估计值为在某时刻以后的下一个单位时间内发生故障（失效）的产品数与工作到该时刻尚未发生故障（失效）的产品数之比。

设在 $t = 0$ 时有 n 个产品投用，到时刻 t 有 $n_\mathrm{f}(t)$ 个故障，尚有 $n_\mathrm{s}(t) = n - n_\mathrm{f}(t)$ 个产品继续工作，在 t 之后的 Δt 时刻又有 $\Delta n_\mathrm{f}(t) = n_\mathrm{f}(t + \Delta t) - n_\mathrm{f}(t)$ 个产品故障，则失效率的估计值表示为

$$\hat{\lambda}(t) = \frac{n_\mathrm{f}(t + \Delta t) - n_\mathrm{f}(t)}{n_\mathrm{s}(t)\Delta t} = \frac{\Delta n_\mathrm{f}(t)}{n_\mathrm{s}(t)\Delta t} \tag{8-15}$$

【例8-3】　今有100个产品投入使用，在 $t = 100\,\mathrm{h}$ 前有2个发生故障，在 $100\,\mathrm{h}$ 到 $105\,\mathrm{h}$ 之间有1个发生故障。

（1）试计算这批产品工作满 $100\,\mathrm{h}$ 时的失效率和失效概率密度。

（2）若 $t = 1000\,\mathrm{h}$ 前有51个产品发生故障，而在 $1000\,\mathrm{h}$ 到 $1005\,\mathrm{h}$ 之间有1个发生故障，试计算这批产品工作满 $1000\,\mathrm{h}$ 时的失效率和失效概率密度。

解：

$$(1) \quad \hat{\lambda}(100) = \frac{\Delta n_f}{[n - n_f(t)] \cdot \Delta t} = \frac{1}{(100 - 2) \times 5} = \frac{1}{490} \approx 0.20\%/h$$

$$\hat{f}(100) = \frac{\Delta n_f}{n \cdot \Delta t} = \frac{1}{100 \times 5} = \frac{1}{500} = 0.20\%/h$$

$$(2) \quad \hat{\lambda}(1000) = \frac{\Delta n_f}{[n - n_f(t)] \cdot \Delta t} = \frac{1}{(100 - 51) \times 5} = \frac{1}{245} \approx 0.41\%/h$$

$$\hat{f}(1000) = \frac{\Delta n_f}{n \cdot \Delta t} = \frac{1}{100 \times 5} = \frac{1}{500} = 0.2\%/h$$

5. 可靠性寿命特征

寿命是可靠性特征的又一表示方法，产品的寿命是产品具有可靠性要求下的时间表示，是反映产品可靠性的时间指标，如平均寿命、可靠寿命、中位寿命及特征寿命。

1）平均寿命

在寿命特性中最重要的是平均寿命。它定义为产品寿命的平均值，即寿命的数学期望，以 θ 或 $E(t)$ 表示。

$$\theta = \int_0^\infty t f(t) \, \mathrm{d}t = E(t) \tag{8-16}$$

（1）可修复产品的平均寿命

可修复产品的平均寿命指相邻两次故障之间无故障工作时间的平均值，即平均无故障工作时间，也称为平均故障间隔时间或平均故障间隔，记为 MTBF。

可修复产品的平均寿命为

$$\theta = \bar{t} = \mathrm{MTBF} = \frac{1}{N} \sum_{i=1}^{n} \cdot \sum_{j=1}^{n_i} t_{ij} = \frac{T}{N} \tag{8-17}$$

式中，$N = \sum_{i=1}^{n} n_i$ 为测试产品的所有故障数；n_i 为第 i 个产品的故障数；t_{ij} 为第 i 个产品的第 $j-1$ 次故障到第 j 次故障的工作时间；T 为总工作时间。

（2）不可修复产品的平均寿命

不可修复产品的平均寿命指产品从开始使用到失效前的工作时间（或工作次数）的平均值，即失效前平均工作时间，记作 MTTF。

设 N 个不可维修产品在同样条件下试验，测得全部寿命数据（每次失效时间）为 t_1, t_2, $\cdots$, t_n，则平均寿命为

$$\theta = \bar{t} = \mathrm{MTTF} = \frac{1}{N} \sum_{i=1}^{n} t_i \tag{8-18}$$

式中，t_i 为第 i 个产品失效前的工作时间。

若 N 很大，则将数据分成以 t_i 为中值的 m 组，每组的失效数为 Δr_i，则

$$\theta = \bar{t} = \frac{1}{N} \sum_{i=1}^{m} t_i \Delta r_i \tag{8-19}$$

每组的频率为

$$p_i = \frac{\Delta r_i}{N} \tag{8-20}$$

则

$$\theta = \bar{t} = \sum_{i=1}^{m} t_i p_i \qquad (8-21)$$

令 $m \to \infty$，则

$$\frac{\Delta r_i}{N} = \frac{1}{N} \frac{\mathrm{d}r_i}{\mathrm{d}t} \mathrm{d}t = f(t)\mathrm{d}t \qquad (8-22)$$

积分

$$\theta = \bar{t} = \int_0^\infty t f(t)\mathrm{d}t \qquad (8-23)$$

由 $f(t) = -\dfrac{\mathrm{d}R(t)}{\mathrm{d}t}$ 得

$$\theta = \bar{t} = \int_0^\infty t \left[-\frac{\mathrm{d}R(t)}{\mathrm{d}t} \right]\mathrm{d}t = \int_0^\infty R(t)\mathrm{d}t \qquad (m \to \infty) \qquad (8-24)$$

产品的平均寿命等于产品可靠度在所有时间段上的积分。

（3）平均寿命的估计值

不论产品是否可修复，平均寿命的估计值都可用下式表示。

$$\hat{\theta} = \frac{1}{n} \sum_{i=1}^{n} t_i \qquad (8-25)$$

式中，关于 n，对不可修复产品，它代表试验的产品数，对可修复产品，它代表试验产品发生故障次数；关于 t_i，对不可修复产品，它代表第 i 个产品的寿命，对可修复产品，它代表每次故障修复后的工作时间。

2）可靠寿命、中位寿命、特征寿命

前面已经提到，可靠度函数 $R(t)$ 是产品工作时间 t 的函数，在 $t=0$ 时，$R(0)=1$，当工作时间增加，$R(t)$ 逐渐减小。可靠度与工作时间有一一对应的关系，有时还需要知道可靠度等于给定值 R 时，产品的寿命是多少。

（1）可靠寿命给定了产品可靠度对应的时间，当给定可靠度 $R(t)=R$ 时，由 $R(t)=R$ 解出 t 值，即为可靠寿命，记作 t_R。

$$t_R = R^{-1}(R) \qquad (8-26)$$

【例8-4】 某产品寿命服从指数分布时，$R(t) = \mathrm{e}^{-\lambda t}$，求 t_R。

解：$t_R = R^{-1}(R) = R^{-1}(\mathrm{e}^{-\lambda t})$

$$t_R = -\frac{1}{\lambda}\ln R$$

（2）中位寿命是指当可靠度等于 0.5 时的可靠寿命，记作 $t_{0.5}$。

（3）特征寿命是指当可靠度等于 e^{-1} 时的可靠寿命，记作 $t_{\mathrm{e}^{-1}}$。

当产品工作到中位寿命时，可靠度 $R(t)$ 和积累失效概率 $F(t)$ 都等于 50%，如图 8.7 所示。

【例8-5】 对某不可修复设备，投入 100 台进行试验，试验到 1000h 有 5 台失效，继续试验到 1200h，又有 1 台失效，至试验结束时所有设备失效，总的工作时间为 10^6h，试

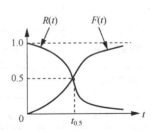

图 8.7　中位寿命与 $R(t)$ 及 $F(t)$ 的关系

求 $R(1000)$、$F(1000)$、$f(1000)$、$\lambda(1000)$ 及设备的平均寿命 θ。

解：由题意可知，$n = 100$，$n_f(1000) = 5$，$n_s(1000) = 95$，$\Delta t = 1200 - 1000 = 200 \text{h}$，$\Delta n_f(1000) = 1$，$T = 10^6 \text{h}$。

根据前面所讲的公式得

$$R(1000) \approx \hat{R}(1000) = \frac{95}{100} = 0.95$$

$$F(1000) \approx \hat{F}(1000) = \frac{5}{100} = 0.05$$

$$f(1000) \approx \hat{f}(1000) = \frac{1}{100 \times 200} = 5 \times 10^{-5}/\text{h}$$

$$\lambda(1000) \approx \hat{\lambda}(1000) = \frac{1}{95 \times 200} \approx 5.26 \times 10^{-5}/\text{h}$$

$$\theta \approx \hat{\theta} = \frac{10^6}{100} = 10^4 \text{h}$$

可靠性特征量的数学表达式及其关系如表 8.2 所示。

表 8.2　可靠性特征量的数学表达式及其关系

特征量名称	数学表达式	估计值	相互关系
失效概率密度 $f(t)$	$f(t) = F'(t)$	$\hat{f}(t) = \dfrac{\Delta n_f(t)}{n \Delta t}$	$f(t) = -R'(t)$ $f(t) = F'(t)$ $f(t) = \lambda(t) \exp\left[-\displaystyle\int_0^t \lambda(t)\,\mathrm{d}t\right]$
积累失效概率 $F(t)$	$F(t) = P(T \leqslant t)$	$\hat{F}(t) = \dfrac{n_f(t)}{n}$	$F(t) = \displaystyle\int_0^t f(t)\,\mathrm{d}t$ $F(t) = 1 - R(t)$
可靠度函数 $R(t)$	$R(t) = P(T > t)$	$\hat{R}(t) = \dfrac{n - n_f(t)}{n}$	$R(t) = \displaystyle\int_t^\infty f(t)\,\mathrm{d}t$ $R(t) = 1 - F(t)$ $R(t) = \exp\left[-\displaystyle\int_0^t \lambda(t)\,\mathrm{d}t\right]$
失效率函数 $\lambda(t)$	$\lambda(t) = \lim\limits_{\Delta t \to 0} \dfrac{P(t < T \leqslant t + \Delta t \mid T > t)}{\Delta t}$	$\hat{\lambda}(t) = \dfrac{\Delta n_f(t)}{n_s(t) \Delta t}$	$\lambda(t) = \dfrac{f(t)}{R(t)}$ $\lambda(t) = -\dfrac{R'(t)}{R(t)}$ $\lambda(t) = \dfrac{F'(t)}{1 - F(t)}$
平均寿命 θ	$\theta = \displaystyle\int_0^\infty t f(t)\,\mathrm{d}t$	$\hat{\theta} = \bar{t} = \dfrac{1}{n} \displaystyle\sum_{i=1}^n t_i$	$\theta = \displaystyle\int_0^\infty R(t)\,\mathrm{d}t$
中位寿命 $t_{0.5}$	$t_{0.5} = R^{-1}(0.5)$		$R(t_{0.5}) = 0.5$
可靠寿命 t_R	$t_R = R^{-1}(R)$		$R(t_R) = R$
特征寿命 $t_{e^{-1}}$	$t_{e^{-1}} = R^{-1}(e^{-1})$		$R(t_{e^{-1}}) = e^{-1}$

可靠性特征量之间的关系还可以用图8.8表示。

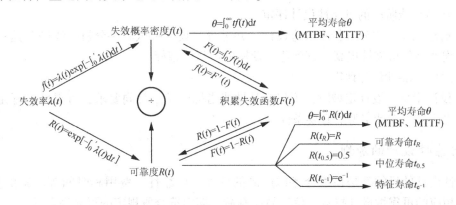

图8.8 可靠性特征量之间的关系

8.2 可靠性设计

8.2.1 可靠性设计的重要性

在可靠性技术工作中，人们总结出一条重要规律：产品的可靠性是设计出来的、生产出来的、使用和管理出来的。这同时也告诉人们，产品的可靠性首先是设计出来的。

一般产品的功能特性在设计阶段就确定下来了，可靠性也是如此。设计阶段确定的可靠性目标值称为计算可靠性。产品的结构、选材和元器件本身决定了产品的固有可靠性。但产品在制造、运输和使用过程中，由于各种因素的影响会使设计的固有可靠性下降。因此，产品越复杂，设计时就要规定更高的可靠性，才能达到产品使用过程中的可靠性要求。如果在设计时留下不可靠隐患，在产品制成后就很难弥补，这样引起的故障损失要花费更大的代价。大量的重大事故案例分析表明，由于设计时可靠性考虑不充分，从而酿成了惨重的事故。因此，自20世纪50年代可靠性工程开始成为新兴学科以来，可靠性设计就一直是其中的重要组成部分。

8.2.2 可靠性设计的程序和原则

1. 可靠性设计的基本程序

可靠性设计的程序是指产品研制过程中可靠性设计工作内容及其先后顺序。它包括研制过程中可靠性设计工作的阶段划分及各阶段的主要任务与工作步骤。

可靠性设计的基本程序如下。

（1）分析、确定可靠性设计指标，并对该指标的必要性和科学性等进行论证。

（2）制定可靠性设计方案。设计方案应包括对国内外同类产品（相似产品）的可靠性分析、可靠性目标与要求、基础材料选择、关键部件与关键技术分析、应控制的主要失效模式及应采取的可靠性设计措施、可靠性设计结果的预计和可靠性评价试验设计等。

（3）可靠性设计方案论证（可与产品总体方案论证同时进行）。

（4）设计方案的实施与评估，主要包括线路、版图、工艺、封装结构、评价电路等的可靠性设计，以及对设计结果的评估。

（5）样品试制及可靠性评价试验。

（6）样品制造阶段的可靠性设计评审。

（7）通过试验与失效分析来改进设计，并进行"设计—试验—分析—改进"这一过程的循环，实现产品的可靠性提高，直到达到预期的可靠性指标。

（8）最终可靠性设计评审。

（9）设计定型。设计定型时，不仅产品性能指标应满足合同要求，可靠性指标是否满足合同要求也应作为设计定型的必要条件。

2. 可靠性设计的原则

可靠性设计的目的就是在综合考虑产品的性能、可靠性、费用和时间等因素的基础上，通过采用相应的可靠性设计技术，使产品在寿命周期内符合所规定的可靠性要求。

因此，可靠性设计时要遵循以下原则。

（1）可靠性设计应有明确的可靠性指标和可靠性评估方案。

（2）可靠性设计必须贯穿于功能设计的各个环节，在满足基本功能的同时，要全面考虑影响可靠性的各种因素。

（3）应针对故障模式（即系统、部件、元器件故障或失效的表现形式）进行设计，最大限度地控制或消除产品在寿命周期内可能出现的故障（失效）模式。

（4）在设计时，应在继承以往成功经验的基础上，积极采用先进的设计原理和可靠性设计技术。

（5）在进行产品可靠性设计时，应对产品的性能、可靠性、费用、时间等各方面因素进行权衡，以便做出最佳设计方案。

8.2.3 系统的可靠性框图模型及计算

所谓系统，是指完成某一功能实体的总称。它可以是一个具有一定功能的组件，也可以是由许多不同功能单元组成的有复杂功能的装置或设备。描述系统可靠性模型方法有可靠性框图、可靠性网络图、马尔可夫状态转移图、故障树和事件树分析等。这里主要介绍可靠性框图模型的系统分析方法。

可靠性框图模型是用方框图形式表示系统的可靠性逻辑关系，建立原则是每一个方框代表一定功能的部件。当系统中任何一个部件发生故障都能使系统发生故障时，框图成串联系统；当系统中所有部件都发生故障，系统才发生故障时，框图成并联系统。一般系统往往是串联和并联混合组成的。此外，还有表决系统，即在 n 个部件中，只要保持 k 个以上的部件有效，系统就可靠。

1. 串联系统

系统由 n 个单元组成，其中任一单元失效都会引起系统失效，则称该系统为串联系统，其可靠性框图模型如图 8.9 所示。

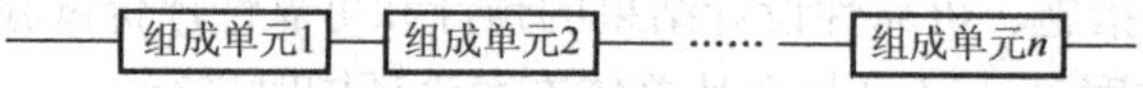

组成单元1—组成单元2—……—组成单元n

图 8.9 串联系统的可靠性框图模型

当第 i 个单元的失效率为 $\lambda_i(t)$（$i=1,2,\cdots,n$）时，串联系统的可靠度为

$$R_s(t) = \prod_{i=1}^{n} P(T_i > t) = \prod_{i=1}^{n} e^{-\lambda_i t} \tag{8-27}$$

串联系统的失效率为

$$\lambda_s(t) = \sum_{i=1}^{n} \lambda_i(t) \tag{8-28}$$

串联系统的平均寿命为

$$\text{MTBF} = \int_0^{\infty} R_s(t)\,dt = \int_0^{\infty} \exp\left[-\int_0^t \sum_{u=1}^{n} \lambda_i(u)\,du\right] dt \tag{8-29}$$

串联系统的特征如下。

（1）串联系统的可靠度低于该系统的每个单元的可靠度，且随着串联单元数量的增大而迅速降低。

（2）串联系统的失效率高于该系统的各单元的失效率。

（3）串联系统的各单元寿命服从指数分布，该系统寿命也服从指数分布。

串联的单元数越多，系统的可靠度越低。因此，要提高系统的可靠度，必须减少系统中的单元数或提高系统中最低的单元可靠度，即提高系统中薄弱单元的可靠度。

2. 并联系统

系统由 n 个单元组成，系统中有一个单元出现故障，其余单元能维持系统的正常工作，只有当所有单元失效时系统才失效，则称该系统为并联系统，又称为备份系统。在有高可靠性要求的地方常用到这种结构形式，其可靠性框图模型如图 8.10 所示。

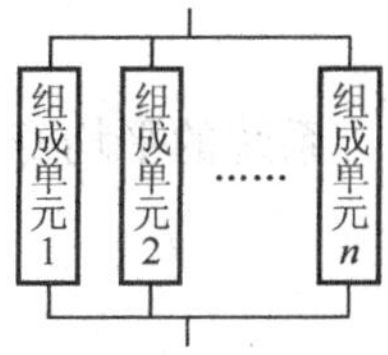

当第 i 个单元的失效率为 $\lambda_i(t)$（$i=1,2,\cdots,n$）时，并联系统的可靠度为

$$R_s(t) = 1 - \prod_{i=1}^{n} P(T_i \leq t) = 1 - \prod_{i=1}^{n} \left[1 - R_i(t)\right] = 1 - \prod_{i=1}^{n} \left(1 - e^{-\lambda_i t}\right) \tag{8-30}$$

图 8.10 并联系统的可靠性框图模型

当 $\lambda_1 = \lambda_2 = \cdots = \lambda_n = \lambda$ 时，$R_s(t) = 1 - (1 - e^{-\lambda t})^n$，可求得并联系统的失效率为

$$\lambda_s(t) = -\frac{R_s'(t)}{R_s(t)} = \frac{n\lambda e^{-\lambda t}(1 - e^{-\lambda t})^{n-1}}{1 - (1 - e^{-\lambda t})^n} \tag{8-31}$$

当 $n=2$ 时，$\lambda_1 = \lambda_2 = \lambda$，可以得到两个单元组成的并联系统的失效率为

$$\lambda_s(t) = \frac{2\lambda e^{-\lambda t}(1 - e^{-\lambda t})}{1 - (1 - e^{-\lambda t})^2} \tag{8-32}$$

并联系统的特征如下。

（1）并联系统的可靠度高于各单元的可靠度。

（2）并联系统的失效率低于各单元的失效率。

（3）并联系统的平均寿命高于各单元的平均寿命。并联系统的各单元寿命服从指数分布，该系统寿命不再服从指数分布。

并联系统组成单元数越多，系统的可靠度越高。

3. 表决系统

表决系统在工程实践中得到了广泛的应用。例如,装有三台发动机的喷气式飞机,只要有两台发动机正常,即可保证安全飞行和降落。

1) $(k/n)(G)$ **表决系统**

系统由 n 个单元组成,仅当 n 个单元中有 k 个或 k 个以上单元正常工作时,系统才正常工作,这样的系统称为 n 中取 k 好系统,记作 $(k/n)(G)$ 表决系统,其可靠性框图模型如图 8.11 所示。

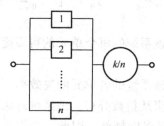

图 8.11　$(k/n)(G)$ 表决系统的可靠性框图模型

$(k/n)(G)$ 表决系统的可靠度为

$$R_s(t) = \sum_{i=k}^{n} C_n^i \left[R(t) \right]^i \left[1 - R(t) \right]^{n-i} \tag{8-33}$$

当 $R(t) = e^{-\lambda t}$ 时,则有

$$R_s(t) = \sum_{i=k}^{n} C_n^i e^{-i\lambda t} \left(1 - e^{-\lambda t} \right)^{n-i} \tag{8-34}$$

系统的平均寿命为

$$\text{MTBF} = \frac{1}{\lambda} \sum_{i=k}^{n} \frac{1}{i} \tag{8-35}$$

2) $(k/n)(F)$ **表决系统**

表决系统的另一种形式是 $(k/n)(F)$ 表决系统,它表示 n 个单元组成的系统中,有 k 个或 k 个以上单元失效时,系统就失效,也称此系统为 n 中取 k 坏系统。显然,$(1/n)(F)$ 表决系统为串联系统,$(1/n)(G)$ 表决系统为并联系统。

3) $2/3(G)$ **表决系统**

表决系统中的三中取两系统[记作 $2/3(G)$ 表决系统]是一种常用的多数表决系统,它表示在三个并联单元中,只要有两个单元正常工作,系统就正常工作,其可靠性框图模型如图 8.12 所示。

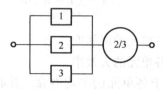

图 8.12　$2/3$ (G) 表决系统的可靠性框图模型

当三个单元的可靠度相等时,$2/3(G)$ 表决系统的可靠度为

$$R_s(t) = 3e^{-2\lambda t} - 2e^{-3\lambda t} \tag{8-36}$$

系统的平均寿命为

$$\text{MTBF} = \frac{5}{6\lambda} \qquad (8-37)$$

由式（8-37）可见，2/3（G）表决系统的平均寿命反而比单元的平均寿命低1/6。表决系统的作用主要在于大大提高任务时间内的可靠度，而任务时间通常比平均寿命低得多。从指数分布情形来说，如果用到平均寿命，那么可靠度只有0.368，这说明可靠度太低了。

2/3（G）表决系统的特征如下。

（1）相同条件下，2/3（G）表决系统的可靠度高于两个或三个单元组成的串联系统，低于两个或三个单元组成的并联系统。

（2）相同条件下，2/3（G）表决系统的平均寿命为一个单元的平均寿命的5/6倍，低于一个单元的平均寿命。

（3）指数分布的相同元件组成的2/3（G）表决系统与一个单元组成的系统相比：

① 两个系统的中位寿命相同；

② 当可靠度小于0.5时，一个单元系统的可靠寿命高于2/3（G）表决系统的可靠寿命；

③ 当可靠度大于0.5时，2/3（G）表决系统的可靠寿命高于一个单元系统的可靠寿命，且可靠度越接近1，采用2/3（G）表决系统结构对提高可靠寿命的效果越显著。

因此，在对系统可靠度要求很高的情况下，采用2/3（G）表决系统结构可提高系统的可靠寿命。

4. 混联系统

实际使用的仪器或系统大多数是由串联和并联单元组成的，称为混联系统，其可靠性框图模型如图8.13所示。

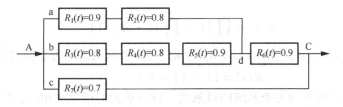

图8.13 混联系统的可靠性框图模型

混联系统最典型的是串-并联系统和并-串联系统，下面进行详细介绍。

1）串-并联系统

串-并联系统是由一部分单元先串联组成一些子系统，再由这些子系统组成一个并联系统，其可靠性框图模型如图8.14所示。

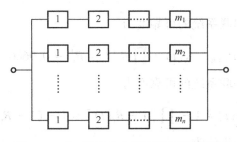

图8.14 串-并联系统的可靠性框图模型

若各单元的可靠度为 $R_{ij}(t)(i=1,2,\cdots,n;\quad j=1,2,\cdots,m_i)$，则第 i 行子系统的可靠度为

$$R_i(t) = \prod_{j=1}^{m_i} R_{ij}(t) \tag{8-38}$$

再用并联系统计算公式得串-并联系统的可靠度为

$$R(t) = 1 - \prod_{i=1}^{n} \left[1 - \prod_{j=1}^{m_i} R_{ij}(t) \right] \tag{8-39}$$

当 $m_1 = m_2 = \cdots = m_n = m$，且 $R_{ij}(t) = R_0(t)$ 时，串-并联系统的可靠度可简化为

$$R(t) = 1 - \left[1 - R_0^m(t) \right]^n \tag{8-40}$$

2）并-串联系统

并-串联系统是由一部分单元先并联组成一些子系统，再由这些子系统组成一个串联系统，其可靠性框图模型如图 8.15 所示。

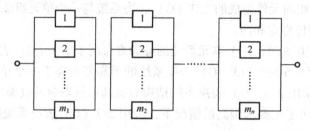

图 8.15 并-串联系统的可靠性框图模型

若各单元的可靠度为 $R_{ij}(t)(j=1,2,\cdots,n;\quad i=1,2,\cdots,m_j)$，则第 j 列子系统的可靠度为

$$R_j(t) = 1 - \prod_{i=1}^{m_j} \left[1 - R_{ij}(t) \right] \tag{8-41}$$

再用串联系统计算公式得并-串联系统的可靠度为

$$R(t) = \prod_{j=1}^{n} \left\{ 1 - \prod_{i=1}^{m_j} \left[1 - R_{ij}(t) \right] \right\} \tag{8-42}$$

当 $m_1 = m_2 = \cdots = m_n = m$，且 $R_{ij}(t) = R_0(t)$ 时，并-串联系统的可靠度可简化为

$$R(t) = \left\{ 1 - \left[1 - R_0(t) \right]^m \right\}^n \tag{8-43}$$

【例 8-6】 试比较下列五个系统的可靠度，设备单元的可靠度相同，均为 $R_0 = 0.99$。

（1）四个单元构成的串联系统。

（2）四个单元构成的并联系统。

（3）四中取三系统。

（4）串-并联系统（$m=2$，$n=2$）。

（5）并-串联系统（$m=2$，$n=2$）。

解：

（1）四个单元构成的串联系统的可靠度为

$$R_{4个单元串联}(t) = \prod_{i=1}^{4} R_i(t) = R_0^4 \approx 0.9606$$

（2）四个单元构成的并联系统的可靠度为

$$R_{4个单元并联}(t) = 1 - \prod_{i=1}^{4} \left[1 - R_i(t) \right] = 1 - (1 - R_0)^4 \approx 1$$

（3）四中取三系统的可靠度为

$$R_{3/4(\text{G})}(t) = \sum_{i=3}^{4} C_4^i \left[R_0(t) \right]^i \left[1 - R_0(t) \right]^{4-i}$$

$$= C_4^3 \left[R_0(t) \right]^3 \left[1 - R_0(t) \right]^{4-3} + C_4^4 \left[R_0(t) \right]^4 \left[1 - R_0(t) \right]^{4-4}$$

$$= 4 \times 0.99^3 \times (1 - 0.99) + 1 \times 0.99^4 \times 1 \approx 0.9994$$

（4）串-并联系统（$m=2$，$n=2$）的可靠度为

$$R_{\text{串-并联}}(t) = 1 - \left[1 - R_0^m(t) \right]^n = 1 - (1 - 0.99^2)^2 \approx 0.9996$$

（5）并-串联系统（$m=2$，$n=2$）的可靠度为

$$R_{\text{并-串联}}(t) = \left\{ 1 - \left[1 - R_0(t) \right]^m \right\}^n = \left[1 - (1 - 0.99)^2 \right]^2 \approx 0.9998$$

5. 旁联系统

为了提高系统的可靠度，除了多安装一些单元外，还可以储备一些单元，以便当工作单元失效时，能立即通过转换开关使储备的单元逐个地去替换，直到所有单元都发生故障时为止，系统才失效，这种系统称为旁联系统。旁联系统的可靠性框图模型如图 8.16 所示。

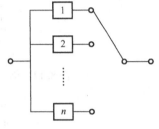

旁联系统与并联系统的区别在于：并联系统中每个单元一开始就同时处于工作状态，而旁联系统中仅用一个单元工作，其余单元处于待机工作状态。

旁联系统可分为两种情况，一是储备单元在储备期内失效率为零，二是储备单元在储备期内也可能失效。

图 8.16 旁联系统可靠性框图模型

1）储备单元完全可靠的旁联系统

储备单元完全可靠是指备用的单元在储备期内不发生失效也不劣化，储备期的长短对以后的使用寿命没有影响。转换开关完全可靠是指使用开关时，开关完全可靠，不发生故障。

若系统由 n 个单元组成，其中一个单元工作，$n-1$ 个单元备用，设第 i 个单元的寿命为 X_i，其分布函数为 $F_i(t)$（$i = 1, 2, \cdots, n$），且相互独立，系统的工作寿命为 X，故有 $X = \sum_{i=1}^{n} X_i$，系统的可靠度为

$$R(t) = P(X > t) = P\left(\sum_{i=1}^{n} X_i > t \right) = 1 - P\left(\sum_{i=1}^{n} X_i \leqslant 1 \right) \qquad (8-44)$$

$$= 1 - \underset{X_1 * X_2 * \cdots * X_n \leqslant n}{\iint \cdots \int} dF_1(t) dF_2(t) \cdots dF_n(t) = 1 - F_1 * F_2 * \cdots * F_n \qquad (8-45)$$

式中，$F_1 * F_2 * \cdots * F_n$ 表示卷积。

系统的平均寿命为

$$\theta = E\left(\sum_{i=1}^{n} X_i \right) = \sum_{i=1}^{n} E(X_i) = \sum_{i=1}^{n} \theta_i \qquad (8-46)$$

式中，θ_i 为第 i 个单元的平均寿命。

旁联系统特征与串、并联系统相比，串联系统的寿命为单元中最小的寿命，并联系统的寿命为单元中最大的寿命，而转换开关和储备单元完全可靠的旁联系统的寿命为所有单元寿命之和，这说明转换开关和储备单元均完全可靠的旁联系统的可靠性最佳，串联系统的可靠性最差。

将不同系统用 MATLAB 进行仿真比较，单个单元的可靠度函数取为 $R = e^{-0.001t}$，当 $n=2$

时，旁联系统、串联系统、并联系统和 2/3（G）表决系统间的仿真比较如图 8.17 所示；当 $n=3$ 时，不同系统间的仿真比较如图 8.18 所示；当旁联系统单元个数分别为 5、4、3、2 时，旁联系统的仿真比较如图 8.19 所示；当旁联系统单元个数分别取 5、4、3、2，并联系统单元个数也分别取 5、4、3、2 时，有旁联系统与并联系统的仿真比较如图 8.20 所示。

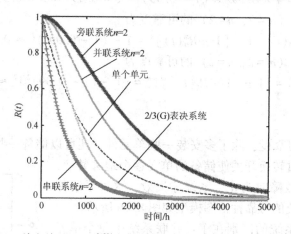

图 8.17　单个单元 $R=e^{-0.001t}$ 不同系统 MATLAB 仿真比较（$n=2$ 时）

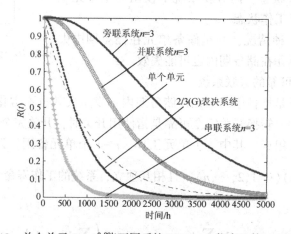

图 8.18　单个单元 $R=e^{-0.001t}$ 不同系统 MATLAB 仿真比较（$n=3$ 时）

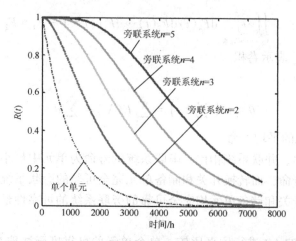

图 8.19　单个单元 $R=e^{-0.001t}$ 旁联系统 MATLAB 仿真比较

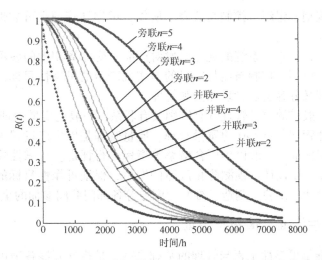

图 8.20　单个单元 $R = e^{-0.001t}$ 旁联系统与并联系统 MATLAB 仿真比较

2）储备单元不完全可靠的旁联系统

在实际使用中，储备单元由于受到环境因素的影响，在储备期间失效率不一定为零，当然这种失效率不同于工作失效率，一般要小得多。

假设两个单元组成旁联系统，其中一个为工作单元，另一个为储备单元；又假设两个单元工作与否相互独立，储备单元进入工作状态后的寿命与其经过的储备期长短无关；设两个单元的工作寿命分别为 X_1、X_2，且相互独立，均服从指数分布，失效率分别为 λ_1、λ_2，第二个单元的储备寿命为 Y，服从参数为 μ 的指数分布。

当工作单元失效时，储备单元已经失效，即 $X_1 > Y$，表明储备无效，系统也失效，此时系统的寿命就是工作单元的寿命 X_1；当工作单元失效时，储备单元未失效，即 $X_1 < Y$，储备单元立即接替工作单元的工作，此时系统的寿命是 $X_1 + X_2$，该系统的可靠度和平均寿命分别为

$$R(t) = e^{-\lambda_1 t} + \frac{\lambda_1}{\lambda_1 + \mu - \lambda_2}(e^{-\lambda_2 t} - e^{-(\lambda_1 + \mu)t}) \tag{8-47}$$

$$\theta = \frac{1}{\lambda_1} + \frac{\lambda_1}{\lambda_1 + \mu - \lambda_2}\left(\frac{1}{\lambda_2} - \frac{1}{\lambda_1 + \mu}\right) = \frac{1}{\lambda_1} + \frac{1}{\lambda_2}\left(\frac{\lambda_1}{\lambda_1 + \mu}\right) \tag{8-48}$$

当 $\lambda_1 = \lambda_2 = \lambda$ 时，系统的可靠度和平均寿命分别为

$$R(t) = e^{-\lambda t} + \frac{\lambda}{\mu}(e^{-\lambda t} - e^{-(\lambda + \mu)t}) \tag{8-49}$$

$$\theta = \frac{1}{\lambda} + \frac{1}{\lambda + \mu} \tag{8-50}$$

当 $\mu = 0$，即储备单元在储备期内不失效时，该系统就是两个单元在储备期内完全可靠的旁联系统。

当 $\mu = \lambda_2$ 时，该系统为两个单元的并联系统。

8.3　可靠性管理

8.3.1　可靠性管理的意义及特点

可靠性工作包括可靠性工程技术和可靠性管理两个方面。一切可靠性工程技术活动都要

依靠可靠性管理去规划、组织、控制与监督。所以，可靠性管理在可靠性工作中处于领导与核心作用。

所谓可靠性管理，就是从系统的观点出发对产品全寿命周期中的各项可靠性工程技术活动进行规划、组织、协调、控制与监督，目的是实现既定的可靠性目标，保证全寿命周期费用最省。可靠性管理又分为宏观管理和微观管理。

可靠性管理与一般讲的质量管理既有区别又有联系，一般把质量管理（QC）看作是 $t=0$ 的质量管理，可靠性管理是对 $t>0$ 的质量管理。质量管理是以生产过程为中心，控制产品的性能参数不超出规定标准，一般以出厂合格率等指标进行评定。可靠性管理是通过产品试验和使用现场信息反馈，以设计、预测防止故障的发生，保证可靠性目标的实现。所以，可靠性管理必须是包括设计、试验、制造、维修、服务等各部门共同参加的全员和全过程的管理。

8.3.2 可靠性标准、情报与保证

（1）可靠性标准是可靠性工程与管理的基础之一，是指导开展各项可靠性工作，使其规范化、最优化的依据和保证。可靠性标准体系分三个层次：可靠性基础标准、专业可靠性基础标准、有可靠性要求的产品标准。可靠性标准从级别上来分，分为国家可靠性标准（GB）、国家军用可靠性标准（GJB）、部（行业）可靠性标准和企业可靠性标准。企业可靠性标准不得低于国家、部（行业）标准。

（2）可靠性数据和可靠性情报是可靠性工作的基础，受到世界各国的重视，美、英、法等国都有全国性可靠性数据机构和分析中心。美国的政府工业数据交换中心（GIDEP）涉及美国、加拿大等的 600 多个成员单位，设有工程数据库、失效案例库、可靠性维修数据库、计量数据库等，可为成员单位的设备系统提供开发、设计、生产、使用的必要可靠性数据及元件、材料的试验数据、试验方法和技术。据统计，GIDEP 的作用和效益是相当显著的。在欧洲也成立了有 40 多个成员单位参加的欧洲可靠性数据库协会。

（3）为了保证产品的可靠性，必须根据产品的类型、环境条件、重要性和复杂程度的不同，按可靠性标准进行管理。产品可靠性保证大纲包括可靠性管理、可靠性工程和可靠性计算等项目。

8.3.3 可靠性管理的实施

可靠性管理是通过以下五个方面的工作来完成的：一是制订可靠性工作计划；二是对外协单位和供应单位的监督和控制；三是对设计过程实施严格的可靠性评审；四是建立故障报告、分析与纠正措施系统；五是建立故障审查组织。

1. 制订可靠性工作计划

在指标论证阶段，要把系统可靠性作为一个参数，同性能、费用、进度进行综合权衡，确定合理可行的可靠性要求。在产品方案论证阶段，就要根据要求制定可靠性工作的总体方案，确定可靠性工作项目，分解并落实可靠性要求和责任，分配可靠性资源，设置一系列检测点，以监督和评价各阶段可靠性工作的进展与完成情况。可靠性工作计划反映了工程研制单位和工程负责人对可靠性工作的重视程度和所做的努力，体现了对实现产品可靠性要求的保证能力。

2. 对外协单位和供应单位的监督和控制

对一个复杂系统来说，承制单位不可能也没有必要研制生产系统所有的组成成分。一般

来说，60%~70%的分系统和设备，80%~90%的元器件、零部件是由外协单位或供应单位研制、生产的。为保证整个系统的可靠性，就要对外协、外购件的可靠性及其可靠性保证工作提出要求并进行监控。

3. 对设计过程实施严格的可靠性评审

为保证可靠性工作计划的全面实施并达到预期的费用效益，必须对计划执行情况进行连续的监督和控制，这就要在研制过程中设置一系列检测点、评审点，实行分阶段评审，评审不通过不得转入下一阶段。所以，可靠性评审既是可靠性工作计划的重要内容，又是保证可靠性工作计划实现的重要手段。

可靠性评审是通过评审可靠性工作实施情况和有效性来评审设计过程及设计结果是否满足规定的可靠性要求的。可靠性评审可与设计评审结合进行，也可单独进行。

评审是运用及早告警原则和同行评议的方法，在决策的关键时刻，邀请同行专家和有关部门代表对设计工作和设计结果进行全面系统的审查，把集体经验运用于一项设计之中，以发现一些考虑不周和工作不充分的领域，完善或改进设计。因此，评审可以起到技术咨询和管理把关的双重作用。

4. 建立故障报告、分析与纠正措施系统

可靠性是用故障出现的概率加以测量的。对产品可靠性的分析、评价和改进都离不开故障信息。建立故障报告、分析与纠正措施系统（FRACAS）是为了保证所有故障得以及时报告、彻底查清和防止再现，从而实现产品可靠性增长。FRACAS包括三个程序，即故障报告程序、故障分析程序和故障纠正程序。

1）故障报告

从第一个软硬件试验开始，研制过程发生的所有故障都应该按规定介质和格式详细记录，并在规定时间内向规定的管理级别进行报告。

2）故障分析

故障分析是从故障现象及后果去查明故障原因和故障机理的过程。

3）故障纠正

故障纠正时，对试验中出现的故障一般可进行两种处理。

（1）应急处理：更换有故障的产品，把系统恢复到可工作状态。这种修复性维护，只更换故障产品，不可能根除类似故障的再发生，不能实现固有可靠性提高。

（2）彻底纠正：在查明故障原因和机理的基础上，采取有针对性的改进措施，如修改设计、工艺或试验程序，消除产生故障的条件和根源，使系统固有可靠性得以提高。纠正措施对所有相同和类似系统均应采取。

5. 建立故障审查组织

故障和故障处理对产品可靠性有重大影响。特别是对可靠性、安全性要求极高的复杂系统，应建立故障审查委员会，对故障分析和纠正活动进行监控，以保证故障分析的彻底性和纠正措施的正确性。故障审查组织的重要任务是：审查重大故障分析工作与结论，以及纠正措施的可行性和有效性；分析故障趋势，提出改进建议；对故障原因不明的疑案进行审查，估计风险，提出结案原则和补救措施。

8.4 可靠性试验

8.4.1 环境试验概述

环境试验是将传感器暴露在人工模拟（或大气暴露）环境中，以此来评价传感器在实际遇到的运输、储存、使用环境下的性能。环境试验可以为设计、生产和使用方面提供产品（样品）质量信息，是质量保证的重要手段。

1. 环境试验和试验程序

1）环境试验的类型和方法

环境试验可分为自然暴露试验和人工模拟试验两大类。

自然暴露试验是指产品在各类典型的自然环境条件下进行暴露和定期测试。这种试验存在周期长、不同地区重复性差等缺点。

人工模拟试验是敏感元件及传感器在模拟运输、储存、使用过程中遇到的环境条件下进行试验。通常要模拟的环境条件主要有以下几个方面。

（1）气候条件：高低温、湿度、气压、风雨、冰霜等。

（2）机械条件：冲击、振动、噪声、加速度等。

（3）生物环境：霉菌、有害动物、海洋生物等。

（4）辐射条件：太阳、电磁、核辐射等。

（5）化学活性物质条件：硫化氢、二氧化硫、海水盐雾等。

（6）机械活性物质条件：沙粒、尘埃等。

目前，人工模拟试验方法有以下几种。

（1）单因素试验是指一次试验中只有一个环境因素作用在样品上。这种试验易于控制，重复性好，设备简单，费用低，应用广泛。目前，有高温、低温、温度变化、低气压、盐雾、浸水、冲击、正弦振动、加速度等单因素试验。

（2）综合试验是指两个或两个以上的环境因素同时作用在样品上。这种试验设备复杂，费用高，但模拟真实，更容易暴露产品的缺陷。目前，有低温/低气压、低温/振动、高温/振动、温度/潮湿、振动/温度循环/潮湿等综合试验。

（3）组合试验是指两个或两个以上的环境因素按一定规律组合后依次作用在产品上。目前，有温度/湿度/气压等组合试验。

2）传感器环境试验程序

传感器环境试验程序通常由下列步骤组成。

（1）预处理：指样品在正式试验前进行的处理过程，一般指表面清洁、定位、预紧和稳定性处理。而这又通常在标准大气压下进行。

（2）初始检测：产品放在规定的大气压条件下（一般温度为 $15℃ \sim 35℃$，相对湿度为 $45\% \sim 75\%$，气压为 $86 \sim 106 kPa$），进行电气性能、力学性能测量和外观检测。

（3）试验：它是环境试验的核心，将产品暴露在规定的条件下，既可在工作条件下进行，也可在非工作条件下进行，还可以进行中间电气性能和机械性能的测量。

（4）恢复：试验结束后和再测量前，样品的性能要恢复稳定。恢复一般在标准大气压下进行，同时要确保样品在恢复过程中不能使其表面产生凝露。

（5）最后检测：最后检测与初始检测一样，是将样品放在标准的（或规定的）大气条件下进行电气性能、机械性能测量和外观检测，其目的是对样品的试验结果进行评价。

2. 低温试验

进行低温试验的目的是为了确定敏感元件及传感器产品在低温条件下储存或使用能否保持完好或正常工作。

1）低温试验的类型

IEC 现行的低温试验有非散热样品的温度突变、温度渐变及散热样品的温度渐变三种，如图 8.21 所示。

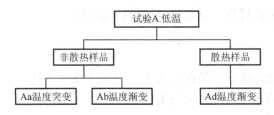

图 8.21　低温试验类型

所谓温度突变试验，是指将试验箱（室）的温度事先调到试验规定的温度后，将处于实验室环境温度下的样品放进试验箱（室），当试验箱（室）温度恢复到试验规定温度时，开始计算试验持续时间。温度渐变试验是指试验箱（室）和试验样品同处于实验室环境温度之下，在样品放进试验箱（室）后，试验箱（室）以一定的变化速度调整到试验规定的温度，并保持规定的试验时间。散热样品是指试验箱（室）和试验样品在试验规定的温度上稳定后，在自由空气条件下测量试验样品表面最热点温度高于周围大气环境温度5℃以上者，而低于5℃者为非散热样品。自由空气条件是指在一个无限大的空间内的条件，如果在这种条件下进行试验，那么空气的热对流运动是由样品的热辐射引起的，而样品的热辐射被周围空气所吸收，无限大空间是相对比较而言的。一般来说，只要试验箱（室）和试验样品之间的体积比大于或等于5：1，便可认为试验是在一个无限大空间进行的。

上述是 IEC 标准提及的有关低温试验的描述。美国军用标准 MIL—STD—202 是军用元件的权威性环境标准，其中没有低温试验标准，这是 IEC 与美国军标的不同之处。

2）低温试验的严酷等级

在各国标准中，低温试验条件（严酷等级）往往以试验温度和持续时间来规定，同时各国标准还规定了试验温度容许的误差（简称容差），如表 8.3 所示。

表 8.3　低温试验的严酷等级和容差

标准 参数	TEC 68—2—1	GB 2423.1—8
试验温度/℃	−65、−55、−40、−25、−10、+5	−65、−55、−40、−25、−10、+5
容差/℃	±3	±3
持续时间/h	2、16、72、96	2、16、72、96

3）试验条件的选择和非散热产品的试验

如果产品在储存或使用中会遇到低温条件，则必须考虑进行低温试验。如果试验目的是为了评价敏感元件及传感器样品在储存或不工作状态时低温对其影响，应采用非散热产品的温度渐变或温度突变试验。但应说明的是，只有在温度突变对样品无破坏作用时，才能选择温度突变试验。一般在工作状态下的大多数敏感元件及传感器的低温试验是非散热样品的温度渐变试验。

关于试验条件的选择，在 IEC 标准中，试验温度是根据产品实际储存或使用中可能遇到低温温度来确定的，并从表 8.3 中选取。一般情况在局部气候区使用的产品，应选择该地区的最低温度值。世界范围内使用和长期储存的产品应采用−65℃。试验持续时间应根据试验目的和样品本身的热性能来确定。如果试验目的是为了检测样品的工作性能，那么只要样品在规定试验温度上达到稳定就可以了。不过，一般试验持续时间不应少于 30min，试验持续时间应从样品在规定的试验温度上稳定的瞬间开始计算。如果试验是为了确定产品的耐久性、可靠性，那么应根据产品的可靠性要求确定试验持续时间。

3. 温度变化试验

温度变化试验的目的是确定产品在温度变化期间或温度变化以后受到的影响。温度变化试验不是模拟使用现场的环境条件，而是用来考核产品设计、工艺和生产水平的。

1）温度变化试验的分类

产品在储存、运输、使用和安装过程中常遇到的温度变化有以下两种类型。

（1）自然温度变化，如有的高纬度地区全年温差高达 102℃。

（2）由于人类的实践诱发的温度变化，如高纬度地区室内外的温差、太阳辐射下的突然淋雨等。

2）温度变化试验技术

温度变化试验程序是初始检测、试验、恢复和最后检测四步。其试验参数的确定原则是，如果试验目的是为了评价在温度变化期间的电气性能和机械性能，那么一般采用一箱法；如果试验目的是为了评价产品经过几个温度快速变化循环后的电性能、材料、机件、结构的适应性，那么可以用两箱法或两槽法。对玻璃—金属结构的产品建议用两槽法。

4. 湿热试验

湿热试验的目的是为了评价产品在高温高湿条件下储存和使用的适应性或耐温性。

一般情况下，空气的相对湿度超过 80% 的环境称为高湿。湿热试验可分为恒定湿热试验、循环湿热试验和温度/湿度组合循环试验。

（1）恒定湿热试验又称为稳态湿热试验，是指样品经受基本不变和保持时间比较长的高温高湿考验。恒定湿热试验有操作简单、易控制、比较经济等特点。

（2）循环湿热试验是以 24h 为一个循环，样品反复经受高湿和循环湿度的作用。试验过程中有由于温度变化引起的样品表面凝露和水气的扩散等。这种试验的目的是为了评价产品在高湿和循环温度的综合条件下储存和使用的适应性。

（3）温度/湿度组合循环试验也是以 24h 为一个循环，其中包括两个湿热分循环和一个低湿分循环。这种试验主要用于元件。

8.4.2 可靠性试验实例

敏感元件及传感器产品的可靠性试验与其他可靠性试验一样，包括环境试验和寿命试验两个部分。目前，人们往往采用两种试验方式：一种是环境试验和寿命试验分别进行，环境试验往往确定产品的环境可靠度，寿命试验确定产品的平均寿命、失效率或平均无故障工作时间，GB 1722—72 和 GB 2689.1—4—1981 就是这样开展寿命试验的，这里不细述；另一种是不严格区分环境试验和寿命试验，而采用多种环境应力和超强应力的综合试验，确定产品的合格品率，这里暂称之为综合试验方法。下面介绍硅霍尔元件的可靠性试验方法。

这里讨论的是以半导体工艺制成的非集化的硅霍尔元件和微型硅霍尔元件，原则上也适用于 GaAs 霍尔元件。

1. 可靠性特征量和失效判据

硅霍尔元件是用半导体平面工艺制成的磁敏感器件，它属于失效后不可修复产品，其可靠性特征量有平均寿命（MTTF）、失效率、可靠寿命和可靠度等。

硅霍尔元件的失效判据是

$$乘积灵敏度偏差 = \frac{SH_2 - SH_1}{SH_1} \times 100\% \geqslant \pm 1\%；2.5\%；5\% \qquad (8-51)$$

式中，SH_1 为初始乘积灵敏度；SH_1 为试验后乘积灵敏度。

不同偏差对应不同类别等级产品。

2. 环境试验

（1）温度变化试验。温度变化试验如图 8.22 所示，高温为 80℃，30min；低温为-40℃，30min。每个循环 150~180min，共做 5 个循环。

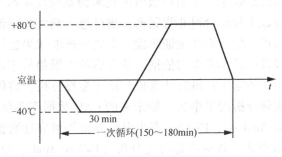

图 8.22　温度变化试验

（2）恒定湿热试验。硅霍尔元件处于非工作状态，湿热试验温度为（40±2）℃，湿度为（95±3%）RH，试验持续时间为 72h。

（3）高温储存试验。硅霍尔元件处于非工作状态，试验温度为 120℃，试验持续时间为 48h。

（4）振动试验。将处于非工作状态的硅霍尔元件固定于台上，引出线要加以保护，振动频率为（50±10）Hz，振动加速度为 10~20g，振动时间为水平、垂直各 1h。

（5）冲击试验。硅霍尔元件所处状态与振动试验相同，冲击频率为（50±1）次/分，冲击加速度为 100g，冲击次数为水平、垂直各 1000 次。

3. 寿命试验

硅霍尔元件的寿命试验应力为电应力，将元件按工作条件安装，施加额定控制电流，磁场强度为零，试验温度为（40±2）℃。

加速寿命的加速应力可以是热应力，也可以是电应力，也可以是电应力和热应力的综合应力。这里只对单一热应力试验方法进行叙述，其他应力情况可参照热应力情况进行处理。

以热为加速应力的加速寿命试验是在以 40℃ 为起点至硅霍尔元件能维持正常工作的上限温度间，分成 4 或 5 个应力点。将硅霍尔元件按工作条件安装，施加额定控制电流，在各温度条件下进行寿命试验。

4. 可靠性筛选

硅霍尔元件的可靠性筛选方法是将硅霍尔元件置于工作状态下，施加额定控制电流，筛选温度为（60±2）℃，筛选时间为 7 天。

8.5　敏感元件及传感器的失效分析

8.5.1　失效分析概述

从整个可靠性工程的发展来看，失效分析是在 20 世纪 50 年代后期由美国首先开始的。在失效分析的发展过程中，美国罗姆航空发展研究中心做了大量工作，起到了巨大的推动作用。现在，失效分析已经发展成为一门涉及材料学、物理学、化学、金属学、冶金学等专业，并要广泛应用扫描电子显微镜、离子探针、能谱仪、X 射线探测仪、光谱仪等现代理化分析仪器的边缘学科。

传感器工程是从 20 世纪 70 年代开始以微电子技术为基础发展起来的。在美国、日本等国家，它一开始就与可靠性工程结合得非常紧密，现已进入到将传感器失效分析的成果应用到质量控制系统中以实现产品的可靠性保证阶段。失效分析的成果也已成为新型传感器的开发及老品种传感器改进设计中必不可少的依据。从今后的发展趋势来看，将主要研究新的分析技术在传感器失效分析中的应用；研究计算机辅助可靠性分析，将硬件可靠性与软件可靠性综合起来，纳入整个失效分析度量中去，使未来的 CAD 数据库不仅可以提供可靠性预测、失效树分析（Failure Tree Analysis，FTA）、寄生电路分析等可靠性数据，也可以提供失效模式，失效模式分布，失效模式、效应及危害度分析（Failure Mode，Effects and Criminality Analysis，FMECA）的信息；同时也将研究传感器的计算机辅助失效分析与计算辅助可靠性设计的结合，促使可靠性研究软件的商品化。

在国内，传感器的失效分析研究工作在"七五"期间才开始，研究条件还较差，水平也较低。因此，为了尽快使我国传感器的可靠性水平有所提高，大力开展传感器的失效分析研究，培养失效分析的专业人员，建立有一定先进水平的分析实验室是今后的主要任务。以下介绍一些基本概念。

1. 失效的概念

产品丧失规定功能称为失效。对于可修复的产品，如仪表、整机和某些机电产品，也可使用"故障"这一名词。敏感元件及传感器大多数都是不可修复产品，故用"失效"更为准确。

2. 失效的分类

根据不同的划分标准，敏感元件及传感器的失效种类多种多样。

（1）按失效发生的场合划分，可分为试验失效、现场失效（或运行失效）。

（2）按失效的程度划分，可分为完全失效和局部失效，或者称严重（或致命）失效和轻度失效。

（3）按失效前后功能或参数变化的性质划分，可分为突然失效和退化失效。

（4）按失效排除的性质划分，可分为稳定性失效（或称坏死失效）和间歇失效。

（5）按失效的外部表现划分，可分为明显失效和隐蔽失效。

（6）按失效发生的原因划分，可分为设计上的失效、工艺上的失效和使用上的失效。

（7）按失效的起源划分，可分为自然失效和人为失效。

（8）按与其他失效的关系划分，可分为独立失效和从属失效（或称二次失效）。

（9）按失效浴盆曲线上的不同阶段划分，可分为早期失效、偶然（随机）失效、耗损（老化）失效等。

人们较常用的失效类型名词有现场失效、致命失效、退化失效、间歇失效、人为失效、从属失效、偶然失效、早期失效和耗损失效。

3. 失效分析的定义

失效分析是指产品失效后，通过对产品及其结构、使用和技术文件的系统研究，从而鉴别失效模式，确定失效原因、机理和失效演变的过程。

按照 JIS 28115《可靠性术语（1981 年）》的规定，失效分析也可被定义为研究产品潜在的或显在的失效机理、发生率及失效的影响，或为决定改进措施而进行的系统调查研究。

失效模式是指产品发生失效的形态、形式或现象。失效机理是指产品发生失效的因果关系。

4. 失效分析的分类

1）从方法上分类

失效分析从方法上来分，可分为以下三种。

（1）统计分析——确定失效率，可靠度计算等。

（2）数量分析——工程计算、模拟，失效率及可靠度的预计，FMECA、FTA 等方法。

（3）固有技术分析——电子显微镜等表面分析技术方法和应用物理、化学、机械、电气、金属和人机学等技术进行分析。

2）从应用阶段上分类

失效分析从应用阶段上来分，可分为以下三种。

（1）事前分析——应用于设计、开发、制造阶段的预测。

（2）事中分析——在制造阶段中的制造、生产设备，使用中产品异常的预测、状态监视维护及状态监视。

（3）事后分析——通过追究制造、试验和使用等各阶段发生的不良情况和异常现象，以及失效现场分析，必要时进行再现实验，然后提出进一步改善的措施和方法。

在实际使用中，最典型的失效分析应是事后分析，但从可靠性角度来说，我们在产品失效之前就应对其有可能发生的失效进行预计，从而进行改进或在应用中采取措施加以避免。

这样看来，事前分析又很重要，所以它们是相互补充、不可缺少的环节。

8.5.2 失效分析方法

如前所述，失效分析是研究产品潜在的或显在的失效机理、发生率及失效的影响，或为决定改进措施而进行的系统调查研究。因此，在进行失效分析时，不仅要强调追究失效的原因，进行事后分析，而且要包括上溯到设计、制造阶段的产品根源的研究。对于新设计或新产品中采用新开发的元器件，也可利用失效分析的技术和数据进行分析。可见失效分析是质量保证和可靠性保证中不可缺少的技术，也是为提高产品在产品设计制造、使用和系统设计、制造及运行中可靠性的不可忽视的技术。

下面将对敏感元件及传感器常用的几种失效分析方法进行简单介绍。

1. 失效模式、效应及危害度分析（FMECA）

失效模式、效应及危害度分析的英文全称为 Failure Mode，Effects and Criminality Analysis，简称 FMECA。FMECA 可用于失效传感器的事后分析，也可以用于新传感器开发的计划论证和技术设计阶段。

FMECA 的分析程序如下。

1）定义传感器功能和最低的工作要求

（1）功能要求：包括工作和不工作状态下所规定的特征、所有相关的时间周期和全部环境条件。

（2）环境要求：包括预期的工作环境、暴露环境和储存环境，并规定在特定环境下所期望的性能要求。

2）定义传感器功能结构、可靠性框图及其他图表或数学模型，并作文字说明

（1）功能结构：每个元件或部件要求有传感器不同组成单元的特征、性能、作用和功能，各单元之间的联系，冗余级别和冗余系统的性质等数据。

（2）图表：所有图表应该展示各单元之间的串、并联关系。

3）确定分析的基本原则和完成用于分析的相应文件

要做的工作如下。

（1）根据设计构思和规定输出要求选定最高级。

（2）选定有效分析的最低级。

（3）从最低级开始自下而上进行分析。在最低的分析级上，列出该级的每一单元能出现的各种失效模式及每种失效模式对应的失效效应，无论是单独的还是顺序的，对下一个更高功能级上考虑失效效应时，上述失效效应又都作为该级的一个失效模式，连续迭代就会找到最高功能级上的失效效应。

（4）找出失效模式、原因和效应，以及它们之间相对的重要性和顺序。

（5）找出失效的检测、隔离措施和方法。

（6）找出设计和工作中的预防措施，以防止特别不希望发生的事件。

（7）确定事件的失效危害度 C_r。C_r 是单元产生同类失效影响的失效模式危害度之和，其表达式为

$$C_r^i = \sum_{n=1}^{j} (C_m)_n \qquad (8-52)$$

式中，i 表示失效影响严重程度类别，MIL—STO—1629A 中将其分为四类，第 Ⅰ 类可能引起

人员死亡或设备彻底损坏，第Ⅱ类可能引起人员受伤或使设备丧失完成任务的功能，第Ⅲ类使工作质量降低或拖延任务的完成，第Ⅳ类不影响主要功能，只需修理；n 为第 i 类失效影响的失效模式数；j 为部件中第 i 类失效影响的失效模式总数；C_m 为失效模式危害度。

$$C_m = \beta \alpha \lambda_p t \qquad (8-53)$$

式中，t 为系统（传感器）内部件工作时间；λ_p 为部件失效率（应用失效率）；α 为失效模式比率；β 为失效率影响概率。MIL—STD—1629A 中对 β 进行了规定：确定造成损失，$\beta=1.0$；很可能造成损失，$0.1<\beta<1.0$；可能造成损失，$0.01<\beta<0.1$；没有影响，$\beta=0$。β 取值主要根据分析人员经验与判断，一种失效模式对应的各 β 值之和不大于 1。α 为

$$\alpha = \frac{某失效模式的发生率}{部件的失效率} \qquad (8-54)$$

式中，部件的失效率是所有失效模式发生率的总和，一般通过试验或根据经验估计得到，α 又与使用的环境因素和应力有关。

（8）估计失效概率，采用计数法预计。

（9）填写 FMECA（如表 8.4 所示）或 FMEA 工作表。

（10）建议。在进行 FMECA 时有时只进行 FMEA（失效模式、效应分析），而不进行危害度分析，此时可略去上述（7）、（8）步骤。

表 8.4　FMECA 工作表

名称	功能	识别代号	失效模式	失效原因	失效效应		失效检测	可选择的预防措施	失效模式发生概率	危害度等级	备注
					局部效应	最终效应					

2. 工艺过程失效模式、机理及效应分析（FMMEA）和质量反馈分析

失效模式、机理及效应分析的英文全称为 Failure Mode, Mechanisms and Effects Analysis，简称 FMMEA。

1）分析的目的和意义

敏感元件及传感器，特别是敏感元件，它不同于一个部件（整机）或系统，可以很容易地分成若干个元件或部件，并根据各元件或部件的作用及与系统的关系构成一个串、并联混合的可靠性框图，但如果将制造敏感元件或传感器的每一道工序作为一个元件或部件来看，构成工艺可靠性框图，然后对制造工艺的每一步进行失效分析将是非常有效的。它将有助于找出失效的潜在因素，促进产品结构及工艺过程的改进。

2）分析的步骤

（1）将生产敏感元件或传感器的所有工序按顺序写出。

（2）对每一工序详细填写工艺过程 FMMEA 和质量反馈表（格式如表 8.5 所示）。

表 8.5　工艺过程 FMMEA 和质量反馈表

产品名称			填表人			填表日期		
工艺名称	工艺功能		失效模式（工艺缺陷）	失效机理	失效模式效应	发生频率	严重度	建议改进措施
			7.5	7	6	3	4	6

（3）汇总并将该表反馈给生产管理部门及产品设计部门，以便改进设计及生产工艺，从

而提高产品的可靠性。

3）工艺过程 FMMEA 和质量反馈表的编写要求

（1）工艺名称：应按工艺顺序记入待分析的工艺名称。

（2）工艺功能：应尽可能简明地记入工艺作用。

（3）失效模式（工艺缺陷）：在填写时一方面要详细记录生产过程中出现的各种不合格产品的工艺缺陷，另一方面也要根据以往的经验分析可能产生的工艺缺陷（包括固有缺陷）。

（4）失效机理：对元器件来说，失效机理有两个层次的含义，一层含义是从宏观上来说明产生中间测试不合格产品的工艺缺陷（如工艺参数超差等），更高一层的含义应包括分析产生失效模式的物理化学过程，这方面分析往往要借助于现代分析技术。

（5）失效模式效应：是指由于工艺失效模式的产生对整个元器件性能的影响或由此对下道工序的影响。

（6）发生频率：应根据统计来确定每一工艺中各失效模式发生的频率。

（7）严重度：应视其对整个元器件性能的影响大小而定，对不同的产品可以分成不同的等级，并事先加以分类。

（8）建议改进措施：包括产品的结构、制造工艺方法、各工序之间的半成品管理等。

3. 失效树分析

1）失效树分析的分类

失效树分析包括定性分析和定量分析。定性分析的主要目的是寻找导致与系统或元器件有关的不希望事件发生的原因和原因的组合，即寻找导致顶事件发生的所有失效模式。定量分析的主要目的是当给定所有底事件发生的概率时，求出顶事件发生的概率及其他定量指标。在系统设计阶段，失效树分析也可帮助判明潜在的失效，以便改进设计。

2）失效树分析的有关术语及符号

（1）顶事件：失效树中，导致系统不可用的不希望发生的事件称为失效树顶事件。

（2）底事件：也称为基本事件，是导致系统失效（故障）的最原始事件。

（3）失效树分析常用的一些符号如表 8.6 所示。

表 8.6　失效树分析常用的一些符号

符　号	名　称	定　义
○	基本事件（底事件）	导致系统失效（故障）的最原始事件
$C = A \cap B$（与门符号，标注 C、A、B）	事件 A 和 B 的 "与" $C = A \cap B$	只有当所有输入事件出现时，才发生输出事件
$C = A \cup B$（或门符号，标注 C、A、B）	事件 A 和 B 的 "或" $C = A \cup B$	当一种或多种输入事件出现时，就有输出事件
（矩形符号）	事件文字说明符号	

符　号	名　称	定　义
◇		不是真正的原始事件，由于各种原因而不作深入分析的事件，作原始事件处理
△	转移符号	表示某事件的转移

（4）模块：对于已经规范化和简化的正规失效树，模块是至少有两个底事件，但不是所有底事件的集合，这些底事件向上可到达同一个逻辑门，并且必须通过此门才能到达顶事件，失效树的所有其他底事件向上均不能到达该逻辑门。

（5）最大模块：经规范化和简化的正规失效树的最大模块是该失效树的一个模块，且没有其他模块包含它。

（6）割集：割集是导致正规失效树顶事件发生的若干底事件的集合。

（7）最小割集：最小割集是导致正规失效树顶事件发生的数目不可再少的底事件的集合，它表示引起失效树顶事件发生的一种失效模式。

（8）结构函数：失效树的结构函数定义为

$$\varphi(X_1, X_2, \cdots, X_n) = \begin{cases} 1, & \text{若顶事件发生} \\ 0, & \text{若顶事件不发生} \end{cases} \qquad (8-55)$$

式中，n 为失效树底事件的数目；$X_1, X_2, \cdots, X_n$ 为描述底事件状态的布尔变量。

（9）底事件结构重要度：底事件结构重要度从失效树结构的角度反映了各底事件在失效树中的重要程度。第 i 个底事件的结构重要度为

$$I_\varphi(i) = \frac{1}{2^{n-1}} \sum \left[\varphi(X_1, \cdots, X_{i-1}, X_{i+1}, 1, X_{i-1}, \cdots, X_n) \right.$$
$$\left. - \varphi(X_1, \cdots, X_{i-1}, X_{i+1}, 0, X_{i+1}, \cdots, X_n) \right] \qquad (i = 1, 2, \cdots, n) \quad (8-56)$$

式中，$\varphi(X_i)$ 是失效树的结构函数；$\sum$ 是对 $X_1, X_2, \cdots, X_{i-1}, X_{i+1}, \cdots, X_n$ 分别取 0 或 1 的所有可能求和。

（10）底事件概率重要度：第 i 个底事件的概率重要度表示，在底事件相互独立的条件下，第 i 个底事件发生概率的微小变化而导致顶事件发生概率的变化率。第 i 个底事件的概率重要度为

$$I_P(i) = \frac{\partial}{\partial q_i} Q(q_1, q_2, \cdots, q_n) \qquad (i = 1, 2, \cdots, n) \qquad (8-57)$$

式中，$Q(q_1, q_2, \cdots, q_n)$ 为顶事件发生的概率。

（11）底事件的相对概率重要度：第 i 个底事件的相对概率重要度表示，当第 i 个底事件发生概率微小的相对变化而导致事件发生概率的相对变化率。第 i 个底事件的相对概率重要度为

$$I_Q(i) = \frac{q_i}{Q(q_1, q_2, \cdots, q_n)} \frac{\partial}{\partial q_i} Q(q_1, q_2, \cdots, q_n) \qquad (i = 1, 2, \cdots, n) \quad (8-58)$$

3）失效树分析的步骤

（1）确定分析范围。

（2）熟悉系统。

（3）确定顶事件。

（4）建立失效树。

（5）定性分析，求出失效的所有最小割集。

（6）定量分析，包括求顶事件发生概率和重要度。求顶事件发生概率的方法有真值表法、概率图法、容斥公式法和不交布尔代数法。求重要度的公式见式（8－56）、式（8－57）及式（8－58）。

（7）完成失效树分析报告，报告的基本条款有：目的和范围，系统描述，失效的定义和判据，失效分析（包括可靠性框图、功能图、电路图和失效树等），结果和结论。

思考与练习

1. 什么叫系统可靠性？

2. 可靠性定义中有三个"规定"，简述这三个"规定"。

3. 简述可靠性特征量。

4. 某系统由 4 个相同元件并联组成，系统若要正常工作，必须有 3 个以上元件处于工作状态，已知每个元件的可靠度 $R=0.9$，求系统的可靠度。

5. 10 个相同元件组成并联系统，若要求系统可靠度在 0.99 以上，则每个元件的可靠度至少应为多少？

6. 某型汽车在研制开发阶段进行跑车试验共累计 500000 km，其间共发生故障 7 次，分别在 5000 km、17000 km、50000 km、140000 km、180000 km、250000 km 和 390000 km 时，求该型汽车在跑车试验结束时的可靠性水平（点估计和 90% 置信下限估计）。

7. 一个并联系统的组成元件的失效率均为 0.1%/h，当组成系统的单元数为 $n=2$ 或 $n=3$ 时，求系统在 $t=100$h 时的可靠度，并与 2/3（G）表决系统的可靠度进行比较。

8. 一个液压系统由三个串联子系统组成，且知其寿命服从指数分布。子系统的平均寿命分别为 400h、480h、600h，求整个系统的平均寿命。

9. 今有 1000 个产品投入使用，在 $t=100$ h 前有 5 个发生故障，在 100 h 到 105 h 之间有 1 个发生故障。

（1）试计算这批产品工作满 100 h 时的失效率和失效概率密度。

（2）若 $t=1000$h 前有 62 个产品发生故障，而在 1000 h 到 1005 h 之间有 1 个发生故障，试计算这批产品工作满 1000 h 时的失效率和失效概率密度。

10. 简述你对系统可靠性管理的理解。

11. 什么叫失效？谈谈你对失效分析的认识。

第 9 章

智能控制技术

9.1 概 述

9.1.1 智能控制的产生与发展

智能控制起源于 20 世纪 60 年代，是随着非线性、时变复杂被控对象的挑战和计算机、人工智能的发展而产生的。智能控制的发展可以分为四个阶段。

（1）启蒙期。从 20 世纪 60 年代起，自动控制理论和技术的发展已经渐趋成熟，控制界学者为了提高控制系统的自学习能力，开始注意将人工智能技术与方法应用于控制系统。1966 年，门德尔首先主张将人工智能用于空间飞行器的学习控制系统的设计，并提出了人工智能控制的概念。1967 年，利昂德斯和门德尔首先使用"智能控制"一词。1971 年，美国著名华裔科学家傅京孙从学习控制的角度正式提出了创建智能控制这个新兴的学科。这些学术研究活动标志着智能控制的思想已经萌芽。

（2）形成期。20 世纪 70 年代可以看作是智能控制的形成期。从 20 世纪 70 年代初开始，傅京孙等人从控制论角度进一步总结了人工智能技术与自适应、自组织、自学习控制的关系，正式提出了"智能控制就是人工智能技术与控制理论的交叉"这一思想，并创立了人机交互式分级递阶智能控制的系统结构。在核反应堆、城市交通等控制中成功地应用了智能控制系统。这些研究成果为分级递阶智能控制的形成奠定了基础。1974 年，英国工程师曼德尼将模糊集合和模糊语言用于锅炉和蒸汽机的控制，创立了基于模糊语言描述控制规则的模糊控制器，取得了良好的控制效果。1979 年，他又成功地研制出自组织模糊控制器，使得模糊控制器具有了较高的智能。模糊控制的形成和发展，以及与人工智能中的产生式系统、专家系统思想的相互渗透，对智能控制理论的形成起了十分重要的推动作用。

（3）发展期。进入 20 世纪 80 年代以后，由于计算机技术的迅速发展及人工智能的重要领域——专家系统技术的逐渐成熟，智能控制和智能决策的研究及应用领域逐步扩大，并取得了一批应用成果。这体现了传感器技术、自动控制技术、计算机技术和过程知识在生产自动化综合应用方面的先进水平，标志着智能控制系统已由研制、开发阶段转向应用阶段。特别应该指出的是，20 世纪 80 年代中后期，神经网络的研究获得了重要进展，神经网络理论和应用研究为智能控制的研究起到了重要的促进作用。

（4）高潮期。进入 20 世纪 90 年代以来，智能控制的研究势头异常迅猛，每年都有各种以智能控制为专题的大型国际学术会议在世界各地召开，各种智能控制杂志或专刊不断涌现。智能控制研究与应用涉及众多的领域，从高技术的航天飞机推力矢量的分级智能控制、空间资源处理设备的高自主控制，到智能故障诊断及重新组合控制，从轧钢机、汽车喷油系统的神经控制，到家电产品的神经模糊控制，都与智能控制联系在一起。如果说智能控制在 20 世纪 80 年代的研究和应用主要是面向工业过程控制，那么从 20 世纪 90 年代起，智能控制的应用已经扩大到面向军事、高科技和日用家电产品等多个领域。

9.1.2 智能控制的定义

智能控制是采用智能化理论和技术驱动智能机器实现其目标的过程，或者说，智能控制是一类不需要人的干预就能够独立地驱动智能机器实现其目标的自动控制。对自主机器人的控制就是一例。所以，智能控制的理论和技术包括传统人工智能和所谓计算智能的理论和技术。

用于驱动智能机器以实现其目标而不需要操作人员干预的系统称为智能控制系统。智能控制系统的理论基础是人工智能、控制论、运筹学和信息论等学科的交叉。

9.1.3 智能控制的特点

智能控制具有下列特点。

（1）同时具有以非数学广义模型表示和以数学模型（含计算智能模型与算法）表示的混合控制过程，或者是模仿自然和生物行为机制的计算智能算法。它们也往往是那些含有复杂性、不完全性、模糊性或不确定性及不存在已知算法的过程，并加以知识进行推理，以启发式策略和智能算法来引导求解过程。智能控制系统的设计重点不在于常规控制器上，而在于智能模型或计算智能算法上。

（2）智能控制的核心在高层控制，即组织级。高层控制的任务在于对实际环境或过程进行组织，即决策和规划，实现广义问题求解。为了实现这些任务，需要采用符号信息处理、启发式程序设计、仿生计算、知识表示及自动推理和决策等相关技术。这些问题的求解过程与人脑的思维过程或生物的智能行为具有一定的相似性，即具有不同程度的"智能"。当然，低层控制级也是智能控制系统必不可少的组成部分。

（3）智能控制的实现，一方面要依靠控制硬件、软件和智能的结合，实现控制系统的智能化；另一方面要实现自动控制科学与计算机科学、信息科学、系统科学、生命科学及人工智能的结合，为自动控制提供新思想、新方法和新技术。

（4）智能控制是一门边缘交叉学科。实际上，智能控制涉及更多的相关学科。智能控制的发展需要各相关学科的配合与支援，同时也要求智能控制工程师是个知识工程师。

（5）智能控制是一个新兴的研究领域。智能控制学科的建立才二十多年，仍处于年轻时期，无论在理论上还是在实践上都还很不成熟，很不完善，需要进一步探索与开发。

9.1.4 智能控制器的设计特点和一般结构

智能控制器的设计具有下列特点。

（1）具有以微积分表示和以技术应用语言表示的混合系统，或具有以仿生、仿人算法表示的系统。

（2）采用不精确的和不完全的装置分级和不完全的外系统知识，并在学习过程中不断加以辨识、整合和更新。

（3）含有多传感器递送的分级和不完全的外系统知识，并在学习过程中不断加以辨识、整合和更新。

（4）把任务协商作为控制系统及控制过程的一部分来考虑。

在上述讨论的基础上给出智能控制器的一般结构，如图9.1所示。

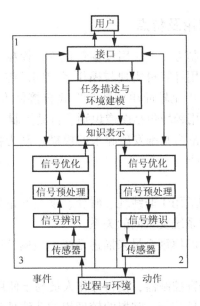

图 9.1　智能控制器的一般结构

当前已经开发出许多智能控制理论与技术用于具体控制系统，如分级控制理论、递阶控制器设计的仿生和拟人方法等。在这些应用范例中，取得了不少具有潜在应用前景的成果，如群控理论、模糊理论、系统理论和免疫控制等。许多控制理论的研究是针对控制系统应用的，如自学习与自组织系统、神经网络、基于知识的系统、语言学和认知控制器及进化控制等。

9.2　模糊控制

9.2.1　模糊控制概况

模糊逻辑控制简称模糊控制，是以模糊集合论、模糊语言变量和模糊逻辑推理为基础的一种计算机数字控制技术。1965 年，美国的 L. A. Zadeh 创立了模糊集合论，1973 年，他给出了模糊逻辑控制的定义和相关的定理。1974 年，英国工程师曼德尼首先用模糊控制语句组成模糊控制器，并把它应用于锅炉和蒸汽机的控制，在实验室获得成功。这一开拓性的工作标志着模糊控制论的诞生。

模糊控制实质上是一种非线性控制，从属于智能控制的范畴。模糊控制的一大特点是既具有系统化的理论，又有着大量实际应用背景。模糊控制的发展最初在西方遇到了较大的阻力，然而在东方尤其是在日本，却得到了迅速而广泛的推广应用。近 20 多年来，模糊控制不论从理论上还是从技术上都有了长足的进步，成为自动控制领域中一个非常活跃而又硕果累累的分支。其典型应用的例子涉及生产和生活的许多方面。例如，在家用电器设备中，有模糊洗衣机、空调、微波炉、吸尘器、照相机和摄录机等；在工业控制领域中，有水净化处理、发酵过程、化学反应釜、水泥窑炉等的模糊控制；在专用系统和其他方面，有地铁靠站停车、汽车驾驶、电梯、自动扶梯、蒸汽引擎及机器人的模糊控制等。

9.2.2 模糊控制的理论及特点

所谓模糊控制，就是在控制方法上应用模糊集理论、模糊语言变量及模糊逻辑推理的知识来模拟人的模糊思维方法，用计算机实现与操作者相同的控制。该理论以模糊集合、模糊语言变量和模糊逻辑为基础，用比较简单的数学形式直接将人的判断、思维过程表达出来，从而逐渐得到了广泛应用。应用领域包括图像识别、自动控制、语言研究及信号处理等方面。在自动控制领域，以模糊集理论为基础发展起来的模糊控制为将人的控制经验及推理过程纳入自动控制提供了一条便捷途径。

模糊控制的特点如下。

（1）简化系统设计，特别适用于非线性、时变、模型不完全的系统。

（2）利用控制法则来描述系统变量间的关系。

（3）不用数值而用语言式的模糊变量来描述系统，模糊控制器不必对被控制对象建立完整的数学模型。

（4）模糊控制器是一种语言控制器，使得操作人员易于使用自然语言进行人机对话。

（5）模糊控制器是一种容易控制、掌握的较理想的非线性控制器，具有较佳的适应性及鲁棒性、较佳的容错性。

9.2.3 模糊控制的原理

在理论上，模糊控制由 N 维关系 R 表示。关系 R 可视为受约于（0，1）区间的 N 个变量的函数。r 是几个 N 维关系 R_i 的组合，每个 R_i 代表一条规则 r_i：IF→THEN。输入 x 被模糊化为一个关系 X，对于多输入单输出（MISO）控制，X 为（$N-1$）维。模糊输出 Y 可应用合成推理规则进行计算。对模糊输出 Y 进行模糊判决（解模糊），可得精确的数值输出 y。图 9.2 所示为具有输入和输出的模糊控制的原理图。由于采用多维函数来描述 X、Y 和 R，所以，该控制方法需要许多存储器，用于实现离散逼近。

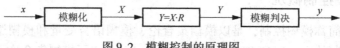

图 9.2 模糊控制的原理图

图 9.3 给出了模糊逻辑控制器的一般原理图，它由输入定标、输出定标、模糊化、模糊决策和模糊判决（解模糊）等部分组成。比例系数（标度因子）实现控制器输入和输出与模糊推理所用标准时间间隔之间的映射。模糊化（量化）使所测控制器输入在量纲上与左侧信号（LHS）一致。这一步不损失任何信息。模糊决策过程由推理机来实现，该推理机使所有 LHS 与输入匹配，检测每条规则的匹配程度，并聚集各规则的加权输出，产生一个输出空间的概率分布值。模糊判决（解模糊）把这一概率分布归纳为一点，供驱动器定标后使用。

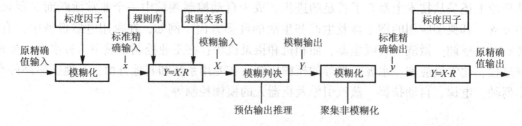

图 9.3 模糊逻辑控制器的一般原理图

9.2.4 模糊控制系统的工作原理

模糊控制系统的工作原理图如图 9.4 所示。其中，模糊控制器由模糊化接口、知识库、推理机和模糊判决接口四个基本单元组成。它们的作用说明如下。

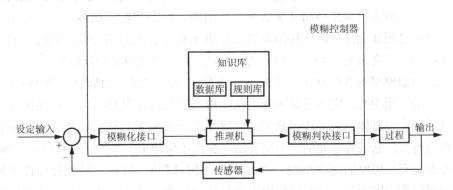

图 9.4 模糊控制系统的工作原理图

（1）模糊化接口：测量输入变量（设定输入）和受控系统的输出变量，并把它们映射到一个合适的相应论域的量程，然后，精确的输入数据被变换为适当的语言值或模糊集合的标识符。本单元可视为模糊集合的标记。

（2）知识库：设计应用领域和控制目标的相关知识，它由数据库和语言（模糊）控制规则库组成。数据库为语言控制规则的论域离散化和隶属函数提供必要的定义。语言控制规则标记控制目标和领域专家的控制策略。

（3）推理机：这是模糊控制系统的核心，以模糊概念为基础，模糊控制信息可通过模糊蕴涵和模糊逻辑的推理规则来获取，并可实现拟人决策过程。根据模糊输入和模糊控制规则，模糊推理机求解模糊关系方程，获得模糊输出。

（4）模糊判决接口：起到模糊控制的推断作用，并产生一个精确的或非模糊的控制作用。此精确控制作用必须进行逆定标（输出定标），这一作用是在对受控过程进行控制之前通过量程变换实现的。

9.3 神经网络控制

9.3.1 神经网络控制概述

基于人工神经网络的控制简称神经网络控制。人工神经网络是由大量人工神经元（处理单元）广泛互联而成的网络，可简称神经网络，它是在现代神经生物学和认识科学对人类信息处理研究的基础上提出来的，具有很强的自适应性、学习能力、非线性映射能力、鲁棒性和容错能力。充分地将这些神经网络特性应用于控制领域，可使控制系统的智能化向前迈进一大步。

随着被控系统越来越复杂，人们对控制系统的要求越来越高，特别是要求控制系统能适应不确定性、时变的对象与环境。传统的基于精确模型的控制方法难以适应要求，现在关于控制的概念也已更加广泛，它要求包括一些决策、规划及学习功能。神经网络由于具有上述优点而越来越受到人们的重视。

本节将介绍人工神经网络的基本概念和特性，以及人工神经网络的学习方法。

9.3.2　生物神经元模型

人脑大约包含 10^{12} 个神经元，分成约 1000 种类型，每个神经元大约与 $10^2 \sim 10^4$ 个其他神经元相连接，形成极为错综复杂而又灵活多变的网络。每个神经元虽然都十分简单，但是如此大量的神经元之间如此复杂的连接却可以演化出丰富多彩的行为方式。同时，如此大量的神经元与外部感受器之间的多种多样的连接方式也蕴涵了变化莫测的反应方式。

神经元结构的模型示意图如图 9.5 所示。由图看出，神经元由胞体、树突和轴突构成。胞体是神经元的代谢中心，它本身又由细胞核、内质网和高尔基体组成。内质网是合成膜和蛋白质的基础，高尔基体的主要作用是加工合成物及分泌糖类物质。胞体一般生长有许多树状突起，称为树突，它是神经元的主要接受器。胞体还延伸出一条管状纤维组织，称为轴突。轴突外面可能包有一层厚的绝缘组织，称为髓鞘（梅林鞘），髓鞘规则地分为许多短段，段与段之间的部位称为郎飞节。轴突的作用主要是传导信息，传导的方向是由轴突的起点传向末端。通常，轴突的末端分出许多末梢，它们同后一个神经元的树突构成一种称为突触的机构。其中，前一个神经元的轴突末梢称为突触的前膜，后一个神经元的树突称为突触的后膜，前膜和后膜两者之间的窄缝空间称为突触的间隙。前一个神经元的信息由其轴突传到末梢之后，通过突触对后面各个神经元产生影响。

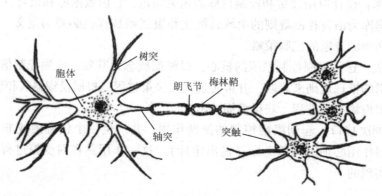

图 9.5　神经元结构的模型示意图

从生物控制论的观点来看，神经元作为控制和信息处理的基本单元，具有下列一些重要的功能与特性。

（1）时空整合功能。神经元对于不同时间通过同一突触传入的神经冲动，具有时间整合功能；对于同一时间通过不同突触传入的神经冲动，具有空间整合功能。两种功能相互结合，具有时空整合的输入信息处理功能。所谓整合，是指抑制和兴奋的受体电位或突触电位的代数和。

（2）兴奋与抑制状态。神经元具有两种常规工作状态：一种是兴奋，当传入冲动的时空整合结果使细胞膜电位升高超过被称为动作电位的阈值（约为 40mV）时，细胞进入兴奋状态，产生神经冲动，由轴突输出；另一种是抑制，当传入冲动的时空整合结果使膜电位下降至低于动作电位的阈值时，细胞进入抑制状态，无神经冲动输出，满足"0-1"律，即"兴奋、抑制"状态。

（3）脉冲-电位转换。突触界面具有脉冲-电位转换功能。沿神经纤维传递的电脉冲为等幅、恒宽、编码（60~100mV）的离散脉冲信号，而细胞膜电位变化为连续的电位信号。在突触接口处进行数模转换，这是通过神经介质以量子化学方式实现（电脉冲—神经化学物质—膜电位）的转换过程。

（4）神经纤维传导速度。神经冲动沿神经传导的速度为1~150m/s，因纤维的粗细、髓鞘的有无而有所不同：有髓鞘的纤维粗，其传导速度在100m/s以上；无髓鞘的纤维细，其传导速度可低至每秒数米。

（5）突触延时和不应期。突触对神经冲动的传递具有延时和不应期。在相邻的两次冲动之间需要一个时间间隔，即为不应期，在此期间对激励不响应，不能传递神经冲动。

（6）学习、遗忘和疲劳。由于结构可塑性，突触的传递作用可增强、减弱和饱和，所以细胞具有相应的学习功能、遗忘或疲劳效应（饱和效应）。

随着脑科学和生物控制论研究的进展，人们对神经元的结构和功能有了进一步的了解，神经元并不是一个简单的双稳态逻辑元件，而是超级的微型生物信息处理机或控制机单元。

9.3.3　人工神经元模型

人工神经元是对生物神经元的一种模拟与简化，它是神经网络的基本处理单元。图9.6所示为一种简化的人工神经元结构。它是一个多输入、单输出的非线性元件。

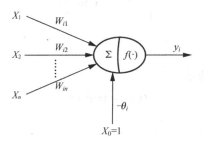

图9.6　一种简化的人工神经元结构

其输入-输出关系为

$$I_i = \sum_{j=1}^{n} W_{ij}X_j - \theta_i \left.\vphantom{\sum}\right\} \atop y_i = f(I_i)$$

$$\left.\begin{aligned} I_i &= \sum_{j=1}^{n} W_{ij}X_j - \theta_i \\ y_i &= f(I_i) \end{aligned}\right\} \qquad (9-1)$$

式中，$X_j(j=1,2,\cdots,n)$是从其他神经元传来的输入信号；W_{ij}表示从神经元j到神经元i的连接权值；θ_i为阈值；$f(\cdot)$称为输出激发函数或作用函数。

为方便起见，常把$-\theta_i$也看成是恒等于1的输入X_0的权值，因此式（9-1）可写成

$$I_i = \sum_{j=1}^{n} W_{ij}X_j \qquad (9-2)$$

式中，$W_{i0}=-\theta_i$，$X_0=1$。

输出激发函数$f(\cdot)$又称为变换函数，它决定神经元（节点）的输出。该输出为1或0，取决于其输入之和大于或小于内部阈值θ_i。$f(\cdot)$函数一般具有非线性特性。下面为几种常见的激发函数。

1. 阈值型函数

阈值型函数如图 9.7 (a)、(b) 所示。

当 y_i 取 0 或 1 时，$f(x)$ 为如图 9.7 (a) 所示的阶跃函数。

$$f(x) = \begin{cases} 1, & x \geqslant 0 \\ 0, & x < 0 \end{cases} \tag{9-3}$$

当 y_i 取 -1 或 1 时，$f(x)$ 为如图 9.7 (b) 所示的 sgn 函数（符号函数）。

$$\text{sgn}(x) = f(x) = \begin{cases} 1, & x \geqslant 0 \\ -1, & x < 0 \end{cases} \tag{9-4}$$

2. 饱和型函数

饱和型函数如图 9.7 (c) 所示。

$$f(x) = \begin{cases} 1, & x \geqslant \dfrac{1}{k} \\ kx, & -\dfrac{1}{k} < x < \dfrac{1}{k} \\ -1, & x \leqslant \dfrac{1}{k} \end{cases} \tag{9-5}$$

3. 双曲函数

双曲函数如图 9.7 (d) 所示。

$$f(x) = \tanh(x) \tag{9-6}$$

4. S 型函数

神经元的状态与输入作用之间的关系是在 (0, 1) 内连续取值的单调可微函数，称为 Sigmoid 函数，简称 S 型函数，如图 9.7 (e) 所示。

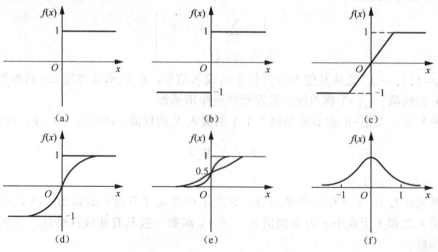

图 9.7　几种常见的激发函数

当 β 趋于无穷时，S 型函数趋于阶跃函数，通常情况下，β 取值为 1。

$$f(x) = \frac{1}{1 + \exp(-\beta x)} \qquad (\beta > 0) \qquad (9-7)$$

5. 高斯函数

在径向基函数构成的神经网络中，神经元的结构可用高斯函数描述，如图 9.7（f）所示。

$$f(x) = e^{-x^2/\delta^2}$$

9.3.4 人工神经网络模型

人工神经网络是以工程技术手段来模拟人脑神经网络的结构与特征的系统。利用人工神经元可以构成各种不同拓扑结构的神经网络，它是生物神经网络的一种模拟和近似。目前，已有数十种不同的神经网络模型，其中前馈型神经网络和反馈型神经网络是两种典型的结构模型。

1. 前馈型神经网络

前馈型神经网络又称为前向网络，如图 9.8 所示，神经元分层排列，有输入层、隐层（也称为中间层，可有若干层）和输出层，每一层的神经元只接受前一层神经元的输入。

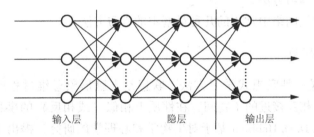

图 9.8 前馈型神经网络

从学习的观点来看，前馈型神经网络是一种强有力的学习系统，其结构简单而易于编程；从系统的观点看，前馈型神经网络是一种静态非线性映射，通过简单非线性处理单元的复合映射，可获得复杂的非线性处理能力；但从计算的观点看，前馈型神经网络缺乏丰富的动力学行为。大部分前馈型神经网络都是学习网络，它们的分类能力和模式识别能力一般都强于反馈型神经网络。典型的前馈型神经网络有感知器网络、BP 网络等。

2. 反馈型神经网络

反馈型神经网络如图 9.9 所示。如果总节点（神经元）数为 N，那么每个节点有 N 个输入和一个输出，所有节点都是一样的，它们之间都可相互连接。

反馈型神经网络是一种反馈动力学系统，它需要工作一段时间才能达到稳定。Hopfield 神经网络是反馈型神经网络中最简单且应用广泛的模型，它具有联想记忆的功能，如果将 Lyapunov 函数定义为寻优函数，则 Hopfield 神经网络还可以用来解决快速寻优问题。

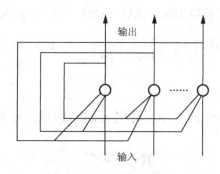

图 9.9　反馈型神经网络

9.3.5　人工神经网络的学习方法

学习方法是体现人工神经网络智能特性的主要标志，正是由于有学习算法，人工神经网络就具有了自适应、自组织和自学习的能力。目前，人工神经网络的学习方法有多种，按有无导师来分类，可分为有教师学习、无教师学习和再励学习等几大类。在有教师的学习方法中，网络的输出和期望的输出（即教师信号）进行比较，然后根据两者之间的差异调整网络的权值，最终使差异变小。在无教师的学习方法中，输入模式进入网络后，网络按照预先设定的规则（如竞争规则）自动调整权值，使网络最终具有模式分类等功能。再励学习是介于上述两者之间的一种学习方法。

下面介绍人工神经网络中常用的几种最基本的学习方法。

1.　Hebb 学习规则

Hebb 学习规则是一种联想式学习方法。联想是人脑形象思维过程的一种表现形式。例如，在空间和时间上相互接近的事物间，在性质上相似（或相反）的事物间都容易在人脑中引起联想。生物学家 D. O. Hebbian 基于对生物学和心理学的研究，提出了学习行为的突触联系和神经群理论。他认为突触前与突触后二者同时兴奋，即两个神经元同时处于激发状态时，它们之间的连接强度将得到加强。这一论述的数学描述被称为 Hebb 学习规则，即

$$W_{ij}(k+1) = W_{ij}(k) + I_i I_j \qquad (9-8)$$

式中，$W_{ij}(k)$ 为连接从神经元 i 到神经元 j 的当前权值；I_i、I_j 为神经元的激活水平。

Hebb 学习规则是一种无教师的学习方法，它只根据神经元连接间的激活水平改变权值，因此这种方法又称为相关学习或并联学习。

当神经元由下式描述时，

$$\left.\begin{array}{l} I_i = \displaystyle\sum_{j=1}^{n} W_{ij} X_j - \theta_i \\[2mm] y_i = f(I_i) = 1 / [1 + \exp(-I_i)] \end{array}\right\} \qquad (9-9)$$

Hebb 学习规则可写成

$$W_{ij}(k+1) = W_{ij}(k) + [y_i(k) - y_i(k-1)][y_j(k) - y_j(k-1)] \qquad (9-10)$$

2. Delta(δ) 学习规则

假设误差准则函数为

$$E = \frac{1}{2} \sum_{p=1}^{P} (d_p - y_p)^2 = \sum_{p=1}^{P} E_p \qquad (9-11)$$

式中，训练样本数 $p = 1, 2, \cdots, P$；d_p 代表期望的输出（教师信号）；$y_p = f(\boldsymbol{W}\boldsymbol{X}_p)$ 为网络的实际输出。$\boldsymbol{W}$ 是网络的所有权值组成的向量，即

$$\boldsymbol{W} = [W_0, W_1, \cdots, W_n]^{\mathrm{T}} \qquad (9-12)$$

$\boldsymbol{X}_p$ 为输入模式，$\boldsymbol{X}_p = [X_{p0}, X_{p1}, \cdots, X_{pn}]^{\mathrm{T}}$。

可用梯度下降法来调整权值 $\boldsymbol{W}$，使误差准则函数最小。其求解基本思想是沿着 E 的负梯度方向不断修正 $\boldsymbol{W}$，直到 E 达到最小，这种方法的数学表达式为

$$\Delta \boldsymbol{W} = \eta \left(-\frac{\partial E}{\partial W_i} \right) \qquad (9-13)$$

$$\frac{\partial E}{\partial W_i} = \sum_{p=1}^{P} \frac{\partial E_p}{\partial W_i} \qquad (9-14)$$

式中，

$$E_p = \frac{1}{2} (d_p - y_p)^2 \qquad (9-15)$$

用 θ_p 表示 $\boldsymbol{W}\boldsymbol{X}_p$，则有

$$\frac{\partial E_p}{\partial W_i} = \frac{\partial E_p}{\partial \theta_p} \frac{\partial \theta_p}{\partial W_i} = \frac{\partial E_p}{\partial y_p} \frac{\partial y_p}{\partial \theta_p} X_{ip} = -(d_p - y_p) f'(\theta_p) X_{ip} \qquad (9-16)$$

$\boldsymbol{W}$ 的修正规则为

$$\Delta W_i = \eta \sum_{p=1}^{P} (d_p - y_p) f'(\theta_p) X_{ip} \qquad (9-17)$$

式（9-17）称为 δ 学习规则，又称为误差修正规则。定义误差传播函数 δ 为

$$\delta = \frac{\partial E_p}{\partial \theta_p} = -\frac{\partial E_p}{\partial y_p} \frac{\partial y_p}{\partial \theta_p} \qquad (9-18)$$

δ 学习规则实现了 E 的梯度下降，因此使误差准则函数达到最小值。但 δ 学习规则只适用于线性可分函数，无法用于多层网络。BP 网络的学习算法称为 BP 算法，是在 δ 学习规则的基础上发展起来的，可在多网络上有效地学习，详见后续内容。

3. 概率式学习

从统计力学、分子热力学和概率论中关于系统稳态能量的标准出发，进行神经网络学习的方式称概率式学习。神经网络处于某一状态的概率主要取决于在此状态下的能量，能量越低，概率越大。同时，此概率还取决于温度参数 T。T 越大，不同状态出现概率的差异便越小，较容易跳出能量的局部极小点而到全局的极小点；T 越小时，情形正相反。概率式学习的典型代表是 Boltzmann 机学习规则。它是基于模拟退火的统计优化方法，因此又称为模拟退火算法。

Boltzmann 机模型是一个包括输入、输出和隐含层的多层网络，但隐含层间存在互联结构并且网络层次不明显。对于这种网络的训练过程，就是根据规则

$$\Delta W_{ij} = \eta (p_{ij} - p'_{ij}) \qquad (9-19)$$

对神经元 i、j 间的连接权值进行调整的过程。式中，η 为学习速率；p_{ij} 表示网络受到学习样本的约束且系统达到平衡状态时第 i 个和第 j 个神经元同时为 1 的概率；p'_{ij} 表示系统为自由运转状态且达到平衡状态时第 i 个和第 j 个神经元同时为 1 的概率。

调整权值的原则是：当 $p_{ij} > p'_{ij}$ 时，则权值增加，否则减少权值。这种权值调整公式称为 Boltzmann 机学习规则，即

$$W_{ij}(k+1) = W_{ij}(k) + \eta(p_{ij} - p'_{ij}) \qquad (\eta > 0) \qquad (9-20)$$

当 $p_{ij} - p'_{ij}$ 小于一定容限时，学习结束。

由于模拟退火过程要求高温使系统达到平衡状态，而冷却（即退火）过程又必须缓慢地进行，否则容易造成局部最小，所以这种学习规则的学习收敛速度较慢。

4. 竞争式学习

竞争式学习属于无教师学习方式。此种学习方式利用不同层间的神经元发生兴奋性连接，以及同一层内距离很近的神经元间发生同样的兴奋性连接，而距离较远的神经元产生抑制性连接。在这种连接机制中引入竞争机制的学习方式称为竞争式学习。它的本质在于神经网络中高层次的神经元对低层次神经元的输入模式进行竞争识别。

竞争式机制的思想来源于人脑的自组织能力。大脑能够及时地调整自身结构，自动地向环境学习，完成所需执行的功能，而并不需要教师训练。竞争式神经网络亦是如此，所以，又把这一类网络称为自组织神经网络（自适应共振网络模型，Adaptive Resonance Theory, ART）。

自组织神经网络要求识别与输入最匹配的节点，定义距离 d_j 为接近距离测度，即

$$d_j = \sum_{i=0}^{N-1} (u_i - w_{ij})^2 \qquad (9-21)$$

其中，$\boldsymbol{u}$ 为 N 维输入向量，具有最短距离的节点选作胜者，它的权向量经修正使该节点对输入 $\boldsymbol{u}$ 更敏感。定义 N_c，其半径逐渐减小至接近于零，权值的学习规则为

$$\Delta W_{ij} = \begin{cases} a(u_i - w_{ij}), & i \in N_c \\ 0, & i \notin N_c \end{cases} \qquad (9-22)$$

在这类学习规则中，关键不在于实节点的输出怎样与外部的期望输出相一致，而在于调整权向量以反映观察事件的分布，提供基于检测特性空间的活动规律的性能描写。

从上述几种学习规则可见，要使人工神经网络具有学习能力，就是使神经网络的知识结构变化，即使神经元间的结合模式变化，这同把连接权向量用什么方法变化是等价的。所以，所谓神经网络的学习，目前主要是指通过一定的学习算法实现对突触结合强度（权值）的调整，使其达到具有记忆、识别、分类、信息处理和问题优化求解等功能，这是一个正在发展中的研究课题。

9.3.6 前馈型神经网络

1. 感知器网络

感知器是一个具有单层神经元的神经网络，并由线性阈值元件组成，是最简单的前向网络。它主要用于模式分类，单层的感知器网络结构如图 9.10 所示。

其中，$\boldsymbol{X} = [x_1, x_2, \cdots, x_n]^T$ 是输入特征向量；$y_i(i=1,2,\cdots,m)$ 为输出量，是按照不同特征分类的结果；W_{ij} 是 x_i 到 y_j 的连接权值，此权值是可调整的，因而有学习功能。

由于按不同特征的分类是相互独立的，因而可以取出其中的一个神经元来讨论，如图 9.11 所示。

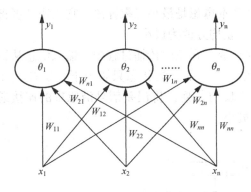

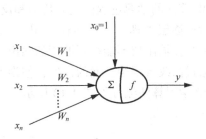

图 9.10　单层的感知器网络结构　　　　　图 9.11　感知器的神经元结构

为方便起见，令输入量 $x_0 = 1$，将阈值 θ 并入权中（因为 θ 值也需要学习），$-\theta = W_0$，感知器的输入输出关系可表示为

$$y = f\left(\sum_{i=0}^{n} W_i x_i \right) \tag{9-23}$$

当其输入的加权和大于或等于阈值时，输出为 1，否则为 -1（或为 0）。

上述的单层感知器能解决一阶谓词逻辑问题，如逻辑"与"、逻辑"或"问题，但不能解决像异或问题的二阶谓词逻辑问题。感知器的学习算法保证收敛的条件是，要求函数是线性可分的（即输入样本函数类成员可分别位于直线分界线的两侧），当输入函数不满足线性可分条件时，上述算法受到了限制，也不能推广到一般的前向网络中去，其主要原因是由于激发函数是阈值函数。为此，人们用可微函数，如 Sigmoid 曲线来代替阈值函数，然后用梯度法来修正权值。BP 网络就是这种算法的典型网络。

2. BP 网络

误差反向传播神经网络，简称 BP（Back Propagation）网络，是一种单向传播的多层前向网络。在模式识别、图像处理、系统辨识、函数拟合、优化计算、最优预测和自适应控制等领域有着较为广泛的应用。图 9.12 所示为 BP 网络的示意图。

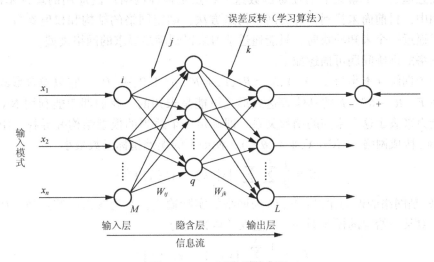

图 9.12　BP 网络的示意图

误差反向传播的 BP 算法简称 BP 算法，其基本思想是最小二乘算法。它采用梯度搜索技术，以期使网络的实际输出值与期望输出值的误差均方值为最小。

BP 算法的学习过程由正向传播和反向传播组成。在正向传播过程中，输入信息从输入层经隐含层逐层处理，并传向输出层，每层神经元（节点）的状态只影响下一层神经元的状态。如果在输出层不能得到期望的输出，则转入反向传播，将误差信号沿原来的连接通路返回，通过修改各层神经元的权值，使误差信号最小。

BP 学习算法流程如图 9.13 所示。

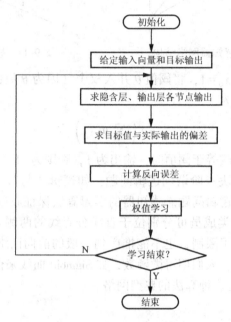

图 9.13　BP 学习算法流程

3. 神经网络的训练

可以任意逼近一个紧集上的任意函数这一特点是神经网络广泛应用的理论基础。但是，在实际应用中，目前尚未找到较好的网络构造方法，确定网络的结构和权值参数，来描述给定的映射或逼近一个未知的映射，只能通过学习来得到满足要求的网络模型。

神经网络的训练问题可描述如下。

给定一个训练样本集 $\{(X_p, Y_{dp}), X_p \in R^n, Y_{dp} \in R^m, p = 1, 2, \cdots, P\}$，它以隐含形式定义了某种函数关系 $F: R^n \rightarrow R^m$。F 的具体表达式形式可能是未知的。我们期望能利用 NN 所具有的任意逼近能力来表示这一未知的函数关系。即确定一个适当的模型结构并寻找一组适当的权值 $\{W*, \theta*\}$ 构成网络 $y = NN(X, W*, \theta*)$，使如下的误差指标函数最小。

$$E = \frac{1}{2} \sum_{p=1}^{P} \sum_{i=1}^{N} [y_i^p(k) - y_{di}^p(k)]^2 \qquad (9-24)$$

式中，$y_{di}(k)$ 是网络的期望输出；$y_i(k)$ 为网络的实际输出；N 为输出的节点数；P 为训练样本的数量。对某一给定的模式训练，上述误差函数则为

$$E_p = \frac{1}{2} \sum_{i=1}^{N} [y_i(k) - y_{di}(k)]^2 \qquad (9-25)$$

由此可见，在神经网络的训练中，存在三个要素：合适的样本集、合适的网络结构与合

适的指标函数。神经网络的学习可以理解为：对确定的网络结构，寻找一满足要求的权值参数，使给定的指标函数最优。通常，找到最优的权值$\{W*,\theta*\}$很困难，甚至是不可能的。事实上，在实际应用中，训练样本或多或少地都会受到噪声的污染，即使得到了最优解也只能是对真实函数关系的一个近似。因此，人们通常希望得个满意解即可。为此给定一个逼近精度$\varepsilon>0$，只要能找到一组权值$\{W,\theta\}$使条件ε得到满足，则称$y=NN(X,W,\theta)$是对未知函数的一个逼近。这可能是一个最优点，也可能是一个满足要求的极小点。

神经网络训练的具体步骤如下。

（1）获取训练样本集

获取训练样本集合是训练神经网络的第一步，也是十分重要和关键的一步。它包括训练数据的收集、分析、选择和预处理等。

首先要在大量的测量数据中确定出最主要的输入模式。即对测量数据进行相关性分析，找出其中最主要的量作为输入。在确定了主要输入量后，要对其进行预处理，将数据变化到一定的范围，如［-1，1］或［0，1］等，并剔除野点，同时还可以检测其是否存在周期性、固定变化趋势或其他关系。对数据的预处理分析的目的是使得到的数据便于神经网络学习和训练。

（2）选择网络类型与结构

神经网络的类型很多，需要根据任务的性质和要求来选择合适的网络类型。例如，对函数估计问题，可选用 BP 网络。当然也可以设计一个新的网络类型，来满足特定任务的需要，但这一般比较困难。通常是从已有的网络类型中选择一种比较简单而又满足要求的网络。

网络类型确定后，就要确定网络的结构及参数。以 BP 网络为例，就是要确定网络的层数、每层的节点数、节点激活函数、初始权值、学习算法等。如前所述，这些选项有一定的指导原则，但更多的是靠经验和试凑。

对具体问题，若输入输出确定后，则网络的输入层和输出层节点数即可确定。关于隐含层及其节点数的选择比较复杂。一般原则是：在能正确反映输入输出关系的基础上，应选用较少的隐层节点数，以使网络结构尽量简单。

（3）训练与测试

最后一步是利用获取的训练样本对网络进行反复训练，直至得到合适的映射结果。这里应注意的是，并非训练的次数越多，结果就越能正确反映输入输出的映射关系。这是由于所收集到的样本数据都包含有测量噪声，训练次数过多，网络将噪声也复制了下来，反而影响了它的泛化能力。

在训练过程中，网络初始权值的选择可采用随机法产生。为避免产生局部极值，可选取多组初始权值，然后通过检测测试误差来选用一组较为理想的初始权值。

9.3.7 反馈型神经网络

反馈型神经网络又称为自联想记忆网络，其目的是为了设计一个网络，储存一组平衡点。当给网络输入一组初始值时，网络通过自行运行而最终收敛到这个设计的平衡点上。

反馈型神经网络能够表现出非线性动力学系统的动态特性。它所具有的主要特性为以下两点。

第一，网络系统具有若干个稳定状态。当网络从某一初始状态开始运动，网络系统总可以收敛到某一个稳定的平衡状态。

第二，系统稳定的平衡状态可以通过设计网络的权值而被存储到网络中。

Hopfield 网络是单层对称全反馈网络，根据其激活函数的选取不同，可分为离散型的 Hopfield 网络（Discrete Hopfield Neural Network，DHNN）和连续型的 Hopfield 网络（Continuous Hopfield Neural Network，CHNN）。

离散 Hopfield 网络的激活函数为二值型的，其输入、输出为 {0，1} 的反馈网络，主要用于联想记忆。

连续 Hopfield 网络的激活函数的输入与输出之间的关系为连续可微的单调上升函数，主要用于优化计算。

Hopfield 网络是利用稳定吸引子来对信息进行储存的，利用从初始状态到稳定吸引子的运行过程来实现对信息的联想存取的。

1. 离散 Hopfield 网络

1）网络的结构和工作方式

离散 Hopfield 网络是一个单层网络，有 n 个神经元节点，每个神经元的输出均接到其他神经元的输入。各节点没有自反馈，每个节点都附有一个阈值 θ_j。W_{ij} 是神经元 i 与神经元 j 间的连接权值。每个节点都可处于一种可能的状态（1 或 -1），即当该神经元所受的刺激超过其阈值时，神经元就处于一种状态（如1），否则神经元就始终处于另一状态（如图 9.14 所示）。

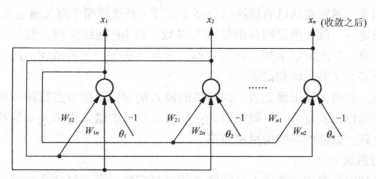

图 9.14　离散 Hopfield 网络的工作方式

整个网络有两种工作方式，即异步方式和同步方式。

（1）异步方式

每次只有一个神经元节点进行状态的调整计算，其他节点的状态均保持不变，即

$$\left.\begin{aligned} x_i(k+1) &= f\left(\sum_{j=1}^{n} W_{ij}x_j(k) - \theta_i\right) \\ x_j(k+1) &= x_j(k), \qquad j \neq i \end{aligned}\right\} \tag{9-26}$$

其调整次序可以随机选定，也可按规定的次序进行。

（2）同步方式

所有神经元节点同时调整状态，即

$$x_i(k+1) = f\left(\sum_{j=1}^{n} W_{ij}x_j(k) - \theta_i\right) \forall i \tag{9-27}$$

上述同步计算方式也可写成如下的矩阵形式。

$$x(k+1) = F(WX(k) - \theta) = F(s) \tag{9-28}$$

式中,

$$\boldsymbol{X} = [x_1,\ x_2,\ \cdots,\ x_n]^T,\ \boldsymbol{\theta} = [\theta_1,\ \theta_2,\ \cdots,\ \theta_n]^T \tag{9-29}$$

W 是由 W_{ij} 组成的 $n \times n$ 矩阵;

$$\boldsymbol{F}(\boldsymbol{s}) = [f(s_1),\ f(s_2),\ \cdots,\ f(s_n)]^T \tag{9-30}$$

是向量函数, 其中,

$$f(s) = \begin{cases} 1, & s \geq 0 \\ -1, & s < 0 \end{cases} \tag{9-31}$$

网络输入状态初值

$$\boldsymbol{X}(0) = [x_1(0),\ x_2(0),\ \cdots,\ x_n(0)]^T \tag{9-32}$$

输出是网络的稳定状态, 即

$$\lim_{t \to \infty} \boldsymbol{X}(k) \tag{9-33}$$

从上述工作过程可以看出, 离散 Hopfield 网络实质上是一个离散的非线性动力学系统。因此, 如果系统是稳定的, 则它可以从一个初态收敛到一个稳定状态; 若系统是不稳定的, 由于节点输出 1 和−1 两种状态, 因而系统不可能出现无限发散, 只可能出现限幅的自持振荡或极限环。

若稳态视为一个记忆样本, 那么初态朝稳态的收敛过程便是寻找记忆样本的过程, 初态可以认为是给定样本的部分信息, 网络改变的过程可以认为是从部分信息找到全部信息, 从而实现联想记忆的功能。

若将稳态与某种优化计算的目标函数相对应, 并作为目标函数的极小点, 那么初态朝稳态的收敛过程便是优化计算过程, 该优化计算是在网络演变过程中自动完成的。

2) 稳定性和吸引子

若网络的状态 X 满足 $X = f(WX - \theta)$, 则称 X 为网络的稳定点或吸引子。

定理 1: 对于离散 Hopfield 网络, 若按异步方式调整状态, 且连接权矩阵 W 为对称阵, 则对于任意初态, 网络都最终收敛到一个吸引子。

定理 2: 对于离散 Hopfield 网络, 若按同步方式调整状态, 且连接权矩阵 W 为非负定对称阵, 则对于任意初态, 网络都最终收敛到一个吸引子。

3) 连接权的设计

为了保证 Hopfield 网络在异步方式工作时能稳定收敛, 连接权矩阵 W 应是对称的。而若保证同步方式收敛, 则要求 W 为非负定阵, 这个要求比较高。因而设计 W 一般只保证异步方式收敛。另外一个要求是对于给定的样本必须是网络的吸引子, 而且要有一定的吸引域, 这样才能正确实现联想记忆功能。为了实现上述功能, 通常采用 Hebb 规则来调节实际连接权, 即当神经元输入与输出节点的状态相同 (即同时兴奋或抑制) 时, 从第 j 个到第 i 个神经元之间的连接强度则增强, 否则减弱。

4) 联想记忆

联想记忆功能是离散 Hopfield 网络的一个重要应用范围。要想实现联想记忆, 反馈网络必须具有两个基本条件。

(1) 网络能收敛到稳定的平衡状态, 并以其作为样本的记忆信息。

(2) 具有回忆能力, 能够从某一残缺的信息回忆起所属的完整的记忆信息。

离散 Hopfield 网络实现联想记忆的过程分为两个阶段: 学习记忆阶段和联想回忆阶段。

在学习记忆阶段中，设计者通过某一设计方法确定一组合适的权值，使网络记忆期望的稳定平衡点。联想回忆阶段则是网络的工作过程。

离散 Hopfield 网络用于联想记忆有两个突出的特点，即记忆是分布式的，而联想是动态的。

离散 Hopfield 网络局限性，主要表现在以下几点。

（1）记忆容量的有限性。

（2）伪稳定点的联想与记忆。

（3）当记忆样本较接近时，网络不能始终回忆出正确的记忆等。

（4）网络的平衡稳定点并不可以任意设置，也没有一个通用的方式来事先知道平衡稳定点。

2. 连续 Hopfield 网络

连续 Hopfield 网络也是单层的反馈网络。其实质上是一个连续的非线性动力学系统，它可以用一组非线性微分方程来描述。当给定初始状态，通过求解非线性微分方程组即可求得网络状态的运行轨迹。若系统是稳定的，则它最终可收敛到一个稳定状态。

3. Boltzmann 机

神经网络是由大量神经元组成的动力学系统。从宏观上看，各神经元的状态可看作是一个随机变量，正如统计物理学中，把大量气体分子看作一个系统，每个分子状态服从统计规律。从统计观点分析，也可寻找神经网络系统中某种神经元的状态的概率分布，分布的形式与网络的结构有关，其参数则是权系数。Hinton 等人借助统计物理学的方法提出了 Boltzmann 模型，可用于模式分类、预测、组合优化及规划等方面。

1）Boltzmann 机网络结构和工作方式

Boltzmann 机网络是一个相互连接的神经网络模型，具有对称的连接权系数，即 $W_{ij} = W_{ji}$ 且 $W_{ii} = 0$。网络由可见单元和隐单元构成，如图 9.15 所示。可见单元由输入、输出部分组成。每个单元节点只取 1 或 0 两种状态。1 代表接通或接受，0 表示断开或拒绝。当神经元的输入加权和发生变化时，神经元的状态随之更新。各单元之间状态的更新是异步的，可用概率来描述。

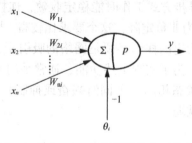

图 9.15　Boltzmann 机网络结构和工作方式

与 Hopfield 网络相似，Boltzmann 机的实际运行也分为两个阶段：第一阶段是学习和训练阶段，即根据学习样本对网络进行训练，将知识分布地存储于网络的连接权中；第二阶段是工作阶段，即根据输入运行网络得到合适的输出，这一步实质上是按照某种机制将知识提取出来。

2）网络的学习和训练

网络学习的目的是通过给出一组学习样本，经学习后得到 Boltzmann 机各种神经元之间的连接权 W_{ij}。Boltzmann 机网络学习的步骤可归纳如下。

（1）随机设定网络的连接权 $W_{ij}(0)$ 及初始高温。

（2）按照已知的概率 $p(x_\alpha)$，依次给定学习样本。在样本的约束下，按照模拟退火程度运行网络，直至达到平衡状态，统计出各 p_{ij}。在无约束条件下，按同样的步骤并同样的次数运行网络，统计出各 p'_{ij}。

（3）按下述公式修改权值。

$$W_{ij}(k+1) = W_{ij}(k) + \eta(p_{ij} - p'_{ij}) \qquad (\eta > 0) \qquad (9-34)$$

（4）重复上述步骤，直到 $p_{ij}-p'_{ij}$ 小于一定的容限。

9.4　专家控制系统

9.4.1　专家系统概述

1. 专家系统的起源与发展

人工智能科学家一直在致力于研制在某种意义上讲能够思维的计算机软件，用以智能化地处理、解决实际问题。20 世纪 60 年代，科学家们试图通过找到解决多种不同类型问题的通用方法来模拟思维的复杂过程，并将这些方法用于通用目的的程序中。然而事实证明，这种通用程序处理的问题类型越多，对任何个别问题的处理能力似乎就越差。后来，科学家们认识到了问题的关键是计算机程序解决问题的能力取决于它所具有的知识量的大小。为使一个程序智能化，必须使其具有相关领域的大量高层知识。为解决某具体专业领域问题的计算机程序系统的开发研制工作，导致专家系统这一新兴学科的兴起。

从本质上讲，专家系统是一类包含着知识和推理的智能计算机程序，其内部含有大量的某个领域专家水平的知识和经验，能够利用人类专家的知识和解决问题的方法来处理该领域的问题。

1965 年，斯坦福大学开始建立用于分析化合物内部结构的 DENTRAL 系统，首先使用了专家系统的概念。20 世纪 70 年代末，该校又研制成功了著名的医疗系统 MYCIM 和用于矿藏勘探的 PROSPECTOR 系统，推动了专家系统的开发研究和应用。20 世纪 80 年代，专家系统的研究开发进入了高潮，应用范围涉及工业、农业、国防、教育及教学、物理、控制等许多领域，在控制系统辅助设计、故障诊断和系统控制等方面得到了推广应用。专家系统的研究发展，促进了人工智能科学的进步，也使专家系统本身成为人工智能科学的一个重要分支领域。

现在专家系统技术广泛地应用于医疗诊断、语音识别、图像处理、金融决策、地质勘探、石油化工、教学、军事、计算机设计等领域。由知识工程师从人类专家那里抽取他们求解问题的过程、决策和经验规则，然后把这些知识建造在专家系统中，人们把建造一个专家系统的过程称为知识工程。

专家系统可以解决的问题一般包括解释、预测、诊断、设计、规划、监视、指导和控制等。发展专家系统的关键是表达和运用专家知识，即来自人类的并已经被证明对解决有关领域内的典型问题是有用的事实和过程。专家系统和传统的计算机应用程序最本质的不同之处在于，专家系统所要解决的问题一般没有算法解，并且经常要在不完全、不精确或不确定的信息基础上做出结论。

随着人工智能整体水平的提高，专家系统也在发展。第一代专家系统只利用人类专家的启发式知识，即只利用浅层表达方式和推理方法。浅层知识一般表示成产生式规则的形式，即如果（前提），那么（结论）。这种形式的浅层知识之所以具有启发性，是因为它从观测到的数据（前提）联想到中间事实或最终结论，这种逻辑推理过程短，效率高。但事实证明，只靠经验知识是不够的，当人类遇到新问题时，没有直接经验，谈不上运用基于经验的启发式浅层知识来解决问题，而只能利用掌握的深入表示事物的结构、行为和功能方面的基本模型等深层知识得出新的启发式浅层知识。仅局限于熟练技能而不具有深层知识的人，不能称其为人类专家。因此，旨在模拟人类专家的智能程序（专家系统）应当具备浅层和深层两类知识。这种不但采用基于规则的方法，而且采用基于模型的原理的专家系统构成了新一代的专家系统。

2. 专家系统的一般结构

专家系统由知识库、推理机、综合数据库、解释接口和知识获取等五个部分组成，如图9.16所示。

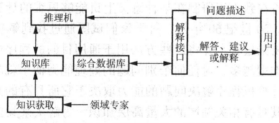

图9.16 专家系统的一般结构

专家系统中的知识的组织方式是把问题领域的知识和系统的其他知识分离开来，后者是关于如何解决问题的一般知识或如何与用户打交道的知识。领域知识的集合称为知识库，而通用的问题求解知识称为推理机。按照这种方式组织知识的程序称为基于知识的系统，专家系统是基于知识的系统。知识库和推理机是专家系统中两个主要的组成要素。

1）知识库

知识库是知识的存储器，用于存储领域专家的经验性知识及有关的事实、一般常识等。知识库中的知识来源于知识获取机构，同时它又为推理机提供求解问题所需的知识。

2）推理机

推理机是专家系统的"思维"机构，实际上是求解问题的计算机软件系统。其主要功能是协调、控制系统，决定如何选用知识库中的有关知识，对用户提供的证据进行推理，求得问题的解答或证明某个结论的正确性。

推理机的运行有不同的控制策略。正向推理或数据驱动策略是从原始数据和已知条件推断出结论的方法；而反向推理或目标驱动策略则是先提出结论或假设，然后寻找支持这个结论或假设的条件或证据，如果成功则结论成立，推理成功；双向推理方法为首先运用正向推理帮助系统提出假设，然后运用反向推理寻找支持该假设的证据。

3）综合数据库（全局数据库）

综合数据库又称为黑板或数据库。它是用于存放推理的初始证据、中间结果及最终结果等的工作存储器。综合数据库的内容是在不断变化的。在求解问题的初始，它存放的是用户提供的初始证据。在推理过程中，它存放每一步推理所得的结果。推理机根据数据库的内容从知识库中选择合适的知识进行推理，然后又把推理结果存入数据库中，同时又可记录推理过程中的有关信息，为解释接口提供回答用户咨询的依据。

4）解释接口

解释接口又称为人机界面，它把用户输入的信息转换为系统内规范化的表示形式，然后交给相应模块去处理，把系统输出的信息转换为用户易于理解的外部表示形式显示给用户，回答用户提出的"为什么？""结论是如何得出的？"等问题。另外，能对自己的行为给出解释，可以帮助系统建造者发现知识库及推理机中的错误，有助于对系统的调试。这是专家系统区别于一般程序的重要特征之一。

5）知识获取

知识获取是指通过人工方法或机器学习的方法，将某个领域内的事实性知识和领域专家所特有的经验性知识转换为计算机程序的过程。早期的专家系统完全依靠领域专家和知识工程师共同合作，把该领域内的知识总结归纳出来，规范化后送入知识库。对知识库的修改和扩充也是在系统的调试和验证中进行的，这是一件很困难的工作。知识获取被认为是专家系统中的一个"瓶颈"问题。

目前，一些专家系统已经具有了自动知识获取的功能。自动知识获取包括两个方面：一是外部知识获取，通过向专家提问，以接受教导的方式接受专家的知识，然后把它转换为内部表示形式存入知识库；二是内部知识获取，即系统在运行中不断从错误和失败中归纳总结经验，并修改和扩充知识库。

3. 专家系统的知识表示和获取

专家系统的性能主要取决于所拥有知识的数量和质量，所以知识的表示和获取是开发和利用专家系统的关键环节。

1）知识的表示

（1）好的知识表示方法的性质

知识表示是将相关领域的知识形式化，以便被计算机存储并有效地运用。因此，知识表示在专家系统设计中占有重要地位。一种好的知识表示方法应具备如下性质。

① 充分表达：它应当有能力表达有关领域内的各种所需知识。

② 充分推理：知识表示的形式应当有利于从旧知识推出新知识，导出新结构。

③ 有效推理：它应当有能力把附加信息结合到结构中去，这些信息能使推理机把搜索方向放到最有希望获得最佳解的方向上。

④ 有效的知识获取：它有能力促使很方便地获取新知识，更新知识库。

（2）传统知识表示方法

在人工智能领域里，知识表示方法大致可以分为叙述型表示法和过程型表示法两类。

在叙述型表示法中，大多数知识可以表示成为一个稳定的事实集合，连同控制这些事实的一组通用过程。该表示方法的优点如下。

① 每条知识只需要存储一次，与用不同方法运用这些知识的次数无关。

② 容易在不改变已有知识和过程的条件下对系统加入新知识。

在过程型表示法中，知识被表示成如何运用这些知识的过程。该表示方法的优点如下。

① 很容易表达如何去做某件事的知识。

② 很容易表达用简单的叙述型表示法较难表达的知识，如缺省推理和概率推理。

③ 很容易表达如何有效地做某件事的启发式知识。

传统专家系统主要应用的知识表示方法有谓词、语义网络、框架、产生式系统等。这些方法基本上属于叙述型表示法，有些也结合了过程型表示法。实际上，在大多数应用领域中专家系统既需要状态方面的知识，如有关事物、事件的事实，它们之间的关系及周围事物的状态等，也需要如何运用这些知识的知识，所以很多场合都是这两类方法的组合。例如，在过程控制应用中，输入-输出是一个动态关系，而本身又是一个过程。因此，在专家系统控制中，知识表示除了使用叙述型表示法外，还经常使用过程型表示法。

（3）新型知识表示法

传统专家系统的知识主要是人类专家求解某领域问题的专门知识、经验和技巧的形式化，称为启发式知识，适合用规则、框架等方法表示。这些知识是专家多年实践经验的总结和概括，是该领域极其宝贵的高层次知识。它具有容易表示、推理简捷、搜索效率高的突出优点，因而被广泛应用于实际，并对专家系统乃至人工智能的发展应用起到了积极的推动作用。然而启发式知识往往是不完备的或不一致的，基于这种知识在某些情况下可能得不出正确解，或者无法求得有效解，有时即使得到正确解也不能给出有说服力的解释。因此，单一的启发式知识和基于规则的表示也限制了专家系统的进一步发展。为了克服传统知识表示方法的局限性，人们提出了基于神经网络模型、定性物理模型、可视化知识模型等的新型知识表示方法，从而将专家系统研究推到了一个新阶段，出现了新一代专家系统。

① 基于神经网络模型的表示法

知识以每个神经元的特性和神经元间连接的权值形式分布式地隐式存储，因而可以在一定程度上模拟专家凭直觉解决局部不确定性问题的过程。

② 基于定性物理模型的表示法

人工智能不是以物理量形式去定量描述客观对象的结构行为，只是定性地描述其升高、缩小、不变等状态，我们称这种模型为定性物理模型。定性物理模型仅在各物理量本身的描述上表现出不确定性，在物理量之间的关系描述上却是精确的。从知识表示角度看，定性物理模型不同于启发式心理模型，后者更强调直觉，只关心专家的经验和知识，这对复杂对象的描述是不够的。从专家系统的整体角度看，定性物理模型在推理精度和解释能力方面都优于启发式心理模型。

定性物理模型的知识表示包括结构描述、行为描述和仿真。结构描述用一个网络表示，网络节点表示物理量，节点间的连接表示物理量间的关系。行为描述则是在不同的输入值下获得节点值的表示。仿真则是根据一组规则（附在相应的连接上）表示特定结构下节点值的传播，也就是将结构描述转化为行为描述的操作（或推理）。

③ 基于可视化知识模型的表示法

可视化知识模型用图形来表达知识，它具有更直观、更集中的特点。所用图形大致分为三类：一是表达抽象意义，如树状图；二是表达物理实体的示意图，如流程图、框图、电路图等；三是描述变量特征的图，如曲线图、直方图等。前两类图形对应于启发式心理模型和定性物理模型，第三类图形对应于神经网络模型。

可视化知识模型可作为专家系统的重要工具，它不仅使专家具有可信性，而且可以通过对推理的解释发现知识库的不一致性和不完备性。此外，还可以利用图形编辑、指导知识获取的进程。

④ 定性定量综合物理模型表示法

定量物理模型是通常意义的数学模型（如代数方程、微分方程、传递函数等），它不属于人工智能的研究范畴，但却具有能够精确表示物理量之间数量关系的优点。近些年来，在新一代专家系统研究中，有把定性模型与定量模型综合运用的趋势，提出了定性定量综合物理模型表示方法和相应推理方法研究的新课题。

2）知识的获取

早期专家系统的知识获取工作由知识工程师完成。知识工程师在广泛了解专家系统应用领域的背景知识基础上，通过多次与相关领域的专家交谈，总结、整理、精炼专家的知识和经验。初步掌握专家知识后，通过编辑，用专家的专业知识构成专家系统知识库。专家系统原型建造完成后，在通过实例对系统功能进行测试的基础上，工程师再反复与专家交谈，并对知识库进行修改，逐步完善知识库。整个知识的获取和知识库的完善过程往往要花费很长时间。

随着专家系统研究的进展，人们研制出了知识库编辑器，帮助知识工程师完成知识获取工作。知识工程师通过和相关领域专家的交谈，了解该领域专业知识的特点，确定知识表示方法，设计知识库结构和知识库编辑器。知识获取则由编辑器完成。编辑器借助于人机接口按一定的数据结构格式直接和专家"对话"，或向专家提出问题，请专家回答或要求专家按规定格式描述自己的知识。在此基础上，编辑器将从专家那里获取的知识通过知识库管理系统填入知识库的结构中去。通常知识库编辑器除具有获取知识功能外，还具有对知识库查询、修改、检测及更新等编辑功能，用以逐步完善知识库。新一代专家系统的主要特征就是在知识表示和知识获取方面的改进。在知识获取过程中引入机器学习的方法，促进了专家系统的进一步发展。学习在知识获取方面的作用主要表现在以下几个方面。

（1）在专家指导下，通过实例训练，完成知识获取工作。例如，神经网络模型的表示，专家通过实例，提供网络输入输出样本，在训练过程中调节网络节点间的连接权值，获取并存储专家的知识。通过提供新的训练样本，可以不断学习，提高学习精度，完善自己的知识。

（2）通过在线地对专家系统性能的测试，并按一定的学习规则修改和完善专家系统的知识库，从而不断提高系统的性能。这里，系统性能判别的准则由专家来提供。

（3）在综合定性模型和定量模型的基础上，抽取和总结高层次的知识来构造专家系统的知识库，其基本设想是，定量物理模型是完备的，虽然不适合于用作专家系统的知识表示，但可以作为专家系统的知识源，从中抽取定性物理模型的知识表示，从而可以用于专家系统的推理过程。

4. 专家系统的特点及分类

1）专家系统的特点

专家系统是基于知识工程的系统，相对一般人工智能系统而言，专家系统具有如下一些基本特点。

（1）具有专家水平的专门知识。人类专家之所以能称为专家，是由于他掌握了某一领域的专门知识，使其在处理问题时比别人技高一筹。一个专家系统为了能像人类专家那样工作，必须表现出专家的技能和高度的技巧及有足够的鲁棒性。系统的鲁棒性是指不管数据是正确还是病态不正确的，它都能够正确地处理，或者得到正确的结论，或者指出错误。

（2）能进行有效的推理。专家系统具有启发性，能够运用人类专家的经验和知识进行启发式搜索、试探性推理、不精确推理或不完全推理。

（3）具有透明性和灵活性。透明性是指它在求解问题时，不仅能得到正确的解答，还能给出该解答的依据；灵活性表现在绝大多数专家系统都采用了知识库与推理机相分离的构造原则，彼此相互独立，使得知识的更新和扩充比较灵活方便，不会因一部分的变动而牵动全局。系统运行时，推理机可根据具体问题的不同特点选取不同的知识来构成求解序列，具有较强的适应性。

（4）具有一定的复杂性与难度。人类的知识，特别是经验性知识，大多是不精确、不完全或模糊的，这就为知识的表示和利用带来了一定的困难。另外，专家系统所求解的问题都是结构不良且难度较大的问题，不存在确定的求解方法和求解路径，这就从客观上造成了建造专家系统的困难性和复杂性。

2）专家系统的分类

专家系统的类型很多，包括演绎型、经验型、工程型、工具型和咨询型等。按照专家系统所求解问题的性质，可把它分为下列几种类型。

（1）诊断型专家系统。这是根据对症状的观察与分析，推出故障的原因及排除故障的方案的一类系统，其应用领域包括医疗、电子、机械、农业、经济等，如诊断细菌感染并提供治疗方案的 MYCIN 专家系统、IBM 公司的计算机故障诊断系统 DART/DASD。

（2）解释型专家系统。这是根据表层信息解释深层结构或内部可能情况的一类专家系统，如卫星云图分析、地质结构及化学结构分析等。

（3）预测型专家系统。这是根据过去和现在观测到的数据预测未来情况的系统，其应用领域有气象预报、人口预测、农业产量估计，以及水文、经济、军事形势的预测等，如台风路径预报专家系统 TYT。

（4）设计型专家系统。这是按给定的要求进行产品设计的一类专家系统，它广泛地应用于线路设计、机械产品设计及建筑设计等领域。

（5）决策型专家系统。这是对各种可能的决策方案进行综合评判和选优的一类专家系统，它包括各种领域的智能决策及咨询。

（6）规划型专家系统。这是用于制订行动规划的一类专家系统，可用于自动程序设计、机器人规划、交通运输调度、军事计划制订及农作物施肥方案规划等。

（7）控制专家系统。控制专家系统的任务是自适应地管理一个受控对象或客体的全部行为，使之满足预定要求。控制专家系统的特点是能够解释当前情况，预测未来发生的情况、可能发生的问题及其原因，不断修正计划并控制计划的执行。所以说，控制专家系统具有解释、预测、诊断、规划和执行等多种功能。

（8）教学型专家系统。这是能进行辅助教学的一类系统，它不仅能传授知识，而且还能对学生进行教学辅导，具有调试和诊断功能，加上多媒体技术，其具有良好的人机界面。

（9）监视型专家系统。这是用于对某些行为进行监视并在必要时进行干预的专家系统，如当情况异常时发出警报，可用于核电站的安全监视、机场监视、森林监视、疾病监视、防空监视等。

9.4.2　专家控制系统的特点和工作原理

1. 专家控制系统的特点

传统的控制系统的设计和分析是建立在精确的系统的数学模型基础上的，而实际系统由于存在复杂性、时变性、不确定性或不完全性等非线性，一般难以获得精确的数学模型。过去在研究这些系统时，必须提出并遵循一些比较苛刻的假设条件，而这些假设在应用中又往往与实际不相符合。为了提高控制性能，传统控制系统可能变得很复杂，不仅增加设备投资，而且会降低系统的可靠性。因此，自动控制的出路就在于实现控制系统的智能化，或者采用传统的和智能的混合控制方式。

专家系统是一种基于知识的系统，是对人类特有的思维方式的一种模拟。它主要面临的是各种非结构化问题，尤其是处理定性的、启发式的或不确定的知识信息，经过各种推理过程达到系统的任务目标。专家系统的技术特点为解决传统控制理论的局限性提供了重要的启示。将专家系统的理论和技术同控制理论方法与技术相结合，在未知环境下，仿效专家的智能，实现对系统的控制。

根据专家系统技术在控制系统中应用的复杂程度，可以分为专家控制系统和专家式控制器两种主要形式。专家控制系统具有全面的专家系统结构、完善的知识处理功能和实时控制的可靠性能。这种系统采用黑板等结构，知识库庞大，推理机复杂。它包括知识获取子系统和学习子系统，人机接口要求较高。专家式控制器多为工业专家控制器，是专家控制系统的简化形式，针对具体的控制对象或过程，着重于启发式控制知识的开发，具有实时算法和逻辑功能。可对专家式控制器设计较小的知识库、简单的推理机制，可以省去复杂的人机接口。由于其结构较为简单，又能满足工业过程控制的要求，因而应用日益广泛。

专家控制虽然引用了专家系统的思想和方法，但它与一般的专家系统还有重要的差别。

（1）通常的专家系统只完成专门领域问题的咨询功能，它的推理结果一般用于辅助用户的决策；而专家控制则要求能对控制动作进行独立的、自动的决策，它的功能一定要具有连续的可靠性和较强的抗扰性。

（2）通常的专家系统一般处于离线工作方式；而专家控制则要求在线地获取动态反馈信息，因而是一种动态系统，它应具有使用的灵活性和实时性，即能联机完成控制。

2. 专家控制系统的工作原理

专家控制系统有知识基系统、数值算法库和人机接口三个并行运行的子过程。三个运行子过程之间的通信是通过五个信箱进行的，这五个信箱即出口信箱、入口信箱、应答信箱、解释信箱和定时器信箱。图9.17所示为典型专家控制系统的工作原理图。

系统的控制器由位于下层的数值算法库和位于上层的知识基系统两大部分组成。

1）数值算法库

数值算法库包含的是定量的解析知识，进行数值计算，快速、精确，由控制、辨识和监控三类算法组成，按常规编程直接作用于受控过程，拥有最高的优先权。

（1）控制算法根据来自知识基系统的配置命令和测量信号计算控制信号，如PID算法、极点配置算法、最小方差算法、离散滤波器算法等，每次运行一种控制算法。

（2）辨识算法和监控算法在某种意义上是从数值信号流中抽取特征信息，可以看作滤波

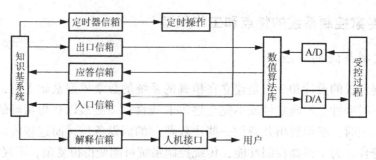

图 9.17　典型专家控制系统的工作原理图

器或特征抽取器，当且仅当系统运行状况发生某种变化时，才往知识基系统中发送信息。在稳态运行期间，知识基系统是闲置的，整个系统按传统控制方式运行。

2）知识基系统

知识基系统位于系统上层，对数值算法进行决策、协调和组织，包含有定性的启发式知识，进行符号推理，按专家系统的设计规范编码，通过数值算法库与受控过程间接相连，连接的信箱中有读或写信息的队列。内部过程的通信功能如下。

（1）出口信箱将控制配量命令、控制算法的参数变更值及信息发送请求从知识基系统送往数值算法库。

（2）入口信箱将算法执行结果、检测预报信号、对于信息发送请求的答案、用户命令及定时中断信号分别从数值算法库、人机接口及定时操作部分送往知识基系统。这些信息具有优先级说明，并形成先入先出的队列。在知识基系统内部另有一个信箱，进入的信息按照优先级排序插入待处理信息，以便尽快处理最主要的问题。

（3）应答信箱传送数值算法库对知识基系统的信息发送请求的通信应答信号。

（4）解释信箱传送知识基系统发出的人机通信结果，包括用户对知识库的编辑和查询、算法执行原因、推理结果、推理过程跟踪等系统运行情况的解释。

（5）定时器信箱用于发送知识基系统内部推理过程需要的定时等待信号，供定时操作部分处理。

3）人机接口

人机接口子过程传播两类命令：一类是面向数值算法库的命令，如改变参数或改变操作方式；另一类是指挥知识基系统去做什么的命令，如跟踪、添加、清除或在线编辑规则等。

3. 专家控制器的组成和模型

1）专家控制器的组成

专家控制器通常由知识库、控制规则集、推理机和特征识别与信息处理四个部分组成。图 9.18 所示为一种工业专家控制器的工作原理图。

（1）知识库

知识库用于存放工业过程控制的领域知识，由经验数据库和学习与适应装置组成。经验数据库主要存储经验和事实集；学习与适应装置的功能是根据在线获取的信息，补充或修改知识库内容，改进系统性能，以提高问题求解能力。事实集主要包括控制对象的有关知识，如结构、类型、特征等，还包括控制规则的自适应及参数自调整方面的规则。经验数据包括控制对象的参数变化范围，控制参数的调整范围及其限幅值，传感器的静态、动态特性参数

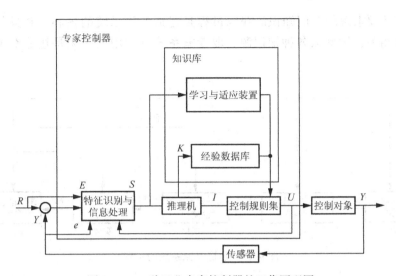

图 9.18 一种工业专家控制器的工作原理图

及阈值，控制系统的性能指标或有关的经验公式等。

建立知识库的主要问题是如何表达已获得的知识。专家控制器的知识库用产生式规则来建立，这种表达方式有较高的灵活性，每条产生式规则都可独立地增删、修改，使知识库的内容便于更新。

（2）控制规则集

控制规则集是对被控对象的各种控制模式和经验的归纳和总结。由于规则条数不多，搜索空间很小，推理机构就十分简单，采用正向推理方法逐次判别各种规则的条件，满足则执行，否则继续搜索。

（3）特征识别与信息处理

特征识别与信息处理模块的作用是实现对信息的提取与加工，为控制决策和学习适应提供依据。它主要抽取动态过程的特征信息，识别系统的特征状态，并对特征信息进行必要的加工。

2）专家控制器的模型

专家控制器的模型可表示为

$$U = f(E, K, I) \tag{9-35}$$

式中，U 为专家控制器的输出集；$E = (R, e, Y, U)$ 为专家控制器的输入集；I 为推理机构输出集；K 为经验知识集；智能算子 f 为几个算子的复合运算，即

$$f = g \cdot h \cdot p \tag{9-36}$$

S 为特征信息输出集；g、h、p 均为智能算子，其形式为

$$\text{IF} \quad A \quad \text{THEN} \quad B$$

其中，A 为前提或条件；B 为结论。A 与 B 之间的关系可以是解析表达式、模糊关系、因果关系的经验规则等多种形式。B 还可以是一个子规则集。

9.4.3 建造专家系统的步骤及专家控制器的设计原则

1. 建造专家系统的步骤

建造一个专家系统大致需要确认、概念化、形式化、实现和测试五个步骤，如图 9.19 所

示。由于用于问题求解的专门知识的获取过程是建造专家系统的核心，并且与建造系统的每一步都密切相关，因此从各种知识源获取专家系统可运用的知识是建造专家系统的关键环节。

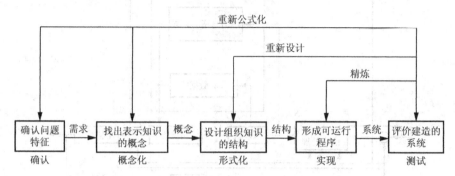

图 9.19　建造专家系统的步骤

1）确认

在确认过程中，知识工程师与专家一起工作，确认问题领域并定义其范围，还要确定参加系统开发的人员，决定需要的资源（时间、资金、计算工具等），决定专家系统的目标和任务，同时确定具有典型意义的子问题，用以集中解决知识获取过程中的问题。

2）概念化

在概念化过程中，知识工程师与专家密切配合，深入了解给定领域中问题求解过程需要的关键概念、关系和信息流的特点，并加以详细说明。若能用图形描述这些概念和关系，对建造系统的永久性概念库将是非常有用的。概念化要按问题求解行为的具体例子进行抽象，并且修改使之包含行为且与行为一致。

3）形式化

在形式化过程中，根据在概念化期间分离的重要概念、子问题及信息流特性，选择适当的知识工程工具，把它们映射为以该知识工程工具或语言表示的标准形式。形式化过程有三个要素：假设空间、过程的基础模型和数据特征。

（1）为了解假设空间的结构，必须形成概念，确定概念之间的联系，并确定它们如何连接成假设。

（2）明确领域中用于生成解答过程的基础模型是知识形式化的重要步骤。基础模型包括行为的和数学的两种模式。行为模式分析能产生大批重要概念和关系。数学模式是概念结构的基本部分，它可能为专家系统提供足够的附加求解信息。

（3）理解问题领域中数据的性质也是形式化的重要内容。如果数据能用某些假设直接说明，将有助于了解这种关系的性质（因果的、定义的或仅仅是相关的），这有助于直接说明数据与问题求解过程中目标结构的关系。

4）实现

在实现过程中，把前一阶段形式化的知识映射到与该问题选择的工具或语言相联系的表达格式中。知识库是通过选择适用的知识获取手段（知识编辑程序、智能编辑程序或知识获取程序）来实现的。

在形式化阶段明确了相关领域知识规定的数据结构、推理机及控制策略，因此通过编码后与相应的知识库组合在一起形成的将是一个可执行的程序——专家系统的原型系统。

5）测试

在测试过程中，主要是评价原型系统的性能和实现它的表示形式。一旦原型系统能从头到尾运行两三个实例，就要用各种各样的实例来确定知识库和推理机的缺陷。主要由领域专家和系统用户分别考核系统的准确性和实用性，如是否产生有效的结构，功能扩充是否容易，人机交互是否友好，知识水平及可信程度如何，运行效率、速度和可靠性如何等，从而对系统给出客观评价。

建造专家系统应当尽早利用上述步骤建造一个可运行的原型系统，并在运行过程中不断测试、修改、完善。经验表明，这种方案往往很有效。企图在正确并完整地分析问题，并掌握所有知识之后，再去建造可运行的系统是不可取的。

2. 专家控制器的设计原则

直接专家系统控制，实际上是将专家系统作为控制器（称为专家控制器）。具有专家控制器的系统称为直接专家控制系统。

在传统控制器设计中，控制器是基于控制理论设计的，对象采用微分方程、差分方程、状态方程、传递函数等定量物理模型描述。这些模型可以用机理分析法或辨识方法获得，所设计的控制器也用数学表达式描述。而在专家控制器设计中，控制器是根据控制工程师和操作人员的启发式知识进行设计的。这种知识包括某些定量知识，但基本上属于定性知识的范畴。专家控制器通过对过程变量和控制变量的观测进行分析，根据已具有的知识给出控制信号。对于对象数学模型已知的线性系统，传统控制方法已能很好地解决，没有必要使用专家系统控制。直接专家控制系统一般用于过程具有高度非线性、对象难以用数学解析式描述、传统控制器很难设计的场合。

专家控制器对被控过程或对象进行实时控制，必须在每个采样周期内都给出控制信号，所以对专家系统运算（推理）速度的要求是很高的。专家控制器在设计上应遵循以下两条原则。

1）提高专家系统的运行速度

其他类型的专家系统（如医疗诊断专家系统）重视的是结果，一般不考虑系统运行速度。而在控制系统中，专家系统的推理速度是至关重要的。系统允许的最大采样周期决定了推理速度的下限。推理速度越快，则最大采样周期可以越短，专家系统适用的范围越广。按照这一原则，设计专家控制器可以从以下几个方面采取措施。

（1）以满足专家控制系统运行速度要求为前提，配置计算机 CPU 速度、数据总线位数和内存量等，提高硬件的运算速度。

（2）选择合适的工具软件。编写专家系统所用工具软件对系统运行速度影响较大。要以提高运行速度为原则，兼顾编程效率、界面友好和使用方便等方面的要求，选择合适的工具软件进行编程。

（3）合理设计知识库。专家系统推理时间大部分用在搜索知识库中可用的知识上，为加速这一搜索过程，应该合理设计知识库的结构。首先，可以按知识的层次把知识库划分为几个子库，推理时按知识层次搜索相应的子库，从而可以缩小搜索范围，大大提高搜索效率。其次，利用搜索的某些启发式信息，预先指导知识库的设计。例如，根据先验信息，把成功率最高的知识放在优先搜索的位置上；对结论相同的知识进行合并以缩小搜索空间等。

（4）合理设计推理机。直接专家控制系统中专家系统知识库规模通常不大。采用启发式信息指导构造知识库和划分子库，可以提高综合搜索效率。

2）确保在每个采样周期内都能提供控制信号

专家系统从推理开始到得到最终结论的推理步数是不固定的，完成一步推理所花的时间也不一样，从不同状态开始求解时过程所用的总时间差异很大。在过程控制系统中，采样周期一般是常数，专家控制器推理开始时的状态由控制系统当前信息决定，通常每个时刻都不同，因此从推理开始到得出结论的时间不同，可能在某些采样周期无正常控制信号输出。为取得好的控制效果，必须确保在每个采样周期内都能提供控制信号。为此，首先要解决控制信号的有无问题，然后再考虑其质量优劣问题。

照此原则，可以采用逐步推理方法，逐步改善控制信号的精度。按专家知识的精细程度划分层次，分别建立相应的子库，第一个知识层的知识较粗糙，其余层知识逐层精细。

推理时，首先在第一个子库中搜索，获得一个较粗糙的解。把该知识子库设计得比较小，保证在一个采样周期内可以完成搜索过程，确保在该采样周期内有控制信号产生。若采样周期尚未结束，再逐步运用更高一层子库进一步搜索，逐步获得更精确的解，取代较粗糙的解，直到该采样周期结束。

9.5　学习控制系统

学习是人类的主要智能之一。在人的成长过程中，学习起着十分重要的作用。学习控制正是模拟人类自身各种优良的控制调节机制的一种智能控制方法。

学习作为一种过程，它通过重复各种输入信号，并从外部校正该系统，从而使系统对特定输入具有特定响应。自学习就是不具有外来校正的学习，没有给出关于系统反应正确与否的任何附加信息。因此，学习控制系统可概括如下：学习控制系统是一个能在其运行过程中逐步获得受控过程及环境的非须知信息，积累控制经验，并在一定的评价标准下进行估值、分类、决策和不断改善系统品质的自动控制系统。

9.5.1　研究学习控制系统的意义

在设计线性控制器时，通常需要假设受控系统模型的参数基本上为已知，不过许多控制系统具有模型参数的不确定性问题，这些问题可能源于参数随时间的缓慢变化，或者参数的突然变化，一个基于不准确或过时的模型参数值的线性控制器，其性能可能大大下降，甚至不稳定。可把非线性引入控制系统的控制器，以便能够容许模型的不确定性，自适应控制和鲁棒控制即为此而开发的。

9.5.2　学习控制系统的发展

（1）对学习机的设想与研究始于 20 世纪 50 年代，学习机是一种模拟人的记忆与条件反射的自动装置。学习机的概念是与控制论同时出现的。下棋机是学习机早期研究阶段的成功例子。

（2）60 年代，发展了自适应和自学习等方法。这时开始研究双重控制和人工神经网络的学习控制理论，其控制原理是建立在模式识别方法的基础上的。另一类基于模式识别的学习控制方法把线性再励技术用于学习控制系统。研究基于模式识别的学习控制的第三种方法是利用 Bayes 学习估计方法。

（3）由于基于模式识别的学习控制方法存在收敛速度慢、占用内存大、分类器选择涉及训练样本的构造及特征选择与提取较难等具体实现问题，反复学习控制及重复学习控制在20世纪80年代被提出来，并获得发展。

9.5.3 学习控制系统的机理

在有限时间域 $[0, T]$ 内，给出受控对象的期望的响应 $y_{d(t)}$，寻求某个给定输入 $u_{k(t)}$，使得 $u_{k(t)}$ 的响应 $y_{d(t)}$，在某种意义上获得改善。其中，k 为搜索次数，$t \in [0, T]$。称该搜索过程为学习控制过程。当 $k \to \infty$ 时，$y_{k(t)} \to y_{d(t)}$，该学习控制过程是收敛的。

根据上述定义，可把学习控制系统的机理概括如下。

（1）寻找并求得动态控制系统输入与输出间的比较简单的关系。

（2）执行每个由前一步控制过程的学习结果更新了的控制过程。

（3）改善每个控制过程，使其性能优于前一个过程。

9.5.4 学习控制系统的方案

学习控制系统的主要方案有：基于模式识别的学习控制、迭代学习控制、重复学习控制、连接主义学习控制、再励（强化）学习控制、基于规则的学习控制、模糊学习控制、拟人自学习控制、状态学习控制等。

学习控制具有四个主要功能：搜索、识别、记忆和推理。学习控制系统分两类，即在线学习控制系统和离线学习控制系统，分别如图9.20和图9.21所示。

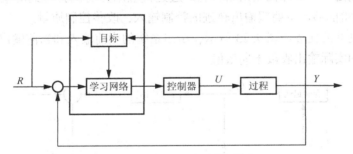

图 9.20 在线学习控制系统

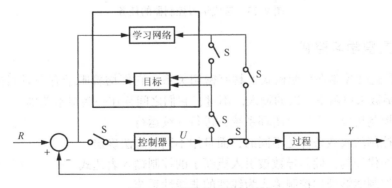

图 9.21 离线学习控制系统

在图 9.21 中，R 为参考输入，Y 为输出响应，U 为控制作用，S 为转换开关。当开关接通时，该系统处于离线学习状态。

9.5.5 基于模式识别的学习控制

基于模式识别的学习控制系统如图 9.22 所示。该控制系统含有一个模式（特征）识别单元和一个学习（学习与适应）单元。模式识别单元实现对输入信息的提取与处理，提供控制决策和学习与适应的依据；学习与适应单元的作用是根据在线信息来增加和修改知识库的内容，改善系统的性能。

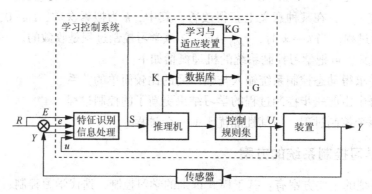

图 9.22　基于模式识别的学习控制系统

9.5.6 迭代学习控制

迭代学习控制是一种学习控制策略，它通过迭代应用先前试验得到的信息（而不是系统参数模型），以获得能够产生期望输出轨迹的控制输入，改善控制质量。

迭代学习控制器的任务如图 9.23 所示，给出系统的当前输入和当前输出，确定下一个期望输入使得系统的实际输出收敛于期望值。

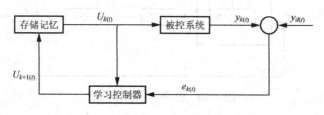

图 9.23　迭代学习控制器的任务

9.5.7 重复学习控制

重复控制和迭代控制在控制模式上具有密切关系，它们均着眼于有限时间内的响应，而且都利用偏差函数来更新下一次的输入。不过，它们之间存在一些根本差别。

（1）重复控制构成一个完全闭环系统，进行连续运行。

（2）两种控制的收敛条件是不同的，而且用不同的方法确定。

（3）对于迭代控制，偏差导数被引入更新了的控制输入表达式。

（4）迭代控制能够处理控制输入为线性的非线性系统。

9.5.8 基于神经网络的学习控制

神经控制系统的核心是神经控制器（NNC），而神经控制的关键技术是学习（训练）算法。从学习的观点看，神经控制系统自然是学习控制系统的一部分。

监督学习神经网络控制器如图 9.24 所示。

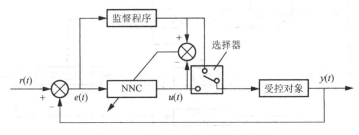

图 9.24 监督学习神经网络控制器

成功实现 NNC 的第一步就是一定要弄清楚人在控制过程中到底利用了过程及人本身什么信息。实现 NNC 的第二步就是构造神经网络，包括选取合适的神经网络类型（如多层前馈网络）。第三步就是 NNC 的训练。

9.6 仿人智能控制

智能控制从某种意义上说就是仿生和拟人控制，即模拟人和生物的控制结构、行为和功能所进行的控制。本节所要研究的仿人智能控制（简称仿人控制）虽未达到上述意义下的控制，但它综合了递阶控制、专家控制和基于模型控制的特点，实际上可以把它看作一种混合控制。

9.6.1 仿人控制的原理

仿人控制的思想是周其鉴于 1983 年正式提出的，现已形成了基本理论体系和比较系统的设计方法。仿人控制的基本思想就是在模拟人的控制结构的基础上，进一步研究和模拟人的控制行为与功能，并把它用于控制系统，实现控制目标。仿人控制研究的主要目标不是被控对象，而是控制器本身如何对控制结构和行为进行模拟。大量事实表明，由于人脑的智能优势，在许多情况下，人的手动控制效果往往是自动控制无法达到的。

仿人控制理论的具体研究方法是：从递阶控制系统的底层（执行级）入手，充分应用已有的各种控制理论和计算机仿真结果直接对人的控制经验、技巧和各种直觉推理能力进行测辨和总结，编制成各种实用、精度高、能实时运行的控制算法，并把它们直接应用于实际控制系统，进而建立起系统的仿人控制理论体系，最后发展成智能控制理论。这种计算机控制算法以人对控制对象的观察、记忆和决策等智能行为的模仿为基础，根据被调量、偏差和偏差变化趋势来确定控制策略。图 9.25 所示为仿人控制系统的一般结构。从图中可见，该控制系统由任务适应层、参数校正层、公共数据库和检测反馈等部分组成。在图 9.25 中，R、Y、E 和 U 分别表示仿人控制系统的输入、输出、偏差信号和控制系统的输出。

仿人控制理论还认为，智能控制是对控制问题求解的二次映射的信息处理过程，即从认知到判断的定性推理过程和从判断到操作的定量控制过程。仿人控制不仅具有其他智能控制（如模糊控制、专家控制）方法那样的并行、逻辑控制和语言控制的特点，而且还具有以数学模型为基础的传统控制的解析定量的特点，总结人的控制经验，模仿人的控制行为，以产生式规则描述其在控制方面的启发与直觉推理行为。因此，仿人控制是兼顾定性综合和定量

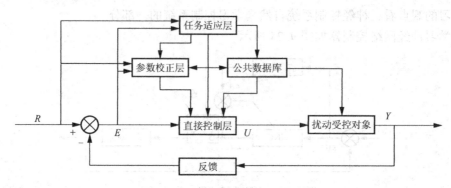

图 9.25 仿人控制系统的一般结构

分析的混合控制。

仿人控制在结构和功能上具有以下基本特征。

（1）递阶信息处理和决策机构。

（2）在线特征辨识和特征记忆。

（3）开闭环结合和定性与定量结合的多模态控制。

（4）启发式和直觉推理问题求解。

仿人控制在结构上具有递阶的控制结构，遵循"智能增加而精度降低"的原则，不过，它与萨里迪斯的递阶结构理论有些不同。仿人控制认为，其最低层（执行级）不仅有常规控制器结构，而且应具有一定智能，以满足实时、高速、高精度的控制要求。

9.6.2 仿人控制器的原型算法

PID 调节器未能妥善地解决闭环系统的稳定性和准确性、快速性之间的矛盾；采用积分作用消除稳态偏差必然增大系统的相位滞后，降低系统的响应速度；采用非线性控制也只能在特定条件下改善系统的动态品质，其应用范围十分有限。基于上述分析，运用"保持"特性取代积分作用，有效地消除了积分作用带来的相位滞后和积分饱和问题。把线性与非线性的特点有机地融合为一体，使人为的非线性元件能适用于叠加原理，并提出了用"抑制"作用来解决控制系统的稳定性与准确性、快速性之间的矛盾。

在比例调节器的基础上，提出了一种具有极值采样保持形式的调节器，并以此为基础发展成为一种仿人控制器。仿人控制器的基本算法以熟练操作者的观察、决策等智能行为为基础，根据被调量、偏差及变化趋势决定控制策略，因此它接近于人的思维方式。当受控系统的控制误差趋于增大时，仿人控制器增大控制作用，等待观察系统的变化；而当误差有回零趋势，开始下降时，仿人控制器减小控制作用，等待观察系统的变化；同时，控制器不断记录偏差的极值，校正控制器的控制点，以适应变化的要求。仿人控制器的原型算法如下。

$$u = \begin{cases} K_p e + kK_p \sum\limits_{i=1}^{n-1} e_{m,i}, & e \cdot \dot{e} > 0 \cup e = 0 \cap \dot{e} \neq 0 \\ kK_p \sum\limits_{i=1}^{n} e_{m,i}, & e \cdot \dot{e} > 0 \cup \dot{e} \neq 0 \end{cases} \tag{9-37}$$

式中，u 为控制输出；k 为抑制系数；e 为误差；$\dot{e}$ 为误差变化率；$e_{m,i}$ 为误差的第 i 次峰值。

根据式（9-37），可给出如图 9.26 所示的误差相平面上的特征及相应的控制模态。当系统误差处于误差相平面的第一与第三象限，即 $e \cdot \dot{e} > 0$ 或 $e = 0$ 且 $\dot{e} \neq 0$ 时，仿人控制器工作于比例控制模态；而当误差处于误差相平面的第二与第四象限，即 $e \cdot \dot{e} < 0$ 或 $\dot{e} = 0$ 时，仿人控制器工作于保持控制模态。

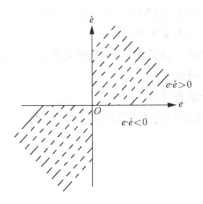

图 9.26 误差相平面上的特征和控制模态

9.6.3 仿人控制器的智能属性与设计依据

1. 仿人控制器的智能属性

与传统控制器不同，仿人控制器具有下列一些与人控制器相似的智能属性。

(1) 一般传统控制器的输入输出关系是一种单映射关系，而仿人控制器原型是一种双映射关系，即一种变模态控制、一种开闭环交替的控制模式。这是与人控制器在不同情况下采用不同控制策略的多模态控制方式相似的。

(2) 在仿人控制器的原型算法中，控制策略与控制模态的选择和确定是按照误差变化趋势的特征进行的，而确定误差变化趋势特征的集合反映在误差相平面上的全部特征，构成整个控制决策的依据，即特征模型。这与人控制器拥有先验知识并据之进行控制的方式相似。依据特征模型选择并确定控制模态，这种决策推理和信息处理行为与人的直觉推理过程（从认知到判断，再从判断到操作的决策过程）十分接近。

(3) 仿人控制器原型在保持模态时对误差极值的记忆和利用，与人的记忆方式及对记忆的利用相似，即两者具有相似的特征记忆作用。

由于仿人控制器原型具有上述这些特征，因而它具有优于传统控制器的控制性能。

2. 仿人控制器的设计依据

控制系统的性能一般从瞬态和静态两个方面加以考虑，或者说，从系统的稳定性、快速性和准确性来衡量。其中，瞬态性能指标是仿人控制器的主要指标和设计依据。根据受控对象（系统）性质的不同，仿人控制器可能采用不同的设计技术和方法，但设计的依据都是系统的瞬态性能指标。

思考与练习

1. 智能控制的特点是什么？
2. 智能控制器的设计特点有哪些？

3. 请画出模糊控制系统的工作原理图，并结合该图说明模糊控制器的工作原理。

4. 简述人工神经元模型。

5. 介绍人工神经网络中常用的几种最基本的学习方法。

6. 试述何为有教师学习？何为无教师学习？

7. 简述专家系统的基本构成。建造专家系统的主要步骤有哪些？

8. 简述专家控制器的设计原则。

9. 学习控制实现的主要功能有哪些？

10. 简述仿人控制的原理及说明仿人控制器的设计依据。

参 考 文 献

［1］付华. 智能仪表新技术 ［M］. 北京：煤炭工业出版社，2004.

［2］付华，等. 智能仪器设计 ［M］. 北京：国防工业出版社，2007.

［3］徐爱钧. 智能化测量控制仪表原理与设计 ［M］. 2 版. 北京：北京航空航天大学出版社，2004.

［4］赵茂泰. 智能仪器原理及应用 ［M］. 3 版. 北京：电子工业出版社，2009.

［5］刘金琨. 智能控制 ［M］. 2 版. 北京：电子工业出版社，2012.

［6］韦巍，何衍. 智能控制基础 ［M］. 北京：清华大学出版社，2008.

［7］孙增圻，邓志东，张再兴. 智能控制理论与技术 ［M］. 北京：清华大学出版社，2011.